Inhalt

Zur Einführung

Die Erde ist eindrucksvoll vielfältig und vielgestaltig. Es fällt nicht nur dem interessierten Betrachter schwer, darin irgendeine Ordnung zu erkennen. Es ist selbst für den Wissenschaftler kaum leistbar, die Komplexität dieser Vielfalt formal zu beschreiben oder räumlich zu ordnen. Wer könnte zum Beispiel schon die formale Gestaltung der Erdoberfläche in ihrer regionalen Unterschiedlichkeit, die Verbreitung und Artenvielfalt der Vegetation oder die globale und lokale Ausprägung und Wirkung des Klimas erfassen. Und nicht weniger reich als die Natur sind die physisch manifesten Ergebnisse des menschlichen Handelns und ihrer räumlichen Verteilung.

Diese Vielgestaltigkeit der Erdoberfläche hat seit Ende des 18. Jahrhunderts die Wissenschaft herausgefordert. Insbesondere die Geographie hat sich dieser Aufgabe gestellt. Mit der Landschaftskunde wurde ein deskriptives methodisches Konzept entwickelt, die Erde auf den unterschiedlichen Maßstabsebenen in Landschaften, Landschaftsräume oder Landschaftsgürtel zu erfassen. Die Voraussetzungen dafür bildeten Reisebeschreibungen, Expeditions- und Forschungsberichte, Informationen von Handelsgesellschaften sowie die erfahrungsbegründete Intuition des Wissenschaftlers.

Mit der Erforschung des Naturhaushaltes (Geoökologie) und der dadurch erlangten Einsicht in die synergetischen Beziehungen zwischen den Geofaktoren Gestein, Boden, Klima, Vegetation, Tierwelt und Mensch wurden erstmals Grundlagen geschaffen, räumliche Ausschnitte der Erdoberfläche mit einheitlichen ökologischen Verhältnissen (Geoökosystemen) wissenschaftlich zu bestimmen und zu kennzeichnen. Anspruchvollstes Ziel ist dabei, eine großräumige, geoökozonale Gliederung der Erde zu erstellen. Diese Geoökozonierung der Erde wird in diesem Buch präsentiert.

Eine solche räumliche Ordnung der Erde ist nicht einzig von wissenschaftlichem Interesse. Sie dient in einer Zeit globaler Vernetzung und Wahrnehmung sowohl der allgemeinen Orientierung, als auch der Entscheidungsfindung von Politik, Wirtschaft und zivilgesellschaftlichen Organisationen.

1 Zonale Gliederung – Ordnung der globalen Vielfalt

Sonneneinstrahlung, Temperatur und Niederschlag sowie Vegetation, Böden, Landnutzung und Siedlungen sind nicht nur zwischen den Polen und dem Äquator, sondern auch innerhalb von Hochgebirgen zwischen den Fuß- und den Gipfelregionen äußerst vielfältig. Diese Vielfalt forderte die Wissenschaft zur Suche nach möglichen räumlichen Regelhaftigkeiten und steuernden Ursachen geradezu heraus. Alexander von Humboldt widmet 1841 dieser Herausforderung seine berühmt gewordene Vorlesung Kosmos, in der er unter anderem diese höhenabhängige Vegetationsgliederung des Himalaya vorstellte. Seither hat sich die Geographie der Frage nach einer räumlichen Ordnung der Erde wiederholt gestellt und anfangs mit der Landschaftskunde und nachfolgend mit der Geoökologie die Grundlagen für globale Differenzierungsmodelle entwickelt, die die erdoberflächliche Vielfalt zu ordnen vermögen und nachvollziehbar gestalten.

1.1 Vom Landschaftsgürtel zur Geoökozone

Das Bemühen der Geographie, in der Vielfalt der Erdoberfläche übergreifende Ordnungsmuster zu erkennen, hat seit Ende des 18. Jahrhunderts Tradition. Statt der früher üblichen Gliederung in Landschaften und Landschaftsgürtel wird heute von Geoökotopen und Geoökozonen ausgegangen.

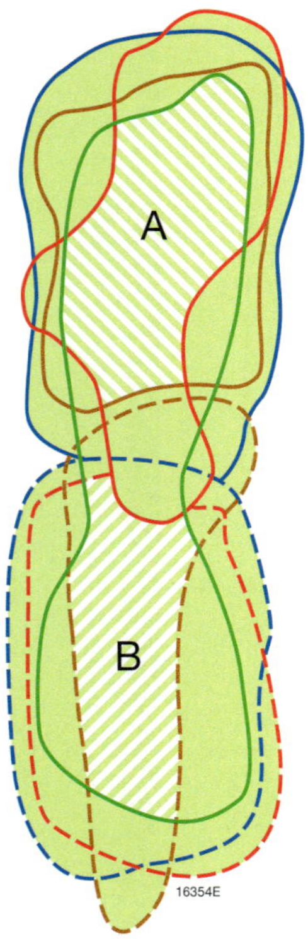

M 1: *Grenzgürtel*

Gürtel – Zone

Die Begriffe (früher) „Gürtel" und (heute eher) „Zone" werden in der Geographie weitgehend synonym verwendet. Der Begriff „Landschaft" findet seit der nach 1969 (Kieler Geographentag) geübten Kritik an dem theoretisch nicht fundierten Konzept der Landschaftskunde nur noch fachhistorisch eine sinnvolle Verwendung. Meist wird daher heute von „Zone" gesprochen.

Das Bemühen, die umgebende Wirklichkeit in ihrer allgemeinen Erscheinung zu erfassen und die sie gestaltenden Kräfte oder geltenden Regelhaftigkeiten zu erkennen, hat den Menschen von Anbeginn und die Wissenschaft seit der Antike beschäftigt. Diesem Bemühen ist unter anderem die Erkenntnis vom Aufbau des Sonnensystems (Kopernikus, 1473 – 1543) und der Planetenbewegung (Kepler, 1571 – 1630) ebenso zu verdanken wie die Gravitationsgesetze (Newton 1643 – 1727), das System des Pflanzenreiches (Linné, 1707 – 1778) oder das Periodische System der Elemente (Mendelejew, 1834 – 1907; Meyer, 1830 – 1893). Auch in der Geographie gab es schon früh Bemühungen, die Vielfältigkeit der Erscheinungsformen zu beschreiben sowie Ordnungsmuster und Naturkräfte zu suchen, die eine räumliche Gliederung der Erdoberfläche ermöglichen. So betonte erstmals im 17. Jahrhundert Bernhardus Varenius (1622 – 1651), den Gegenstand der Geographie „in der Oberfläche und deren Theilen" zu sehen. Alexander von Humboldt (1769 – 1859) und Carl Ritter (1779 – 1859) griffen diese Auffassung von Geographie auf. Humboldt vermochte dank umfangreicher Reisen in den amerikanischen Tropen Belege für die gürtelartige Verschiedenartigkeit der Erdoberfläche zu finden und in den Hochgebirgen (Anden) eine zonale Differenzierung mit der Höhe vorzunehmen. Ritter nutzte das große enzyklopädische Wissen seiner Zeit zu einer eher länderweisen Gliederung der Erde.

In dem Maße, in dem innerhalb und außerhalb der Geographie erkannt wurde, wie sich Klima, Bodenbildung, Vegetation, Landnutzung und Siedlungsweise quasi gürtel- oder zonenartig differenziert auf der Erdoberfläche verteilen, entstanden die Grundlagen, die Erde nach Landschaften und übergreifenden Landschaftsgürteln zu gliedern. Im Jahr 1923 legte Siegfried Passarge die erste systematische Landschaftsgliederung der Erde vor.

Dabei stellte sich aber die Frage, wie diese Landschaften qualitativ einwandfrei und intersubjektiv nachvollziehbar gekennzeichnet und eindeutig abgegrenzt werden können. Zwei methodische Probleme galt es dabei zu beachten:

1. Welche (natürlichen) Kriterien müssen zur Abgrenzung verwendet werden, um eine subjektive, aus der Sicht des Forschers vorgenommene Aussage zu vermeiden?

2. Wie lässt sich das Problem lösen, dass diese Kriterien faktisch eine unterschiedliche Ausdehnung aufweisen und sich meist räumlich überlappen? Denn daher ist es unmöglich, eine Landschaft gegen eine andere einfach mit einer Linie abzugrenzen (was in Kartendarstellungen meist geschieht!). Vielmehr stellt die Grenze einen Übergangssaum, in der Fachsprache einen „Grenzgürtel", dar (M 1).

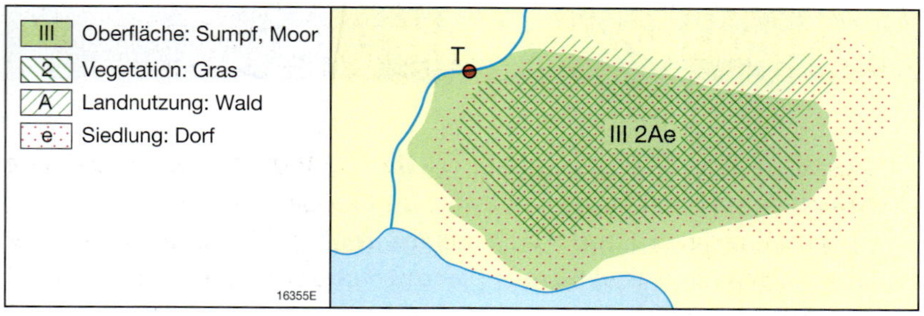

M 2: *Landschaftsabgrenzung nach Granö*

Zur Lösung dieser Fragen schlug zum Beispiel der finnische Geograph Johannes Gabriel Granö die Erfassung der räumlichen Ausdehnung wesentlicher natürlicher Kriterien eines Ausschnittes der Erdoberfläche vor, die er mit Buchstaben und Zahlen benannte. Daraus bildete er Kombinationen, die das Inventar einer bestimmten Landschaft kennzeichnen (M2). Mit ähnlicher Intention führte in den 1940er-Jahren der Vegetationsgeograph Josef Schmithüsen (1909 – 1984) als kleinste, in sich einheitliche Teile der Erdoberfläche die „Fliesen“ ein; die Begründung der Einheitlichkeit blieb jedoch offen oder der Entscheidung des Wissenschaftlers vorbehalten. Benachbarte, gleiche „Fliesen“ bilden nach Schmithüsen in ihrer Gesamtheit ein Fliesengefüge, gleiche Fliesengefüge zusammen eine Landschaft und gleiche Landschaften wiederum erdumgreifende Landschaftsgürtel.

Als Anfang der 1960er-Jahre unter Beteiligung von Geographen sowohl aus Ost- wie Westdeutschland das anspruchsvolle Vorhaben verwirklicht wurde, eine Gliederung von Gesamt-Deutschland nach Naturräumen kartographisch und textlich zu erstellen, wurde methodisch unter anderem auf das Konzept von Schmithüsen zurückgegriffen. Um zu veranschaulichen, wie dabei konkret vorgegangen wurde, sei folgendes Beispiel angeführt (M3): Der Schwarzwald, im allgemeinen Sprachgebrauch als Landschaft bezeichnet, hebt sich physiognomisch wie strukturell (geologisch, geomorphologisch, vegetationsgeographisch, hydrologisch) von der westlich angrenzenden Oberrheinebene wie von dem östlich und nördlich anschließenden offenen Ackerland der Gäue (Klettgau, Baar, Oberes Gäu, Kraichgau) ab. Daher wird er in der naturräumlichen Gliederung Deutschlands auch als Landschaft (15) benannt. In dieser Landschaft sind mehrere Teillandschaften (Fliesengefüge) wie die Schwarzwald-Randplatten (150), der Grinden-Enzhöhen- (151), der Nördliche Tal- (152), der Mittlere- (153), der Südöstliche- (154) und der Hochschwarzwald (155) vorhanden.

Die im Prinzip subjektiven und theoretisch nicht fundierten Festlegungen von Landschaften gerieten Ende der 1960er-Jahre in die Kritik. Eine Lösung boten die seit den 1980er-Jahren in Biologie und Geographie intensiv betriebene ökologische Forschung (Naturhaushaltsforschung) und ihre Erkenntnisse an. Sie legten nahe, bei der zonalen Großgliederung der Erde von geographischen Räumen mit einheitlichen Naturhaushaltsystemen (Ökosystemen) auszugehen. Grundlage dafür bilden kleinste räumliche, ökologische und vor allem naturwissenschaftlich erfassbare Grundeinheiten, die Geoökotope. Methodisch bilden gleiche, benachbarte Geoökotope in ihrer räumlichen Gesamtheit eine Geoökoregion und diese wiederum eine Geoökozone. Diese entspricht methodisch formal und ausdehnungsmäßig den früheren Landschaftsgürteln.

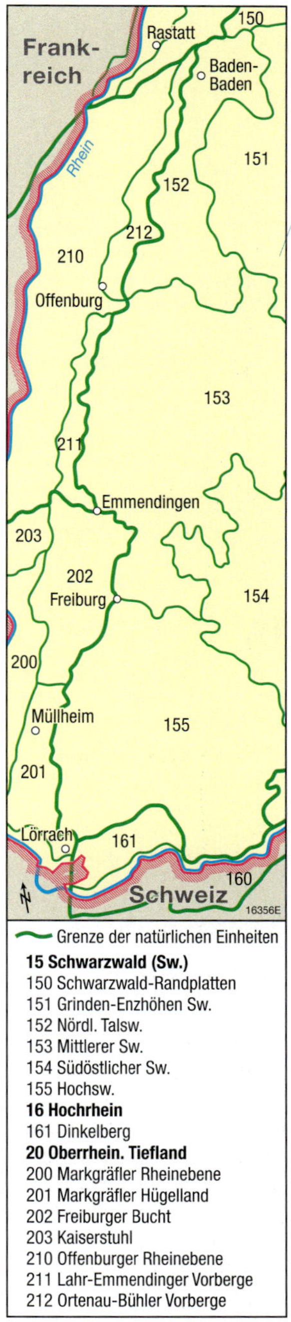

M 3: *Naturräumliche Gliederung Deutschlands (Ausschnitt)*

1.2 Geoökosysteme und Geoökozonen

Geoökozonen sind räumlicher Ausdruck des Zusammenwirkens jeweils funktional gleicher lokaler und regionaler Geoökosysteme, in denen unterschiedliche natürliche (Geo-)Faktoren wechselseitig zusammenwirken. Aufgrund der Vielzahl solcher Geoökosysteme ist es aber methodisch nicht einfach, zu flächenmäßig geschlossenen, übersichtlichen Ökozonen zu gelangen.

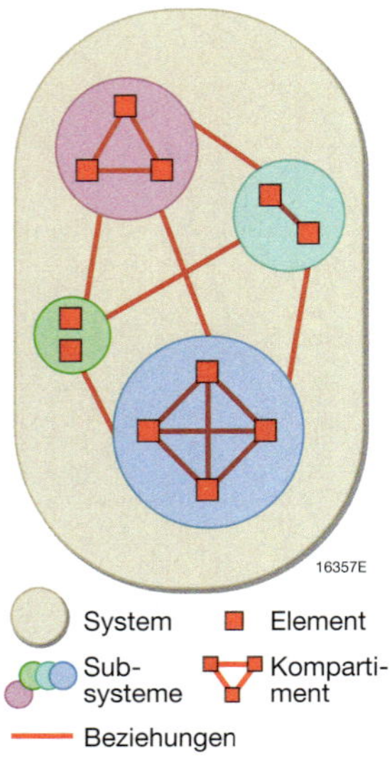

M 1: *Modell eines Systems*

Ein System ist im wissenschaftlichen Sinne eine mehrere Teile oder Elemente umfassende Ganzheit (M 1). Zwischen den einzelnen Elementen können ganz unterschiedliche und spezifische Beziehungen ausgebildet sein und wirken (Systemstruktur). Einzelne Systemelemente können auch als Teile eines Gesamtsystems untereinander zusammenwirken (Subsysteme). Handelt es sich dabei um Teilmengen von Elementen gleicher Eigenschaften, so werden diese Teilmengen als Kompartimente bezeichnet. Je größer die Anzahl der Systemelemente und Subsysteme, umso komplexer ist das Gesamtsystem.

Auf der überaus vielfältigen Erdoberfläche mit den zahlreichen natürlichen Gestaltungsfaktoren sind unzählige Systeme und Subsysteme ausgebildet. Diese können jedes für sich als hochkomplexe Geoökosysteme beschrieben werden, die sowohl aus belebten, biotischen Elementen als auch aus unbelebten, abiotischen Elementen wie Relief, Boden, Wasser und Klima bestehen. Für die Erfassung der räumlichen Dimension solcher Geoökosysteme wird im Prinzip von homogenen Systemen kleinster geographischer Ausdehnung, den Geoökotopen, ausgegangen.

Ihre Komplexität verdeutlicht schon ein Blick auf einen kleinen Raumausschnitt. So mag zum Beispiel eine vertraute, sichtbare Umgebung mit den Elementen wie Wald, Gebüsch, Gräser, See und Tiere (M 2) auf den ersten Blick einfach erscheinen. Doch jedes dieser Elemente, wie zum Beispiel der Wald, ist ein eigenes Subsystem mit ganz spezifischen internen Beziehungen und mit Wechselwirkungen zu den benachbarten Subsystemen wie etwa dem Gebüsch oder dem See. Darüber hinaus ist der Wald mit den oberflächlich nicht erkennbaren Subsystemen Boden und Grund-

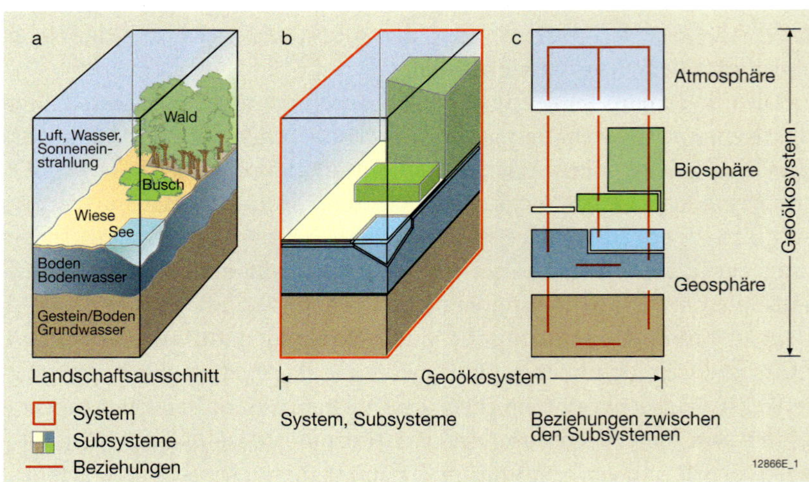

M 2: *Vom Landschaftsbild zum Geoökotop*

wasser verbunden. Über das Grundwasser, dessen Beschaffenheit und Bewegung wiederum vom Boden abhängen, steht der Wald mit dem See in Verbindung. Als (Regen-)Wasserspeicher oder (Grund-)Wasserverbraucher beeinflusst er den Seewasserstand. Diese Vorgänge sind gedanklich noch leicht nachzuvollziehen. In Wirklichkeit umfassen die einzelnen Systeme und Kompartimente jedoch jeweils eine Vielzahl unterschiedlichster Elemente. Zwischen diesen wiederum bestehen zahlreiche Beziehungen sowie wechsel- oder einseitig ablaufende chemische und physikalische Prozesse: Dazu gehören beispielsweise das quantitative und qualitative Zusammenwirken von pflanzlicher und tierischer Biomasse mit den Mineralstoffen des Bodens und der Luft unter Einwirkung von Wasser und Temperatur an einem bestimmten Ort.

Anhand des Systems Boden – beispielhaft aus dem Modell herausgegriffen – sei auf die Vielzahl von beteiligten Elementen und ihrer Beziehungen hingewiesen (M3). Hierbei wird ersichtlich, dass sich die systemische Verflechtung noch komplizierter gestaltet, wenn das menschliche Handeln (z.B. durch landwirtschaftliche Nutzung) und seine Auswirkungen mit einbezogen werden.

Ist schon die Analyse eines Geoökotops methodisch nicht einfach, so gestaltet sich das Vorhaben, die jeweils identifizierten einzelnen Geoökotope zu größeren räumlichen Einheiten zusammenzufügen, noch schwieriger. Dies gilt insbesondere, wenn eine großräumige Gliederung der Erde in Geoökozonen vorgenommen werden soll. Dazu wäre theoretisch die Kenntnis aller auf der Erde vorhandenen Geoökotope notwendig. Dieses Ziel jemals zu erreichen, ist zwar illusorisch. Doch sollte das nicht die Anerkennung des Bemühens der geographischen Wissenschaft schmälern, sich der Wirklichkeit der räumlichen Ordnung auf der Erdoberfläche so optimal, wie es der jeweilige Forschungsstand erlaubt, zu nähern.

Methodisch korrekt müsste die Geozonierung durch die räumliche Zusammenfügung benachbarter, funktional weitgehend gleicher Geoökotope erfolgen (M4). Dazu fehlt es jedoch weltweit an flächendeckenden lokalen Untersuchungen und regional spezifischem ökologischem Detailwissen. In der Praxis wird daher ein methodischer „Hilfsweg" beschritten (siehe 1.3 M1): Aus dem breiten vorhandenen Forschungs- und Erfahrungswissen werden die für jeden Ort auf der Erdoberfläche jeweils typischen Merkmale und prägenden Faktoren – zum Beispiel für Klima, Böden, Vegetation, Wasserhaushalt, Landnutzung und Siedlungsweise – identifiziert und in ihrer Verbreitung erfasst. Auf diese Weise können – bei aller Generalisierung – (1) die jeweiligen Geoökozonen in ihren typischen Merkmalen gekennzeichnet, (2) eine Annäherung an das globale Ordnungsmuster des Naturhaushaltes erreicht und (3) dessen menschliche Inwertsetzung benannt werden.

Auf diese Weise leistet die Geographie mit der Geoökozonierung einen über die engere wissenschaftliche Forschung hinausreichenden gesellschaftlichen Beitrag: Sie stellt dem Menschen eine erdumspannende lebens- und nutzungsräumliche Orientierung als Entscheidungs- und Handlungshilfe zur Verfügung.

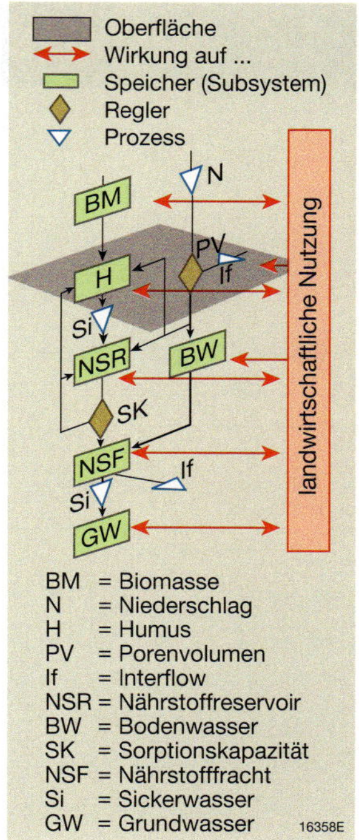

M 3: *Subsystem Boden*

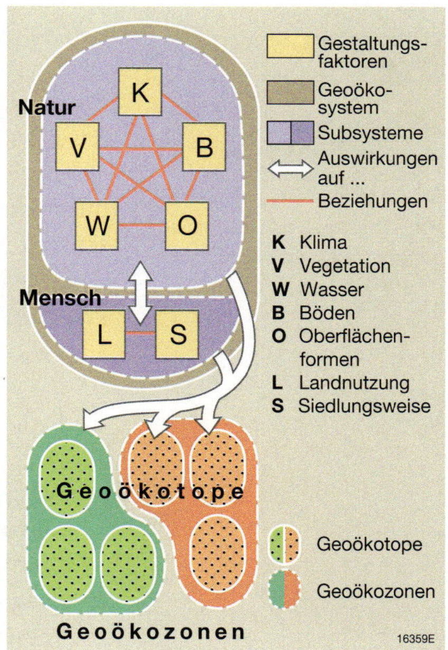

M 4: *Zusammenhang von Gestaltungsfaktoren, Geoökosystemen und Geoökozonen*

1. *Erklären Sie das Subsystem Boden (M 3)*
2. *Diskutieren Sie methodische Schwierigkeiten bei der Geoökozonierung.*

1.3 Gestaltungsfaktoren der Geoökozonen

Klima, Böden, Wasser, Vegetation und Mensch zählen zu den Faktoren, die in Wechselwirkung miteinander zur Gestaltung der Geoökozonen beitragen.

M 1: *Schema der Gestaltungsfaktoren der Geoökozonierung*

Unter Geofaktoren werden all jene Kräfte und Prozesse der Natur verstanden, die die Ausprägung der Erdoberfläche allgemein und am speziellen Ort im Besonderen bestimmen. Dazu zählen unter anderem das Klima mit Temperatur und Niederschlag, die Verwitterung, die Bodenbildung und Oberflächenformung sowie die Vegetation. Nicht vergessen sei dabei auch das menschliche Handeln. Es kann die Erdoberfläche zum einen formal oder qualitativ modifizieren oder gestalten. Landgewinnung, Rodung, Deichbau, Verkehrserschließung und Dreifelder- oder Fruchtwechselwirtschaft können sich zum Beispiel in diesem positiven Sinne auswirken. Doch kann es zum anderen auch derart tiefgreifende Veränderungen hervorrufen, dass der Naturhaushalt gestört oder sogar bleibend zerstört wird. Artensterben, Bodendegradation, Überweidung, Versalzung, Überschwemmung, Vegetationsvernichtung, CO_2-Ausstoß und Erderwärmung sind nur einige der Eingriffe mit potenziell langfristig zerstörerischen Auswirkungen.

Die menschverursachten Prozesse werden in diesem Buch zwar ebenfalls angesprochen. Doch das Hauptaugenmerk gehört der durch die Natur qualitativ gestalteten und räumlich differenzierten sowie durch das menschliche Wirken modifizierten Erdoberfläche. Als dominierende Gestaltungsfaktoren allgemein werden wegen ihrer übergreifenden und durchwirkenden Präsenz die Klimaelemente gewertet. Doch Böden, Wasser, Vegetation und Mensch fällt ebenso eine bestimmende Bedeutung zu. Diese Geofaktoren werden im Folgenden in ihrer Relevanz als geozonale Prägekräfte vorgestellt.

1.3.1 Klima – raumwirksame Prozesse

Wegen seiner starken Auswirkungen auf die übrigen Gestaltungsfaktoren einer Geoökozone fällt dem Klima eine zentrale Rolle zu. Quantitatives Ausmaß, lokales Auftreten und räumliches Verbreitungsmuster seiner wichtigsten Elemente, Temperatur und Niederschlag, werden durch die Sonneneinstrahlung bestimmt.

Elektromagnetische Strahlung
Wellenförmige Ausbreitung von Energie im Raum mit Lichtgeschwindigkeit mittels Schwingungen elektrischer und magnetischer Felder; Unterscheidung zwischen kurzwelliger, energiereicher (sichtbares Licht, Röntgenstrahlung) und langwelliger, energiearmer Strahlung (Infrarot- / Wärmestrahlung)

Die auf der Erdoberfläche ankommende kurzwellige, elektromagnetische Sonnenstrahlung (Globalstrahlung) ist für das Leben auf unserem Planeten unabdingbar. Sie liefert zum Beispiel die Energie für das Pflanzenwachstum und bestimmt die Ernteerträge in der Land- und Forstwirtschaft. Beim Auftreffen auf der Erdoberfläche verwandelt sich die elektromagnetische Energie der Sonne in mechanische Energie in Form der kinetischen Energie (Bewegungsenergie) und in fühlbare Wärme. Dabei löst sie Prozesse aus, wie zum Beispiel die Bewegung von Luftmassen oder die Erwärmung und die Verwitterung von Gestein.

Bereits auf dem Weg durch die Atmosphäre verliert die Strahlung Energie. Dies geschieht zum einen durch die meist diffuse Reflexion des Sonnenlichts an Aerosolen (festen und flüssigen Kleinstpartikeln in der Luft) und atmosphärischen Gasen (z. B. an den Wolkenoberseiten). Ein weiterer Verlust ergibt sich durch die Absorption, also die Aufnahme von Strahlungsenergie durch Staub oder Moleküle (z. B. des Kohlendioxids, des Wasserdampfs oder Ozons).

Aber nicht nur Reflexion und Absorption wirken sich auf die Energieleistung der Globalstrahlung aus, sondern auch der Einfallswinkel der Sonnenstrahlen (M 5). Dieser hängt von der kugelförmigen Erdoberfläche und der zu ihrer Umlaufbahn, der Ekliptik, geneigten Erdachse ab (M 4). Im Laufe eines Jahres verändert sich ihr Winkel (M 2) und damit die auf die Erdoberfläche treffende Sonnenenergie (Insolation). Auch die Albedo hat Einfluss auf die Menge solarer Energie für ein bestimmtes Gebiet auf der Erdoberfläche. Sie gibt für unterschiedliche Oberflächen den Prozentanteil der reflektierten Strahlungsenergie an und ist bei hellen Flächen größer, bei dunklen geringer (M 3).

Die Globalstrahlung wird als fühlbare Wärme vorübergehend gespeichert und kontinuierlich als langwellige Strahlung (auch terrestrische Strahlung) an die Atmosphäre abgegeben. Dort wird sie zum Teil absorbiert (vor allem von Wasserdampf und Kohlendioxid), in den Weltraum ausgestrahlt und als Gegenstrahlung zur Erde zurückgesandt. Gäbe es die dadurch erreichte Erwärmung nicht, so herrschte auf unserem Planeten eine Temperatur von − 18 °C an Stelle der momentanen +15 °C.

Einfallswinkel der Sonnenstrahlen, Dauer der Insolation und die Nettostrahlung (Strahlungsbilanz), also der Teil der Globalstrahlung, der weder reflektiert noch ausgestrahlt wird, sind die Grundlage für die Höhe und Verteilung der Temperatur auf unserer Erde. Sie führen zu einer Reihe klima- und wachstumsrelevanter Faktoren, wie zum Beispiel der Tageslänge, der Verdunstung oder der Wachstumsleistung der Pflanzen und sind eine wesentliche Grundlage für die geoökozonale Gliederung der Erde.

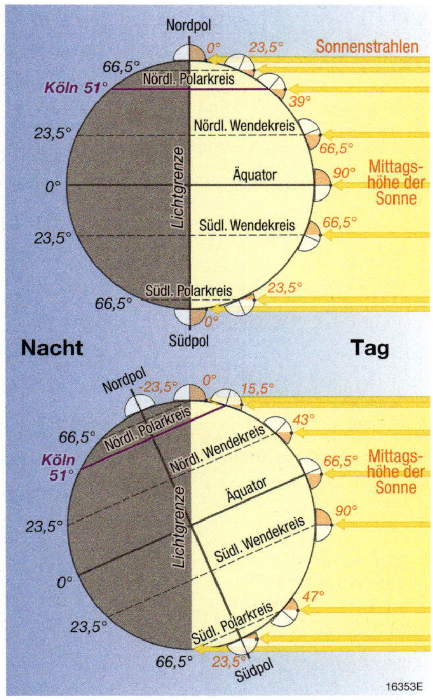

M 2: *Erde und Sonne am 31.3. / 23.9. sowie 21.12.⟶ Mittagshöhe der Sonne*

Material	Albedo (in %)
Ackerboden	7 – 16
Sandboden	15 – 40
Wiesen / Weiden	12 – 30
Wolken	60 – 90
Nadelwald	6 – 19
Laubwald	16 – 27
Gestein, dunkel	7 – 15
Gestein, hell	15 – 45
Neuschnee	81 – 85
Gletschereis	30 – 46

M 3: *Albedo-Werte (Auswahl)*

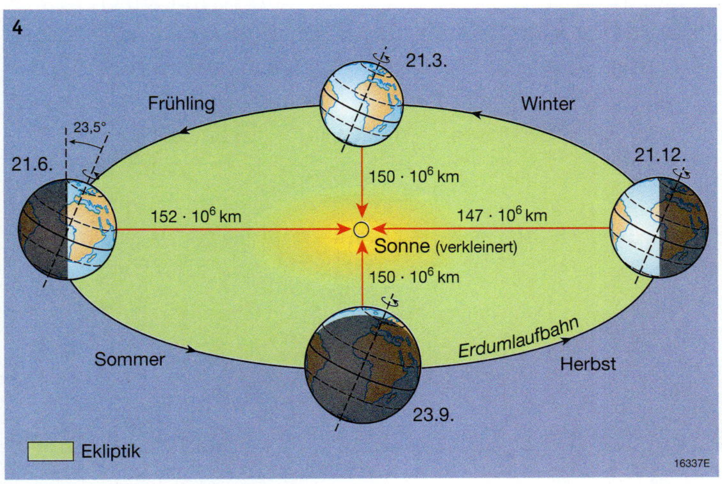

M 4: *Entstehung der Jahreszeiten*

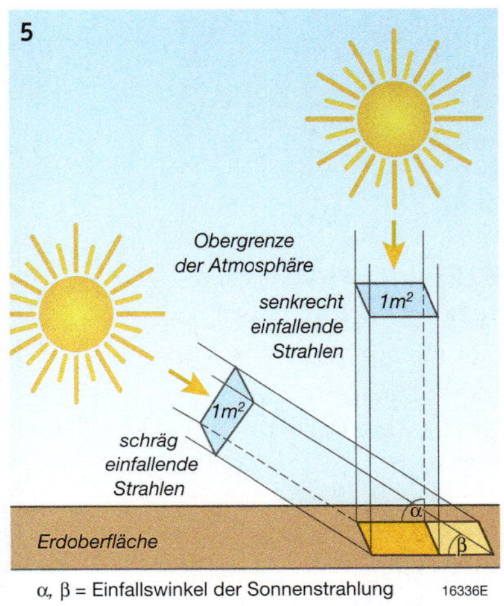

M 5: *Einfallswinkel der Sonnenstrahlen*

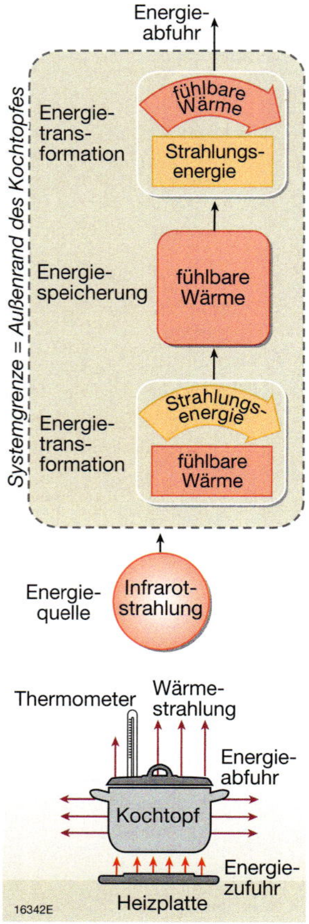

M 1: *Offenes Fließsystem von Energie (Zufuhr wie Abfuhr über die Grenze des Systems hinaus)*

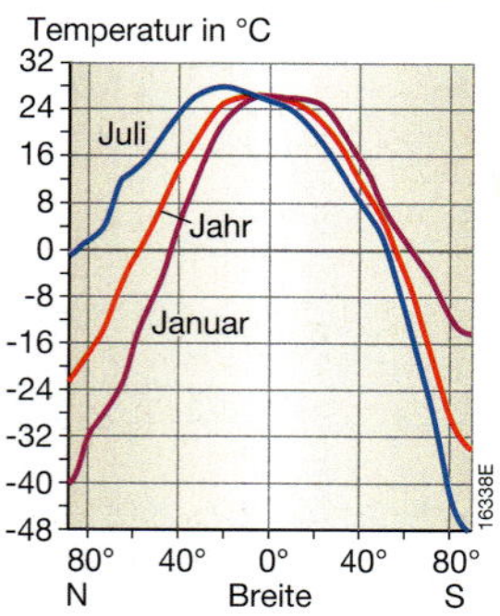

M 2: *Durchschnittstemperaturen nach Breitenkreisen*

Die in Luft, Wasser und Boden vorhandene Wärmeenergie wird als Temperatur gemessen. Sie ist fast ausschließlich auf die Umformung von Strahlungsenergie in eine Energie fühlbarer Wärme zurückzuführen (M 1). Die niederen Breiten, etwa bis 40 ° nördlicher und südlicher Breite, empfangen mehr Wärmeenergie als sie ausstrahlen. Sie haben also einen Energieüberschuss, und ihre Strahlungsbilanz ist positiv (M 4). Entsprechend umgekehrt ist die Situation in den mittleren und hohen Breiten.

Mehrere Faktoren spielen bei der Ausprägung regionaler Temperaturunterschiede eine Rolle und haben damit einen Einfluss auf die Ausprägung und Abgrenzung von Geoökozonen oder Subzonen:

- Die geographische Breite: Vom Äquator zu den Polen nimmt die Temperatur grundsätzlich ab (M 2).
- Stellung und Bewegung der Erde im Planetensystem: Erddrehung und Schrägstellung der Erdachse führen zu einem tages- und jahreszeitlichen Gang der Temperatur. Während viele Regionen der Außertropen ein ausgeprägtes Jahreszeitenklima mit hohen Jahresamplituden (Differenz zwischen der höchsten und niedrigsten monatlichen Mitteltemperatur eines Jahres) haben, ist das Klima der Tropen durch ein typisches Tageszeitenklima mit hohen Tagesamplituden geprägt.
- Der Gegensatz zwischen Land und Meer: Die Aufnahme, Speicherung und Abgabe von Wärmeenergie durch das Wasser führen bei einem maritimen Klima zu einer relativ geringen Jahresamplitude und einem relativ ausgeglichenen jährlichen Temperaturverlauf (M 5). Im Inneren der großen Kontinentalmassen fehlt die ausgleichende Wirkung des Wassers. Kontinentale Klimate sind folglich durch eine hohe Jahresamplitude gekennzeichnet. Sie ist die Folge der hohen sommerlichen Ein- und starken winterlichen Ausstrahlung von Wärmeenergie.
- Die Höhenlage (vgl. 2.8): Die Temperatur nimmt generell mit zunehmender Höhe ab. Einen wichtigen Einfluss auf den Temperaturgradienten hat allerdings auch der jeweilige Feuchtigkeitsgehalt der Luft (siehe M 6, S. 17).

Unterschiedliche Temperaturen führen regional und weltweit zu unterschiedlichen Druckverhältnissen und damit Windbewegungen. Ein grundlegender physikalischer Vorgang hierbei ist die thermische Zirkulation (M 3):

1. Das spezifische Gewicht von kalter Luft ist größer als das von warmer. Das liegt daran, dass sich Luft – wie jede Substanz – mit zunehmender Temperatur ausdehnt und dadurch pro Volumen weniger Luftmoleküle aufweist als vorher, sie also weniger dicht und weniger schwer ist.

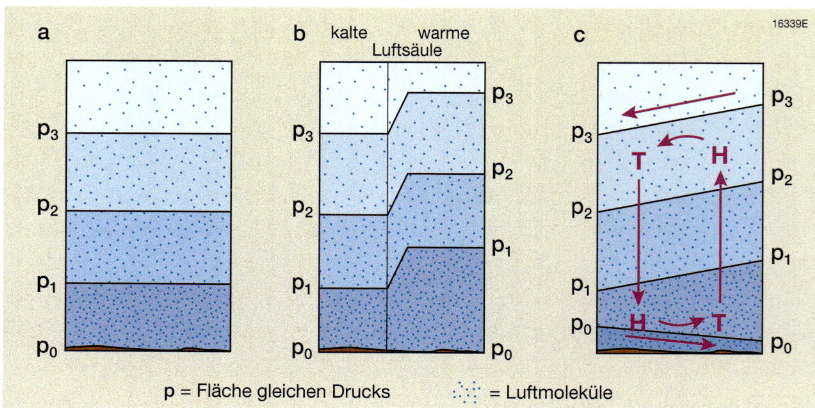

M 3: *Entstehung einer thermischen Zirkulation*

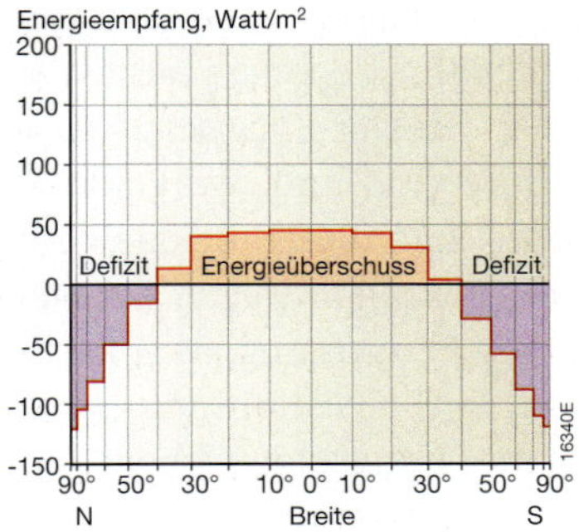

M 4: *Meridionale Verteilung der Strahlungsbilanz im System Erde-Atmosphäre*

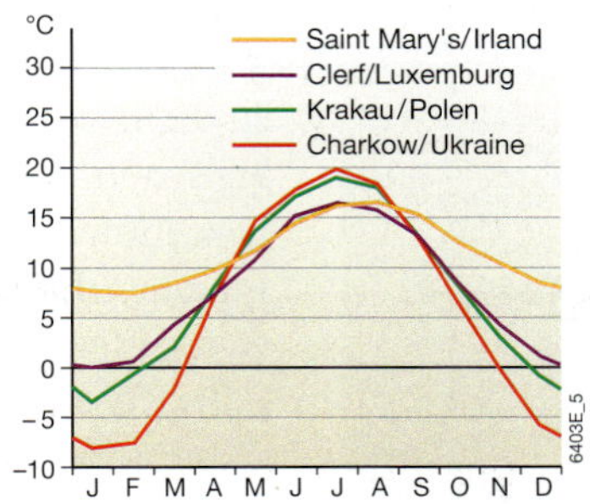

M 5: *Temperaturwandel vom maritimen zum kontinentalen Klima (50 ° n. B.)*

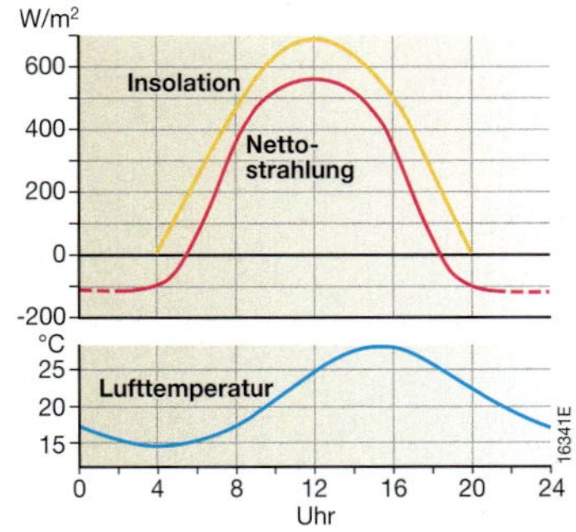

M 6: *Insolation, Nettostrahlung und Lufttemperatur einer Station auf 42 ° n. B. im Inneren der USA, am 21.06*

2. Die Luft über der Erdoberfläche ist am Boden am schwersten, weil darüber noch eine mehrere tausend Meter mächtige Luftschicht lagert. Mit zunehmender Höhe nimmt sie an Mächtigkeit zu, an spezifischem Gewicht aber ab. Diese Gewichtsverteilung der Luft lässt sich in Höhenflächen des Luftdrucks darstellen (M 3a): Unten herrscht hoher und nach oben hin immer geringer werdender Luftdruck.

3. Werden zwei benachbarte Bodenoberflächen mit einer derart gleichmäßig abnehmenden Schichtung des Luftdrucks (quasi eine Luftsäule) unterschiedlich erwärmt, dann dehnt sich in dem erwärmten Teil der Säule die Luft vertikal aus. Dadurch wird, auf derselben Höhe, der Druck in dem warmen Luftpaket höher, weil hier mehr Luftmoleküle auf der Fläche lasten als in dem benachbarten kalten. Der Druckunterschied zwischen beiden Säulen (Druckgradient) nimmt mit der Höhe zu (M 3b).

4. Dem Druckgradienten folgend fließt in der Höhe warme Luft von dem höheren zu dem tieferen Druck (Hochdruck [Hoch], Tiefdruck [Tief]) im Bereich der kalten Luftsäule ab. Dadurch erhöht sich hier die Luftmenge und erzeugt einen höheren Druck am Boden. In der warmen Luftsäule verringert sich die Luftmenge – es entsteht ein geringerer Druck.

5. Neben den horizontalen Luftbewegungen (Wind) vom höheren zum tieferen Druck entsteht auch eine vertikale Luftbewegung. Diese gleicht Defizit- und Überschussgebiete der Luftmassen aus: Aus dem Bodentief der Warmluftsäule steigt erwärmte Luft auf, aus dem Höhentief der Kaltluft ab. So entsteht ein Luftkreislauf (Thermische Zirkulation, M 3c).

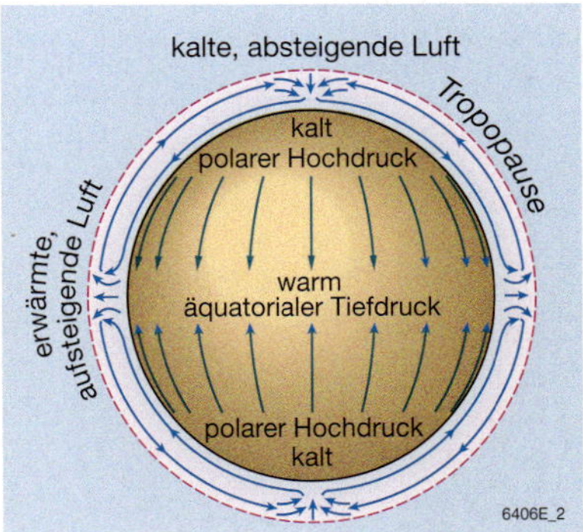

M 7: *Globale Strömungsverhältnisse ohne Erdrotation*

Diese Luftzirkulation in zwei unterschiedlich erwärmten benachbarten Luftsäulen lässt sich hilfsweise auch auf den gesamten Globus übertragen (M 7): Am Äquator wird die Luft erwärmt, steigt auf und fließt in Richtung Pole ab. Dort bilden die sich abkühlenden und verdichtenden Luftmassen ein bodennahes Hochdruckgebiet aus. Von hier aus strömt die Luft in das äquatornahe Tiefdruckgebiet zurück. Durch diese modellhafte globale atmosphärische Zirkulation erfolgt ein Transport von fühlbarer und latenter Wärme aus den Gebieten mit Energieüberschuss in diejenigen mit Energiedefizit. 60 Prozent des meridionalen Energieaustauschs erfolgen über atmosphärische Strömungen, 40 Prozent über Meeresströmungen wie dem Golfstrom. Ohne diesen Ausgleich zwischen den höheren und niederen Breiten käme es nicht zur Ausbildung der jetzigen Geoökozonen.

1. *Suchen Sie im Internet das Klimadiagramm einer europäischen maritimen Station. Beschreiben und erklären Sie ihre Temperatur- und Niederschlagsverhältnisse.*

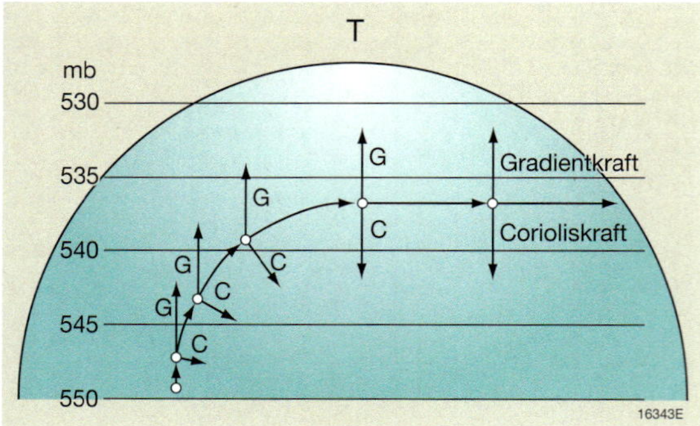

M 1: *Die Wirkung der Coriolisablenkung*

Bewegt sich ein Luftteil auf der rotierenden Erde (Nordhalbkugel) von S nach N, erscheint es infolge seiner höheren Winkelgeschwindigkeit nach rechts abgelenkt. Bewegt es sich von N nach S, führt die niedrigere Winkelgeschwindigkeit zu einer scheinbaren Ablenkung ebenfalls nach rechts.

Die globale planetarische Zirkulation ist ein grob vereinfachtes Modell, in dem ein tatsächlich so nicht vorhandener direkter Energieaustausch zwischen der Äquatorregion und den Polen angenommen wird. Zwischen diesen beiden Großregionen haben sich, vor allem wegen der weltweit unterschiedlichen Erwärmung als Folge der polwärts abnehmenden Globalstrahlung erdumspannende Gürtel mit unterschiedlichem Luftdruck (M 2) gebildet. Dabei strömen aus den Gebieten mit hohem Luftdruck Luftmassen in Gebiete mit niederem Druck, so zum Beispiel die Passatwinde.

Eine Reihe von Faktoren wirkt sich auf die Art und Richtung der Luftströme innerhalb der globalen Zirkulation aus. Von besonderer Bedeutung sind dabei zum einen die Gradient-, zum anderen die Corioliskraft (M 1), eine Scheinkraft. Letztere resultiert aus der Erddrehung und der damit einhergehenden ablenkenden Wirkung. Sie führt dazu, dass zum Beispiel Luft- oder Wasserströmungen auf der Nordhalbkugel in Bewegungsrichtung nach rechts, auf der Südhalbkugel nach links abgelenkt werden. Die Corioliskraft nimmt mit der geographischen Breite – am Äquator ist die ablenkende Wirkung gleich Null – und der Geschwindigkeit der Luftströmungen zu. Bodennahe Winde werden wegen der Reibung und der dadurch verringerten Geschwindigkeit nicht so stark abgelenkt.

Bei dem atmosphärischen Energieaustausch zwischen Äquator und Polregion ergeben sich innerhalb der planetarischen Zirkulation im Wesentlichen drei großräumige Windströmungen: die Ostwinde in den Polgebieten, wobei kalte Luftmassen aus dem Polarhoch in die Subpolare Tiefdruckfurche fließen (etwa zwischen 60 ° und 90 ° nördlicher und südlicher Breite), die außertropische Westwindzone und die tropische Passatzirkulation. Letztere ist Bestandteil der Hadley-Zelle (M 3). Diese erstreckt sich in den niederen Breiten zwischen der äquatorialen Tiefdruckrinne und dem subtropisch/randtropischen Hochdruckgürtel der jeweiligen

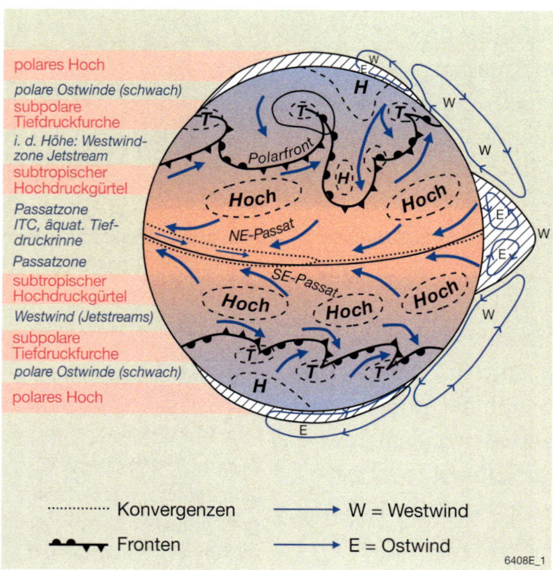

M 2: *Die Druck- und Windgürtel der Erde*

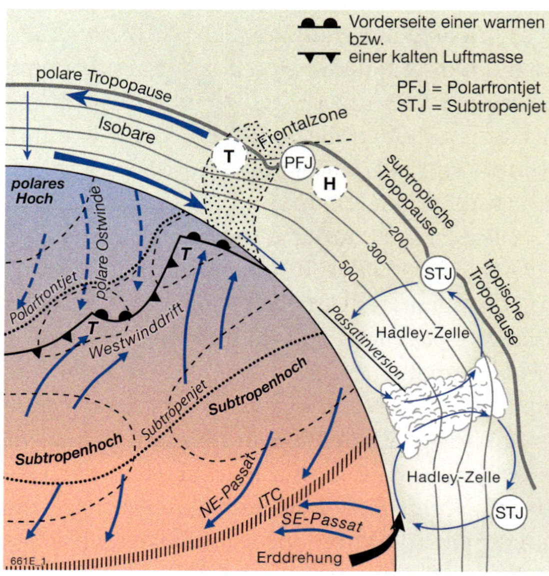

M 3: *Druck- und Windverhältnisse auf der Nordhalbkugel*

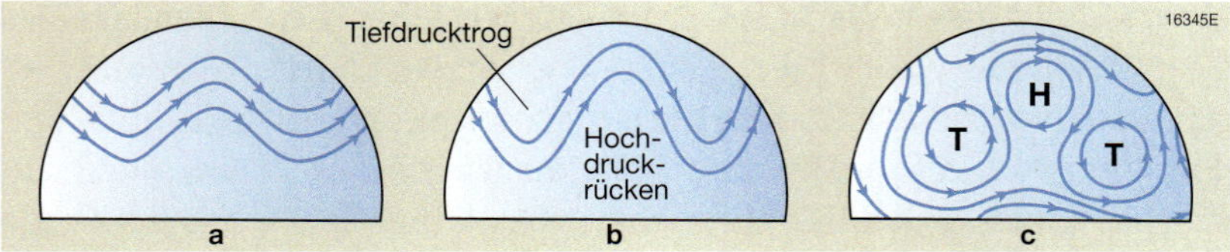

M 4: *Wellen in der Höhenströmung (Westwinddrift) mit Abspaltung von Zyklonen und Antizyklonen*

Erdhalbkugel, (etwa zwischen 35° n.B. und 30° s.B.). Die Hadley-Zelle spielt für die Ausprägung von Klima und Wetter in den niederen Breiten eine entscheidende Rolle: Die am Äquator aufsteigende und in der Höhe polwärts abfließende Luft wird auf der Nordhalbkugel bei etwa 30° nördlicher Breite aufgrund der Ablenkung der Corioliskraft zu einem Westwind. Durch diese Richtungsänderung entsteht ein Stau in der Höhe mit hohem Luftdruck und absinkender Luft. Diese trägt nicht nur zu der global höchsten Sonneneinstrahlung in den sogenannten Passatwüsten, sondern auch zur Ausbildung des subtropisch/randtropischen Hochdruckgürtels bei (M2). Von ihm aus fließt ein großer Teil der Luft als Passate äquatorwärts in Richtung äquatoriale Tiefdruckrinne. Dabei ist zu unterscheiden zwischen einem reinen Ostwind (Ost- oder Urpassat) in der Höhe und einem wegen der Reibung und damit verringerten Geschwindigkeit abgelenkten Bodenwind. Dieser strömt als Nordost-Passat der Nord- und Südost-Passat der Südhalbkugel in der Innertropischen Konvergenzzone (ITCZ) zusammen und steigt dort auf. So stellt die Hadley-Zelle einen in sich geschlossenen Kreislauf dar, in dem ein großer Teil des meridionalen Energietransports geleistet wird.

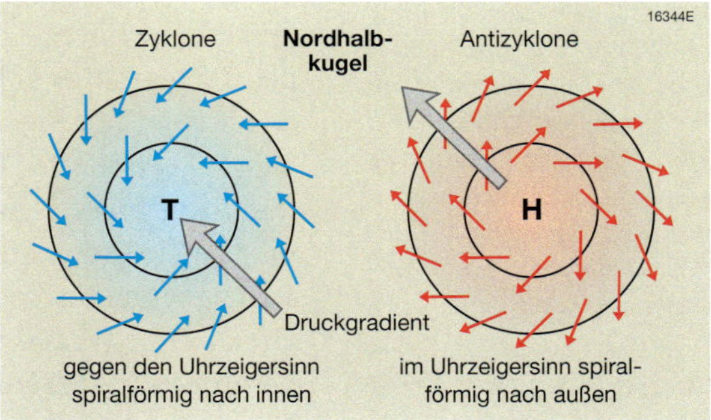

M 5: *Luftströmungen an der Erdoberfläche in Zyklonen (T) und Antizyklonen (H), Nordhalbkugel*

An die Hadley-Zelle schließt sich polwärts die Westwindzone/Westwinddrift an. Sie ist eine überwiegend ostwärts fließende wellenartige Luftströmung. In ihr kann zum Beispiel der Polarfrontjet im Bereich der Frontalzone Geschwindigkeiten bis zu 500 km erreichen. In dieser Kontaktzone zwischen tropischer Warm- und polarer Kaltluft mit hohen Temperatur- und Druckgradienten bilden sich immer wieder unterschiedliche Strömungswellen. Bei extremer Mäandrierung (M4) kapseln sich in der Höhe Hoch- und Tiefdruckgebiete (Antizyklonen/Zyklonen) ab. Diese abgeschlossenen Höhenhochs und -tiefs transportieren kalte Luft in niedrigere und warme Luft in höhere Breiten. Die Druck- und Windgürtel der Erde sind nicht stationär. Sie verlagern sich jahreszeitlich mit der (scheinbaren) Sonnenwanderung süd- und nordwärts und beeinflussen dadurch auch das Klima- und Wettergeschehen der Geoökozonen.

Auch in der unteren Atmosphäre führen die wandernden Wellen der Westwindströmung zur Bildung von Hoch- und Tiefdruckgebieten (M5). Die divergierende (auseinanderfließende) Luft in den Antizyklonen wird durch absinkende kalte Höhenluft kompensiert. Dabei erwärmt sie sich (1°C/100m) und fließt am Boden südwärts. Die in den Zyklonen konvergierende (zusammenströmende) Luft steigt auf und verteilt sich in größeren Höhen. Für den meridionalen Wärme- und Energietransport sind Hoch-, besonders aber Tiefdruckgebiete der Westwindzone von großer Bedeutung. In diesen werden fühlbare und latente Wärme nach oben und zur Seite transportiert.

ITCZ
schmale Tiefdruckrinne in Äquatornähe, wo der Nordost- und der Südostpassat konvergieren, mit jahreszeitlicher, dem Zenitstand der Sonne folgender Verlagerung und hochreichender Quellbewölkung mit Zenitalregen

Frontalzone
Zone der Subtropen und Mittelbreiten, in der sich das Temperaturgefälle zwischen kalten (polaren) und warmen (tropischen) Luftmassen konzentriert. Die Frontalzone hat zwei Übergangszonen: die Subtropenfront äquator-, die Polarfront polwärts.

1. *Erklären Sie, weshalb ein Tief eher mit regnerischem und ein Hoch eher mit sonnigem Wetter einhergehen.*
2. *Erklären Sie, weshalb eine aus der Tropenzone der Gradientkraft nach Norden folgende Luftströmung zu einem Westwind wird (M 1).*

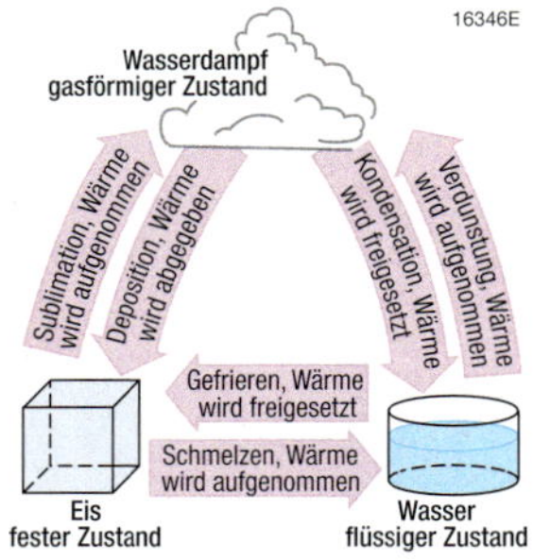

M 1: *Die Aggregatzustände des Wassers. Zustandsänderungen haben Absorption oder Freisetzung von Wärme zur Folge. Wird zum Beispiel Wasserdampf durch Kondensation flüssig, dann wird latente Wärme als fühlbare Wärme freigesetzt.*

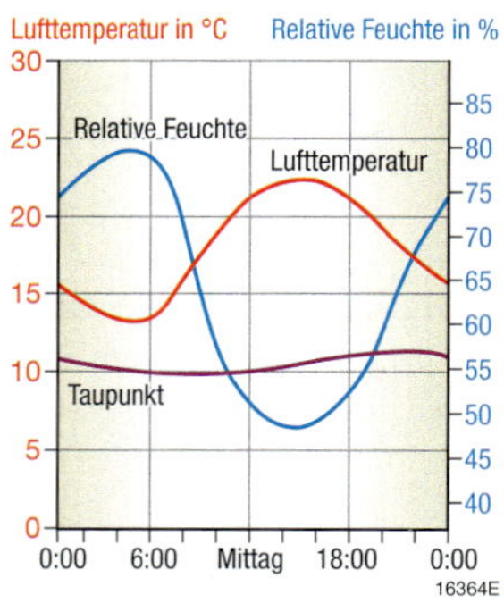

M 2: *Relative Feuchte, Temperatur und Taupunkt für den Monat Mai in Washington, D.C.*

Wasser ist neben Wärme das grundlegende klimatische Element eines Geoökosystems. Weder Lebewesen noch Pflanzen können ohne Süßwasser existieren. Dieses wird der Erde aus der Atmosphäre, wo es durch Kondensation von Wasserdampf entsteht, vorwiegend als Niederschlag zugeführt. Daneben hat das atmosphärische Wasser aber auch noch eine Funktion als globaler Energietransporteur. Der Transport von Wasserdampf und der in ihm gespeicherten latenten Wärme über große Entfernungen ist äußerst bedeutsam für den Wärmehaushalt unseres Planeten. Durch ihn wird die weltweit unterschiedliche Insolation ausgeglichen. So wird zum Beispiel die bei der Verdunstung von Wasser in der Tropenzone eingesetzte Energie bei der Kondensation in den Gemäßigten Breiten wieder freigesetzt und damit die Luft erwärmt.

In jeder Minute verdunsten weltweit rund eine Milliarde Kubikmeter Meerwasser in die Atmosphäre. Doch nicht nur durch Evaporation (Verdunstung über freien Land- und Wasserflächen), sondern auch durch Transpiration (Verdunstung durch Pflanzen und Tiere) geraten ständig große Wassermassen in die Atmosphäre. Eine ausgewachsene Buche kann täglich bis zu 600 Liter Wasser verdunsten. Ein Klima, bei dem die jährlich mögliche Verdunstung größer ist als der Niederschlag, wird als arid bezeichnet, ist der Niederschlag größer als die Verdunstung, liegt ein humides Klima vor. Den Grenzsaum zwischen beiden Gebieten stellt die Trockengrenze dar.

Der Wasserdampfgehalt der Luft ist weltweit unterschiedlich hoch. Er reicht von fast null in den kalten Polregionen bis rund fünf Volumenprozent in den Immerfeuchten Tropen. Die Wasserdampfmenge bestimmt den Grad der Luftfeuchte. Diese kann einmal als absolute Luftfeuchte ausgewiesen werden und meint dann die Masse des Wasserdampfes, die in einem Kubikmeter Luft enthalten ist (g/m³), und einmal als relative Luftfeuchte. Damit wird der Prozentanteil der tatsächlich vorhandenen an der bei dem gegebenen Temperaturwert maximal möglichen Wasserdampfmenge bezeichnet. Diese maximal mögliche Menge (Sättigungsmenge, maximale Feuchte) steigt mit zunehmender Temperatur (M 4). Sinkende Temperaturen, zum Beispiel in aufsteigenden Luftpaketen oder beim Kontakt mit kalten Luft- und Wassermassen, sowie zunehmende Verdunstung erhöhen die relative Luftfeuchte.

Sinkt die Temperatur auf einen Wert, bei dem die relative Luftfeuchte auf 100 Prozent steigt, ist der Taupunkt (Kondensationspunkt, Sättigungspunkt; M 4) erreicht, also die Temperatur, bei der sich ein Gleichgewichtszustand von kondensierendem und verdunstendem Wasser einstellt. Geht

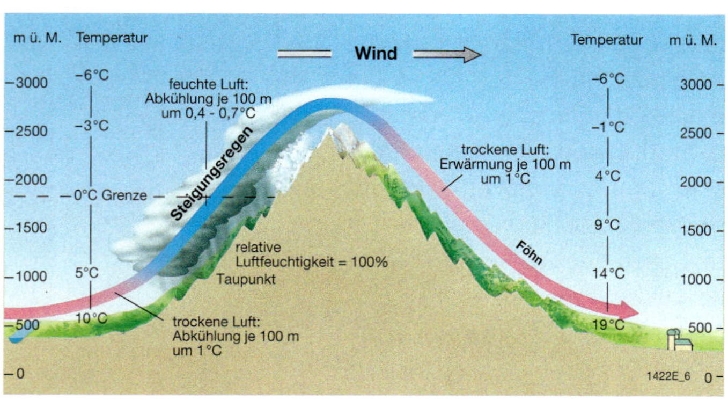

M 3: *Steigungsregen und Föhneffekt*

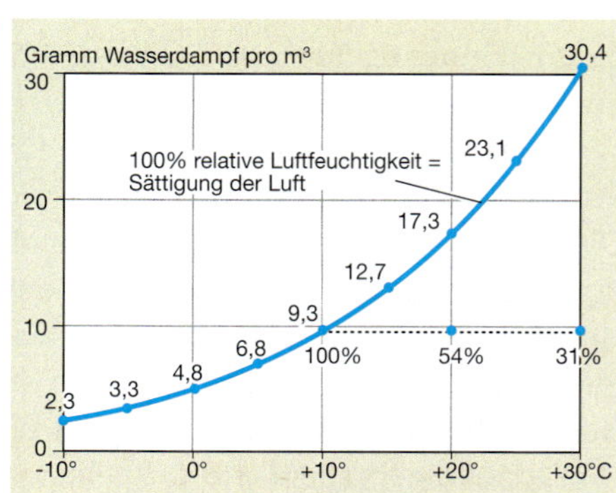

M 4: *Maximal möglicher Wasserdampfgehalt (Luft)*

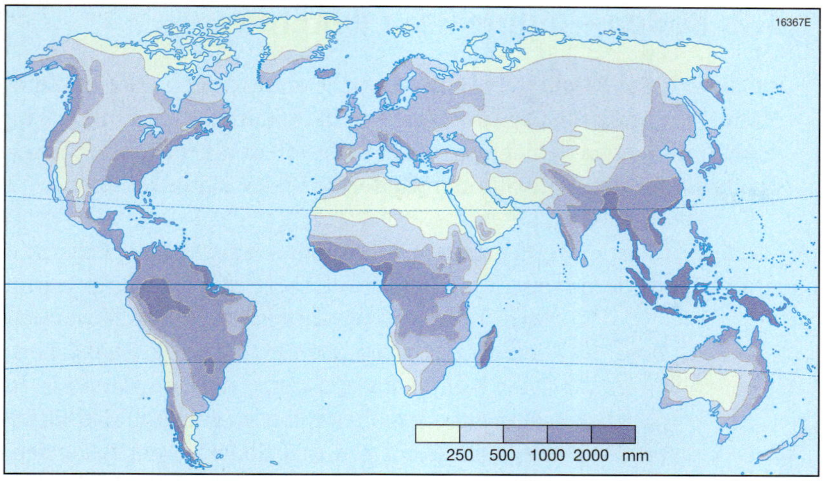

1. *Nennen Sie die Voraussetzungen, die erfüllt sein müssen, bevor es regnet.*
2. *Erklären Sie, weshalb es bei dem Aufgleiten (leichterer) warmer auf (schwerere) kalte Luft häufig zu Niederschlägen kommt.*

M 5: *Weltweite Verteilung der Jahresniederschläge*

die Abkühlung weiter, setzt Kondensation ein. Geschieht dies innerhalb großer Luftmengen, kommt es zunächst zur Bildung kleiner Tröpfchen an festen, hygroskopischen (Wasser anziehenden) Kondensationskernen (Aerosolen, Eiskristallen). Erst wenn eine Vielzahl dieser Tröpfchen sich vereinigt hat, werden sie so schwer, dass sie durch die in den Wolken aufsteigende Luft nicht mehr in der Schwebe gehalten werden und als Niederschlag zur Erde fallen. Als Ergebnis der Kondensation bilden sich Wolken, sichtbar gewordener Wasserdampf. Ihre häufig flachen und relativ dunklen Unterseiten zeigen das Niveau an, an dem die Kondensation beginnt (Kondensationsniveau).

Weltweit gibt es grundsätzlich drei unterschiedliche Arten, auf die Niederschläge entstehen können:

- Frontregen (Zyklonenregen): Treffen in den Subtropen und Mittelbreiten warme und feuchte Luftmassen (oft aus tropischen Gebieten) auf kalte (polare) Luftmassen, kommt es bei der Vermischung zu einer Abkühlung der wärmeren Luft und damit zur Kondensation.
- Konvektionsregen: Durch starke Erwärmung bildet sich ein thermisches Tief, in dem die Luft aufsteigt und abkühlt, bis es zur Kondensation kommt (vor allen in den Tropen und Subtropen, im Sommer auch in Mittelbreiten: Gewitterregen).
- Steigungsregen: Eine Luftmasse wird durch ein Gebirge zum Aufsteigen gezwungen, wobei es auf der Luvseite nach Erreichen des Kondensationspunkts zur Wolkenbildung und zu Stauregen kommt. An der Lee-Seite entstehen häufig Föhnwinde (M3).

Die Geoökozonen werden maßgeblich durch die in ihnen niedergehenden Niederschläge geprägt (M5). Sie unterscheiden sich nicht nur in der jährlichen Niederschlagsmenge, sondern auch in der Art und der jährlichen Verteilung der Niederschläge. So kommt es in Äquatornähe und in den Mittelbreiten ganzjährig zu hohen Niederschlagsmengen, während es in der Polarregion und den außeräquatorialen Tropen eher wenig regnet. Schnee tritt fast ausschließlich in der polaren Zone und den Mittelbreiten auf, Starkregen und „warmer" Regen ist in den Tropen häufiger. Schließlich sind die Wechselfeuchten Tropen geprägt durch eine hohe Niederschlagsvariabilität mit winterlicher Trockenzeit und sommerlicher Regenzeit, während die Feuchten Mittelbreiten sich durch eine weitgehend ausgeglichene Verteilung der Jahresniederschläge auszeichnen.

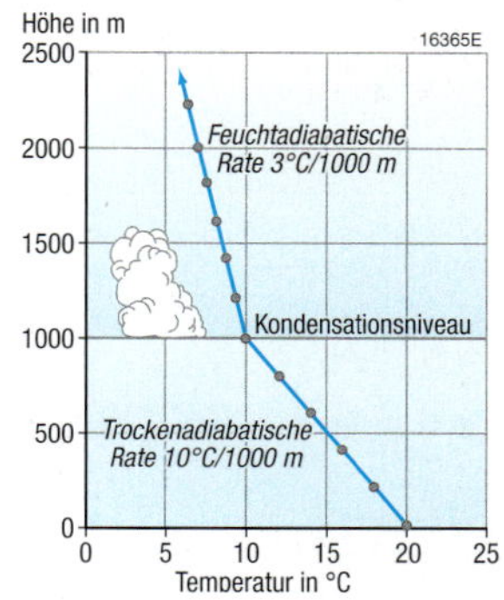

M 6: *Adiabatische Temperaturabnahme in einem aufsteigenden Luftpaket*

Ein aufsteigendes Luftpaket verliert adiabatisch, d.h. ohne Wärmeaustausch mit der Umgebung, 1 °C / 100 m. Erst mit einsetzender Kondensation wird aus dem trocken- ein feuchtadiabatischer Gradient. Weil nun die latente Wärme des Wasserdampfes in fühlbare Wärme umgewandelt und dem Luftpaket zugeführt wird, beträgt der Gradient nur noch etwa 0,3 bis 0,6 °C. Während sich die aufsteigende Luft je nach Wasserdampfgehalt und Temperatur sehr unterschiedlich abkühlen kann, erwärmt sich absteigende Luft adiabatisch um 1 °C / 100 m.

1.3.2 Boden – dünne Haut der Erde

Anders als das Klima prägen Böden die Geoökozonen eher in kleinräumigem Maßstab. Dennoch gibt es in den einzelnen Zonen typische Böden, etwa den Schwarzerdeboden in den Trockenen Mittelbreiten oder den Podsolboden in der Borealen Nadelwaldzone.

Der Boden ist Bestandteil eines jeden Geoökosystems auf der Erde und bietet Pflanzen, Tieren und Menschen Lebensraum und Nahrung. In ihm wird Licht- in Nahrungsenergie umgewandelt und in der Biomasse der Pflanzen gespeichert. Diese sichert die Existenz der Konsumenten. In abgestorbenem Zustand wird die Biomasse (Pflanzen und Tiere) von den Bodentieren, Bakterien, Pilzen und Tieren (Destruenten) aufgenommen und wieder in ihre anorganischen Ausgangssubstanzen zerlegt. Durch diese Remineralisierung des organischen Materials werden den im Boden wurzelnden Pflanzen lebenswichtige mineralische Nährstoffe wieder zur Verfügung gestellt und der Nährstoffkreislauf geschlossen (M 1).

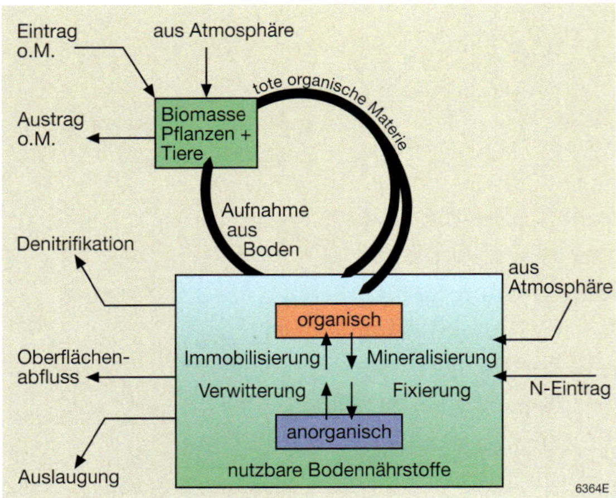

M 1: *Nährstoffkreislauf in einem unbewirtschafteten Ökosystem*

Jeder Boden ist ein eigenes, kompliziertes System, in dem zahlreiche komplexe Prozesse physikalischer und chemischer Art gleichzeitig ablaufen. Die Anzahl und das Ausmaß dieser Prozesse hängen im Wesentlichen von der Temperatur und der Wasserverfügbarkeit ab. Kälte und Trockenheit behindern sie, während Wärme und Feuchtigkeit sie beflügeln. Bis sich im Laufe der Zeit ein Boden mit unterschiedlichen Horizonten gebildet hat (M 2), wirken Faktoren wie Ausgangsgestein, Fauna und Flora, Klima, Relief, Bodenwasser und der Mensch zusammen (M 3, M 5). Großräumig ist insbesondere das Klima dafür verantwortlich, dass man den einzelnen Geoökozonen bestimmte zonale Böden (Leitböden) zuordnen kann (M 4).

Die Verwitterung des Ausgangsgesteins ist eine unabdingbare Voraussetzung für die Bodenbildung. Sie besteht im Wesentlichen aus der phy-

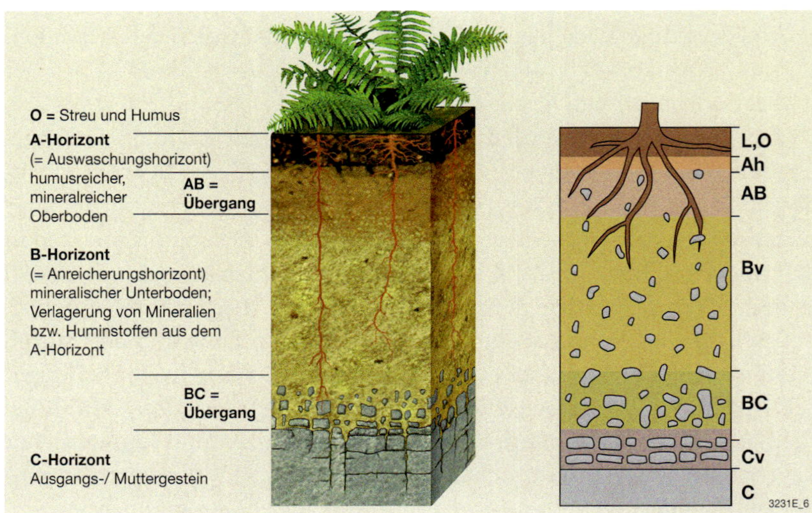

M 2: *Bodenprofil und Bodenhorizonte*

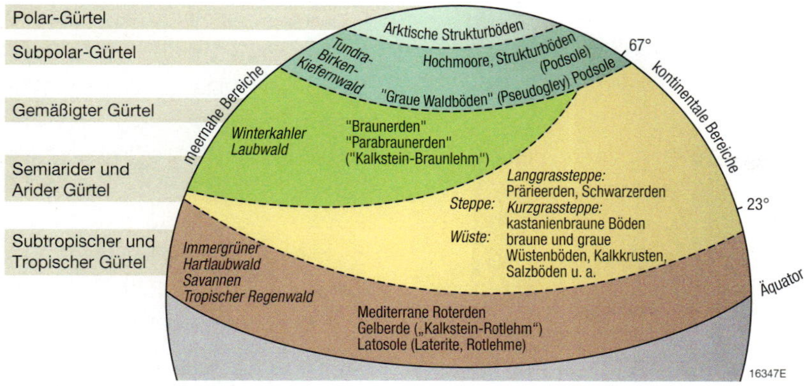

1. *Erläutern Sie mit Hilfe von M 5, wie es zur Bildung eines Bodens kommt.*
2. *Stellen Sie die Prozesse der Verwitterung mit Hilfe eines Diagramms dar.*

M 3: *Klima – Auswirkung auf die zonale Ausbreitung von Böden*

sikalischen, der chemischen und der biologischen Verwitterung. Die physikalische Verwitterung lockert und zerkleinert das feste Gestein bis zu unterschiedlichen Korngrößen: von großen Blöcken bis zu feinem Sand, Schluff und Ton. Dabei laufen unterschiedliche Prozesse ab, die in der Regel gleichzeitig auf das Gestein einwirken. Die wichtigsten sind Frost- und Salzsprengung sowie Temperaturverwitterung, die auf der Volumenänderung von Mineralen und Gesteinen bei Erwärmung (Ausdehnung) und Abkühlung (Zusammenziehen) beruht.

Diese physikalischen Verwitterungsprozesse erhöhen durch Oberflächenvergrößerung die Angriffsmöglichkeiten der chemischen Verwitterung, die die stoffliche Zusammensetzung der Gesteine und Minerale verändert oder sie vollständig auflöst. Die dabei ablaufenden Prozesse sind höchst komplex. Sie treten gleichzeitig und nacheinander auf. Vor allem Wasser, (organische und anorganische) Säuren, Gase (z. B. CO_2) und eine erhöhte Temperatur sind dabei von großer Bedeutung. Die häufigste chemische Verwitterung ist die Silikatverwitterung. Ihre Restprodukte sind Tonminerale.

Die biologische Verwitterung wirkt physikalisch über die Sprengkraft von Wurzeln, die in winzige Öffnungen des Gesteins hineinwachsen und dort über Druck das Gestein lockern sowie chemisch über Säuren, die sich bei dem Abbau organischen Materials bilden.

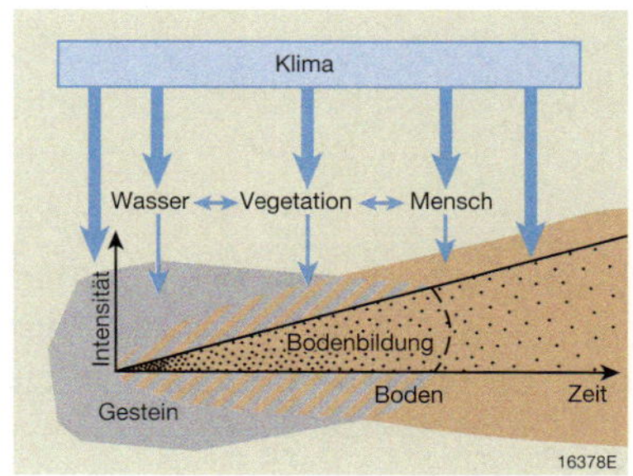

M 4: *Zusammenwirken der Bodenbildungsfaktoren*

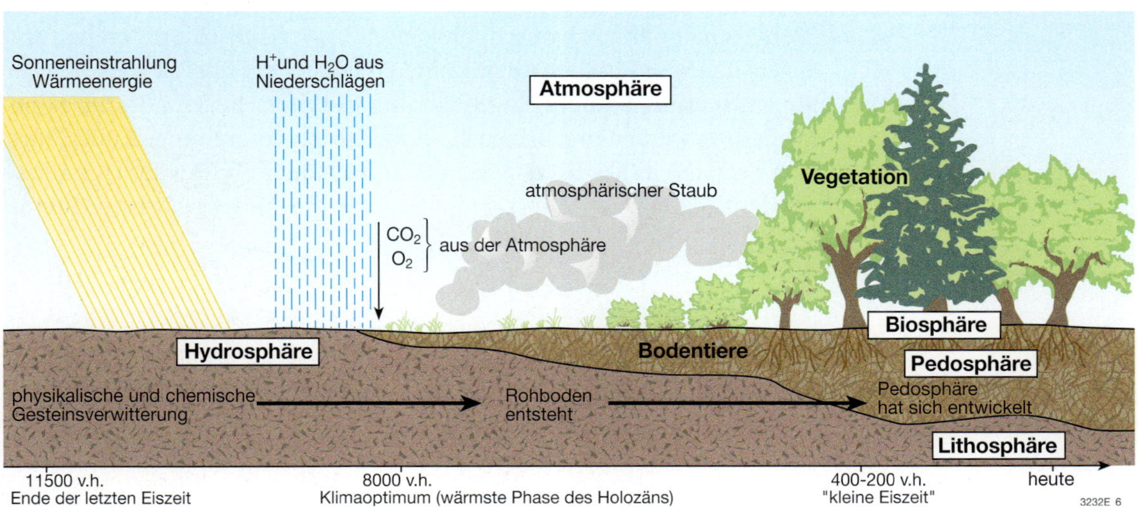

M 5: *Modellhafte Darstellung der Bodenentwicklung in der Gemäßigten Zone*

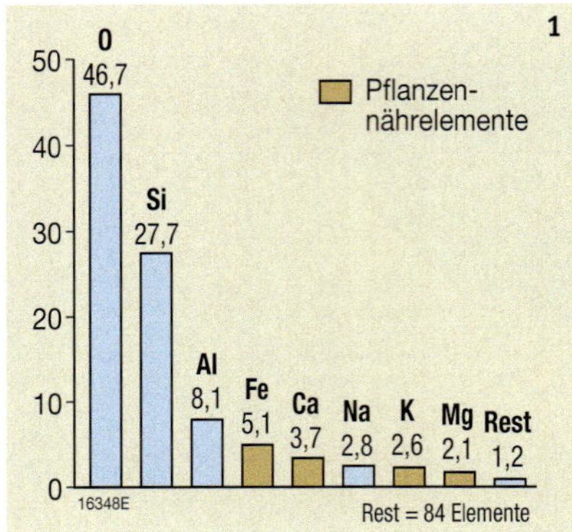

M 1: *Anteil der natürlichen Elemente an der Lithosphäre (Erdkruste) in Gewichts-Prozent*

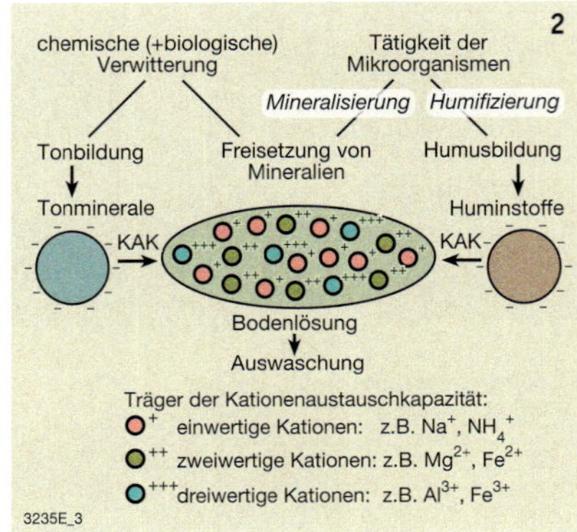

M 2: *Bodenbildungsprozesse und Nährstoffe*

Die Fruchtbarkeit eines Bodens, das heißt der Grad, in dem er den Pflanzen Nährstoffe zur Verfügung stellen kann, wird durch seine Kationenaustauschkapazität (KAK) bestimmt, die entscheidend vom Mineral- und Humusgehalt abhängt.

Der Mineralgehalt eines Bodens resultiert aus dem ehemaligen Muttergestein. Es stellt das Reservoir dar, aus dem viele mineralische Pflanzennährstoffe stammen (M 1). Bei der Verwitterung des Gesteins werden nicht nur Pflanzennährstoffe in Form von Kationen (M 2) freigesetzt, es bilden sich auch neue Minerale. Unter ihnen sind die Tonminerale von besonderer Bedeutung für die Fruchtbarkeit, da sie leicht Wasser sowie mineralische und organische Nährstoffe binden (adsorbieren). Sie bestehen aus mikroskopisch kleinen Plättchen (Schichtkristalle) und haben aufgrund ihrer extrem kleinen Größe (< 2 µm) wie alle Bodenkolloide eine große spezifische Oberfläche (M 3). Nach ihrem Aufbau sind sie in Zwei-, Drei- und Vierschichttonminerale unterteilt. Das in den nährstoffarmen Böden der feuchten Tropen vorkommende Zweischichttonmineral Kaolinit kann nur an Außen- und Bruchflächen Nährionen adsorbieren, während Dreischichttonmineralien der trockenen Tropen (z. B. Montmorillonit) und gemäßigten Klimate (z. B. Illit) Ionen und Wasser auch an „inneren" Oberflächen binden können (M 5).

Kugelradius	Kugelzahl	Gesamtoberfläche
1 cm	1	4,2 cm²
1 mm	10^3	42 cm²
0,1 mm	106	420 cm²
0,01 mm	109	0,42 m²
1 µm	1012	4,2 m²
0,1 µm	1015	42 m²

M 3: *Korngröße, Kornzahl und Oberfläche bei Zerteilung einer Kugel von 1 cm Radius in kugelförmige Teilchen*

Humus bezeichnet die abgestorbenen pflanzlichen und tierischen Substanzen mit ihren organischen Umwandlungsprodukten in und auf dem Boden. Die organischen Bestandteile eines Bodens werden ähnlich wie das Gesteinsmaterial mechanisch, biologisch und chemisch aufbereitet und abgebaut. Diese Tätigkeit übernimmt das Edaphon. Dabei ist zwischen der Mineralisierung und der Humifizierung zu unterscheiden. Bei der Mineralisierung werden organische in anorganische Verbindungen überführt, zum Beispiel in CO_2, H_2O sowie in Pflanzennährstoffe. Bei der Humifizierung entstehen komplexe organische Stoffe, die dunkel gefärbten Humin-

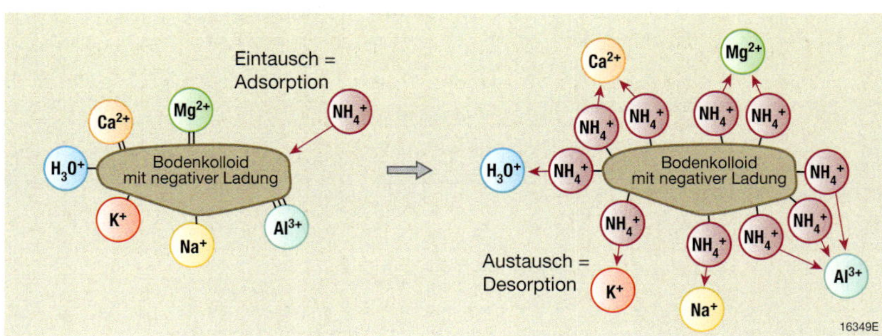

M 4: *Bodenkolloid (z. B. Tonmineral) und Kationenaustausch*

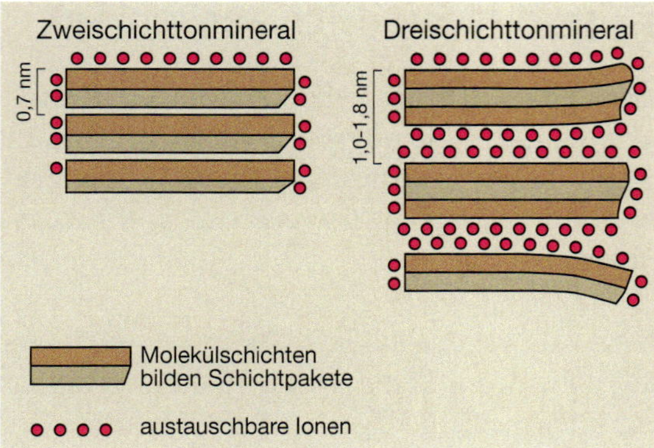

Kaolinite	10 mmol IÄ/100g	häufige Tonminerale der feuchten Tropen
Illite	40 mmol IÄ/100g	häufige Tonminerale der trockenen Tropen und Außertropen
Montmorillonit	120 mmol IÄ/100g	
Vermiculit	150 mmol IÄ/100g	
organisches Bodenmaterial	200 mmol IÄ/100g	Humus
Feldspäte, Quarz	1-2 mmol IÄ/100g	Minerale
Basalt	1-3 mmol IÄ/100g	Gestein

12054E

M 5: *Die Austauschkapazität wird in mmol Ionenäquivalent IÄ (Ladungszahl eines Ions) pro 100g Boden gemessen.*

stoffe. Sie sind ähnlich klein wie die Tonminerale, wie diese negativ geladen und können so positiv geladene Ionen adsorbieren. Die Bedeutung des Humus für die Fruchtbarkeit eines Bodens liegt daher in seiner Speicherfähigkeit von Pflanzennährstoffen, besonders von Stickstoff, sowie seinem Wasserhaltevermögen. Lediglich in den Mittelbreiten kommt es zu einer Ausbildung einer stabilen Humusschicht, während Humus in den Tropen schnell durch chemische Verwitterung zersetzt wird.

Entscheidend für die Austauschkapazität eines Bodens, also seiner Fähigkeit, reversibel Ionen zu adsorbieren, ist die Menge der mineralischen (Tonminerale) und organischen Bodenkolloide (Huminstoffe). Diese feinsten Partikel der mineralischen und organischen Bodensubstanz wirken meist als Kationenaustauscher. Sie halten mit ihrer negativen Ladung so viele von den freigesetzten und in der Bodenlösung befindlichen, positiv geladenen Nährstoffen (ein-, zwei- und dreiwertige Kationen) an ihrer Oberfläche fest, bis ihre negative Ladung ausgeglichen ist (M 4). Die an den Schichtoberflächen adsorbierten Kationen können aber auch – abhängig von der Stoffkonzentration in der Bodenlösung, vom pH-Wert des Bodens und den Schichtabständen der Kolloide – durch andere Kationen ladungsäquivalent ausgetauscht werden, zum Beispiel ein dreiwertiges Al_{3+}-Ion durch drei einwertige Ammoniumionen (NH_{4+}). Die freigesetzten Kationen werden von Pflanzenwurzeln aufgenommen, lagern sich in der Bodenlösung an andere Kolloide an oder werden mit dem Sickerwasser abtransportiert.

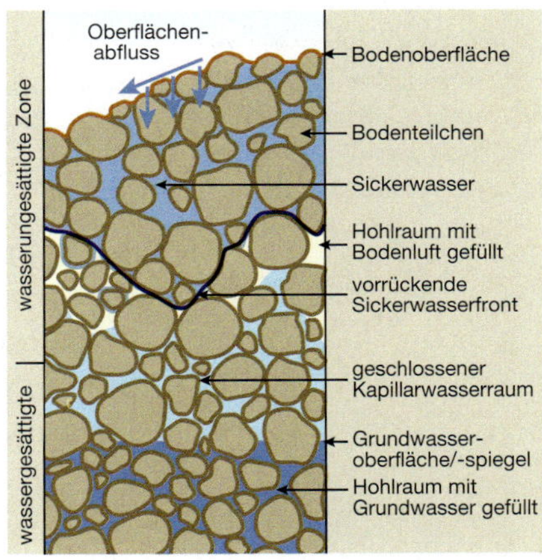

M 6: *Formen und Bewegung des Wassers im Boden*

Weiterhin beeinflussen auch Bodenluft und Bodenwasser (M 6) die Fruchtbarkeit eines Bodens. Während die Bodenluft den Pflanzenwurzeln und Mikroorganismen zur Atmung dient, stellt das Bodenwasser den Pflanzen das lebensnotwendige Wasser zur Verfügung und ist Sammelbecken für die aus dem Verwitterungsprozess stammenden Minerale. Das Bodenwasser kann als Haft-, Sicker-, Grund- oder Stauwasser auftreten. Ist der Niederschlag größer als die Verdunstung bildet sich aufgrund des ausgiebigen Sickerwassers häufig ein an organischen und mineralischen Bestandteilen (z. B. Humus-, Ton- und Eisenverbindungen) verarmter A-Horizont. Ist die Verdunstung dagegen größer als der Niederschlag, zum Beispiel in Trockengebieten, dringt Bodenwasser in feinsten Hohlräumen an die Bodenoberfläche. Dabei kann es gelöste Salze mitführen, die sich, bei der Verdunstung des Wassers, entweder an der Bodenoberfläche oder in einigem Abstand darunter ablagern (Bodendegradation durch Versalzung).

1. *Erläutern Sie die Fruchtbarkeit des Bodens unter anderem mit Hilfe der Abbildungen dieser Doppelseite.*
2. *In den Böden der Immerfeuchten Tropen finden sich vorwiegend Kaolinite. Erläutern Sie, welche Auswirkungen das auf die Fruchtbarkeit der tropischen Böden hat.*

1.3.3 Vegetation – unterschiedlich ausgeprägt

Als Primärproduzenten sind die Pflanzen elementarer Bestandteil jedes Ökosystems und wichtiger Nahrungs- und Rohstofflieferant des Menschen. Viele Regionen der Erde besitzen typische Pflanzenformationen, die sich an die regionalen Temperatur- und Niederschlagsbedingungen angepasst haben.

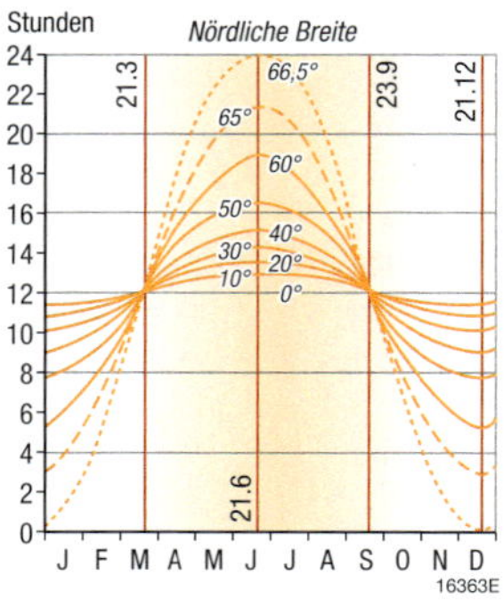

M 1: *Tageslichtdauer (Sonne steht über dem Horizont)*

Evapotranspiration
Gesamte Verdunstung der vegetationsbedeckten Oberfläche bestehend aus Transpiration der Pflanzen und Evaporation der Bodenoberfläche

Zu den Elementen, die für die Ausprägung einer Geoökozone von besonderer Bedeutung sind, zählt neben dem Klima vor allem die Vegetation. Die charakteristischen, natürlichen Pflanzengesellschaften geben jeder Zone ein repräsentatives Bild. Bei der wechselseitigen Beeinflussung der einzelnen Gestaltungsfaktoren hängt die Vegetation direkt vom Boden und vor allem von den sie umgebenden klimatischen Bedingungen ab. Dazu zählen neben Temperatur und Niederschlag auch Insolation, Tag- und Nachtlänge (M 1) sowie die vorherrschenden Winde. Die mit Abstand wichtigsten Faktoren für die Verbreitung von Pflanzen sind die Verfügbarkeit von Bodenwasser und die Lufttemperatur. Erstere ist das Resultat aus Niederschlag, Evapotranspiration, Abfluss und Infiltration, Letztere von Insolation, Nettostrahlung und Höhe.

So ergeben sich global gürtelförmige Zonen, in denen bestimmte Pflanzengesellschaften vorherrschen, zum Beispiel die Nadelwälder der Kaltgemäßigten Zone, die sommergrünen Laubwälder der Feuchten Mittelbreiten und die Regenwälder der Immerfeuchten Tropen. Eine strikt breitenkreisparallele Anordnung wird aufgrund des Einflusses von Gebirgen, Meeren, Meeresströmungen und Winden in der Regel verhindert. Die Artzusammensetzung in den einzelnen Zonen hängt nicht allein vom Klima ab, sondern auch von der erdgeschichtlichen Entwicklung, den geologischen Gegebenheiten und den dadurch bedingten Isolationsbarrieren.

Weltweit haben Pflanzen Mechanismen entwickelt, um sich an die Wasser- und Temperaturbedingungen anzupassen. In Regionen mit Wassermangel haben sich etwa solche Arten herausgebildet, die durch Öff-

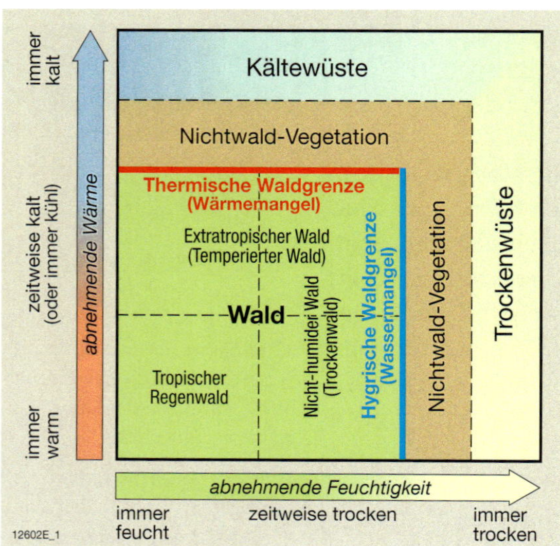

M 2: *Klimabedingte Vegetationsgliederung (Schema)*

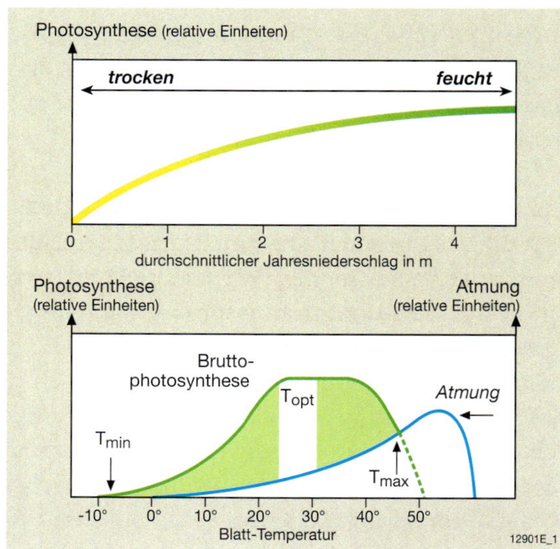

M 3: *Photosyntheseleistung abhängig von Niederschlägen und Temperatur*

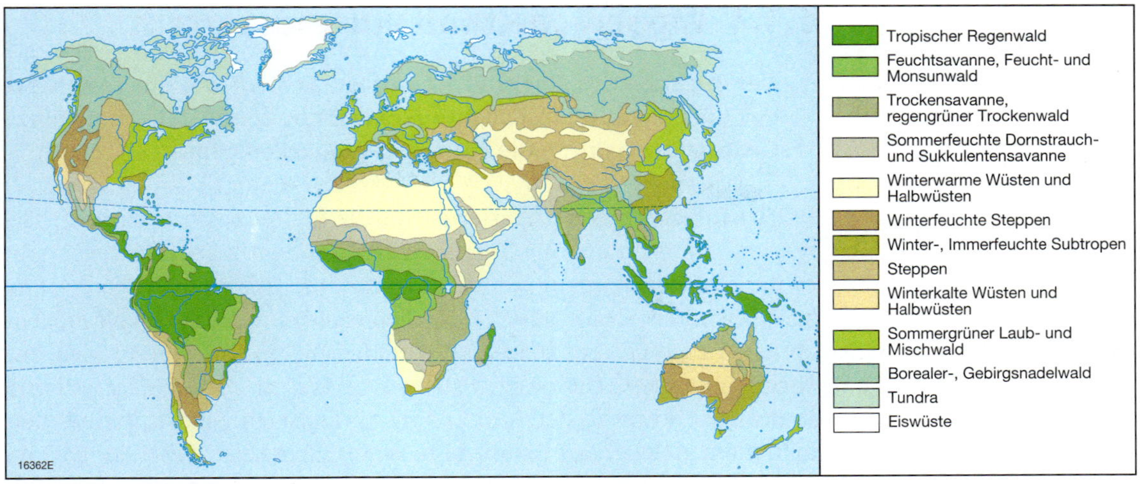

M 4: *Vegetationszonen der Erde (generalisiert)*

nen oder Schließen der Spaltöffnungen ihrer Blätter die Abgabe von Wasserdampf regulieren können. Andere haben ihre Blattoberfläche in Form von Nadeln oder Dornen so weit verkleinert, dass der Wasserverlust durch Transpiration deutlich verringert wird. In Regionen mit ausgeprägten Jahreszeiten passen sich Bäume und Sträucher durch Blattabwurf an die kalte Jahreszeit an. An eine kurze Vegetationszeit (z. B. aufgrund kurzer und kühler Sommer) haben sich die Nadelbäume angepasst. Während die Laubbäume eine Vegetationsdauer von 120 Tagen brauchen (Ø >10 °C/Tag), genügen Nadelbäumen bereits 30 Tage. Neben der Ausprägung bestimmter Blattstrukturen haben sich Pflanzen auch über ihre Wurzelsysteme an klimatischen Umweltbedingungen ausgerichtet. Tiefwurzler versuchen mit in die Tiefe gehenden Wurzeln an das Grundwasser zu gelangen, während Flachwurzler mit flach ausgebreiteten Wurzeln an die Aufnahme von oberflächennahem Sickerwasser angepasst sind.

Pflanzen leisten die Primärproduktion (M 5), die wiederum Grundlage für das Leben der Menschen und Tiere ist. Die weltweit stark variierende Produktionsleistung von Pflanzen ist entscheidend für den Stellenwert der Land- und Forstwirtschaft in einer Geoökozone. Sie hängt von zahlreichen Faktoren ab, vor allem von dem Photosynthesevermögen der einzelnen Pflanzen, das seinerseits abhängig von der Menge der für die Photosynthese zur Verfügung stehenden Biomasse oder der Menge der Strahlungsenergie der Sonne ist. Bei der Photosynthese nutzen die Pflanzen die Lichtenergie, um Kohlendioxid und Wasser in Kohlenwasserstoffe, Ausgangspunkt der Nahrungskette, zu verwandeln. Dabei wird in den Blättern und Stängeln einer Pflanze Sonnenenergie als chemische Energie gespeichert, die wiederum die Energiequelle der Konsumenten ist. Über diese Weitergabe von Energie erhält die Photosynthese einen Großteil des Lebens im Geoökosystem aufrecht.

1. *Nennen Sie Beispiele für die Ausprägung zonaler Pflanzengesellschaften und erklären Sie, wie es dazu kommen kann.*
2. *Beschreiben Sie Voraussetzungen und Folgen der Nettophotosynthese/ Nettoprimärproduktion.*

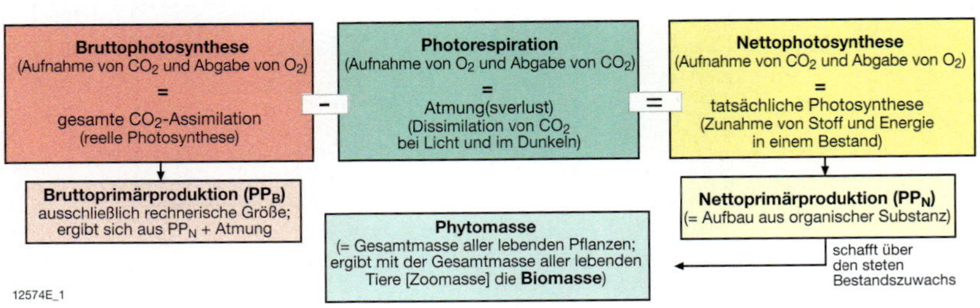

M 5: *Umwandlung von Energie in Pflanzenmasse*

1.3.4 Wasser – weltweit ungleich verteilt

Der Zugang zu (sauberem) Wasser ist, ähnlich wie die Verteilung der Böden, regional sehr unterschiedlich. Dennoch werden ganze Geoökozonen durch die Wasserverfügbarkeit geprägt.

Das Vorhandensein von Wasser ist für die Existenz von Menschen, Tieren und Pflanzen unentbehrlich. Wasser auf dem blauen Planeten gibt es reichlich, auch wenn von den 1,4 Mrd. m^3 Wasser lediglich 2,6 Prozent Süßwasser sind und von diesem wiederum nur rund zwölf Prozent als leicht zugängliches Süßwasser, zum Beispiel in Flüssen und Seen, zur Verfügung stehen. Die riesigen Mengen an Wasser, die im Meer, auf und in der Erde sowie in der Atmosphäre vorkommen, sind Teil eines permanenten globalen Kreislaufs (M 4). Dieses Wasser ist zwischen den einzelnen Geoökozonen ungleich verteilt. Während die Immerfeuchten Tropen über Wasser im Überfluss verfügen, herrscht in den Tropisch/Subtropischen Trockengebieten ein großer Wassermangel. Die Situation von Mangel und Überfluss kann sich aber auch relativ kleinräumig innerhalb einer einzelnen Geoökozone ergeben.

M 1: Quellentext zur globalen Wasserverteilung

UNDP (Hrsg.): Bericht über die menschliche Entwicklung 2006

Aus einem bestimmten Blickwinkel verhält es sich mit dem Wasser auf der Erde genauso wie mit dem Reichtum auf der Welt: Global gibt es mehr als genug davon. Das Problem ist, dass manche Länder wesentlich mehr davon haben als andere. Fast ein Viertel des Süßwasservorrats der Welt befindet sich im Baikalsee im dünn besiedelten Sibirien. (...) Lateinamerika verfügt über 31 Prozent des weltweiten Süßwasservorrats und damit über zwölfmal so viel Wasser pro Person wie Südasien. Manche Länder, wie Brasilien und Kanada, erhalten viel mehr Wasser, als sie verbrauchen können, während andere, wie Länder im Nahen Osten, weniger erhalten, als sie benötigen. Dem unter Wasserknappheit leidenden Jemen (198 m^3/Person) hilft es nicht, dass es in Kanada zu viel Wasser gibt (90 000 m^3/Person).

Der Wasserkreislauf (M 4) garantiert zwar ständig neues Wasser, die global zur Verfügung stehende Süßwassermenge wird jedoch immer knapper. Während die Weltbevölkerung von 1900 bis heute um den Fak-

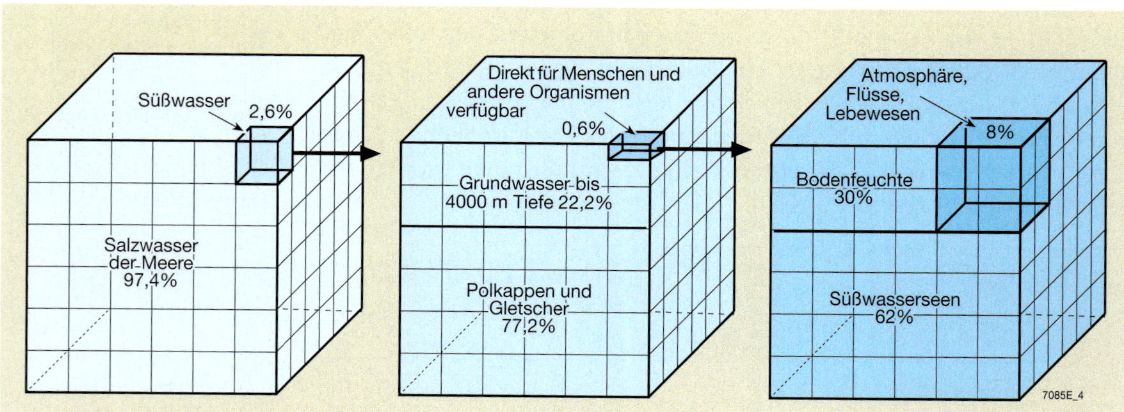

M 2: *Wasservorkommen auf der Erde (schematische Darstellung)*

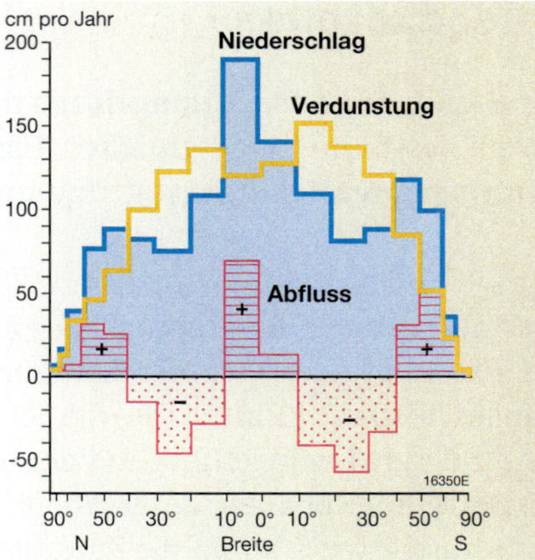

M 3: *Weltweite Wasserbilanz*

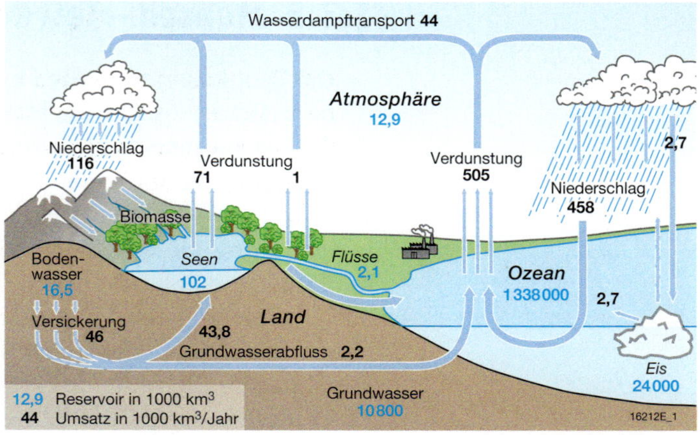

M 4: *Wasserkreislauf*

tor vier anwuchs, stieg die globale Süßwassernutzung in Industrie, Haushalt und Landwirtschaft um den Faktor acht. Der bei weitem größte Nutzer von Wasser ist die Landwirtschaft, auch wenn seit Beginn des 20. Jahrhunderts der Wasserverbrauch von Industrie und Kommunen deutlich zunimmt (M 5). Sie verbrauchen zu 80 Prozent „Grünes Wasser“ (direkt aus Regen und im Boden) und zu 20 Prozent „Blaues Wasser“ (gepumpt aus Flüssen, Seen, Quellen und Brunnen). Ihr hoher Wasserbedarf resultiert aus dem Wasserverbrauch für die Erzeugung von Nahrungsmitteln. Während ein Mensch durchschnittlich 20 Liter pro Tag für seine persönliche Hygiene verbraucht, werden täglich 3 500 Liter eingesetzt, um seine Nahrungsmittel zu produzieren.

Die Bewässerung spielt für die Produktivität in der Landwirtschaft eine große Rolle. Die Verdoppelung der Bewässerungsfläche in den letzten 50 Jahren im Zusammenhang mit der Grünen Revolution hat die Ernährung einer exponentiell wachsenden Bevölkerung sichergestellt. Aber die weitere Ausdehnung der Bewässerungsfläche ist begrenzt, und in zahlreichen Gebieten kann die Bewässerung nur noch durch eine Übernutzung der Grundwasserreservoire aufrecht erhalten werden. Zu der Übernutzung gesellt sich das Problem der Versalzung, bei dem eine Konzentration von Salz in und auf den Böden zu ihrer Degradation führt und die Ernten minimiert.

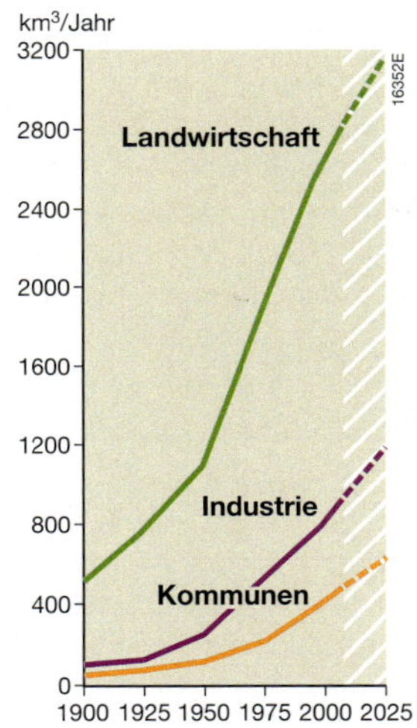

M 5: *Weltweite Wasserentnahme nach Sektoren*

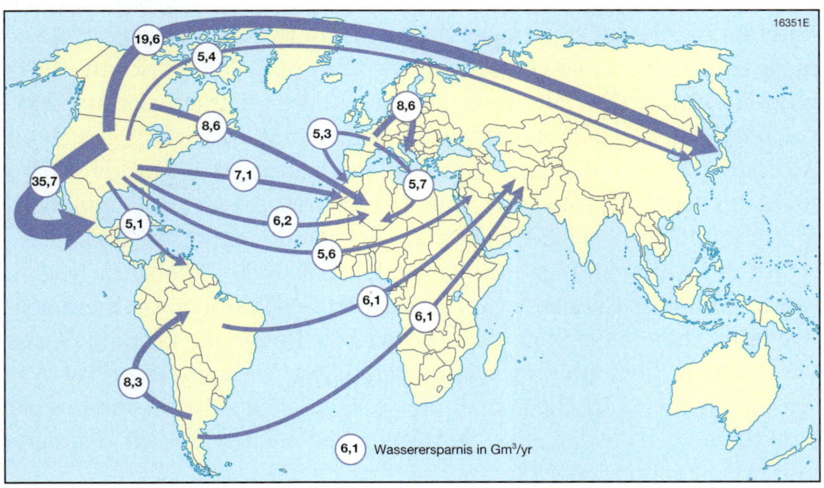

M 6: *Weltweite Wasserersparnis*

Die Pfeile (wenigstens 5 x 109 m³/J) stellen Liefermengen agrarischer Produkte dar. Die Zahlen geben die Wasserersparnis an. Diese ergibt sich aus der Multiplikation von Handelsvolumen (t/J) mit der Differenz des Wasserverbrauchs (m³/t) zwischen Import- und Exportland. Eine Wasserersparnis ergibt sich dann, wenn das Exportland weniger Wasser je Tonne verbraucht als das Importland.

1.3.5 Mensch – Teil der Geoökozonen

Die Geoökozonen werden in ihrer globalen Ausdehnung durch die natürlichen Gestaltungsfaktoren bestimmt. Menschliches Handeln prägt jedoch die interne physiognomische Ausstattung und die Funktion der Zonen mit.

In der Geographie spielte der Mensch als Gestalter der Erdoberfläche anfänglich keine Rolle. Zu Beginn des 20. Jahrhunderts wurden die räumlich wahrnehmbaren Folgen der menschlichen Kultur (z. B. die Siedlungen oder die Feldfluren) als Gestaltungsgröße eingeführt und der Begriff Kulturlandschaft entwickelt. Später wurde vor allem unter Einbezug der Weltreligionen die Erde sogar in kulturelle Großräume, die Kulturerdteile, gegliedert. Der Mensch als aktiver Gestalter der Erdoberfläche erlangte aber erst seit Mitte der 1960er-Jahre im Zuge sozialgeographischer Theorie- und Methodendiskussion an Bedeutung. In diesem Sinne wird er auch als interner Gestaltungsfaktor der einzelnen Geoökozonen verstanden. Dies geschieht in zweierlei Hinsicht:

1. Indirekt wirkt der Mensch über die natürlichen Gestaltungsfaktoren Klima, Boden, Wasser und/oder Vegetation auf die formale und funktionale Ausstattung der einzelnen Geoökozonen ein. Als Beispiele sei auf die CO_2-Emissionen und den damit verbundenen globalen Temperaturanstieg und seine Folgen, die Verschwendung des Süßwassers oder die Zerstörung der Vegetation zum Beispiel in Form der Rodung riesiger Wälder, wie in Mitteleuropa während des Mittelalters oder heute in den Tropen, verwiesen.

2. Die physisch fassbaren Folgen des sozialen und wirtschaftlichen Handelns des Menschen prägen aber auch auf ganz direkte Weise die jeweilige Ausstattung der Geoökozonen. Diese Einwirkung vollzieht sich spätestens seit dem Neolithikum. Denn mit der Sesshaftwerdung, dem Ackerbau, der stationären Tierhaltung und bald auch mit dem Entstehen des Städtewesens und der Hochkulturen beginnt der Mensch unumkehrbar und raumgreifend die Natur zurückzudrängen und umzugestalten. Trotz erheblicher regionaler Unterschiede beginnen seine Werke immer deutlicher die einzelnen Geoökozonen mitzuprägen. Mit nachhaltigen und weitreichenden Konsequenzen setzte dieser Vorgang mit Beginn der Industrialisierung und der ihr parallel verlaufenden Europäisierung ein. Dadurch wurden etwa europäische Haus-, Dorf- und Flurformen sowie mediterranes Städtewesen, bäuerliche Land- und Viehwirtschaft, Agrobusiness/Plantagen, Handwerk, Bergbau und Industrie vielerorts sogar flächendeckend in außereuropäische Regionen (Kolonisationsgebiete in Australien, Süd- und Nordamerika, im südlichen und nördlichen Afrika sowie auf dem indischen Subkontinent und in Mittel-/Zentralasien) transformiert und die dort lebende Bevölkerung verdrängt oder vertrieben.

All diese Einwirkungen des Menschen haben die Erdoberfläche mitgestaltet und das Gesicht der verschiedenen Geoökozonen in ihrem heutigen Aussehen mitgeprägt. Dadurch wird die Dominanz der natürlichen Faktoren für die Zonierung nicht geschmälert. Vielmehr trägt das Wissen um die gestalterische Bedeutung des Menschen zum Verständnis der Funktionen bei, die den einzelnen Zonen heute wirtschaftlich, demographisch und politisch beigemessen oder zugewiesen wird.

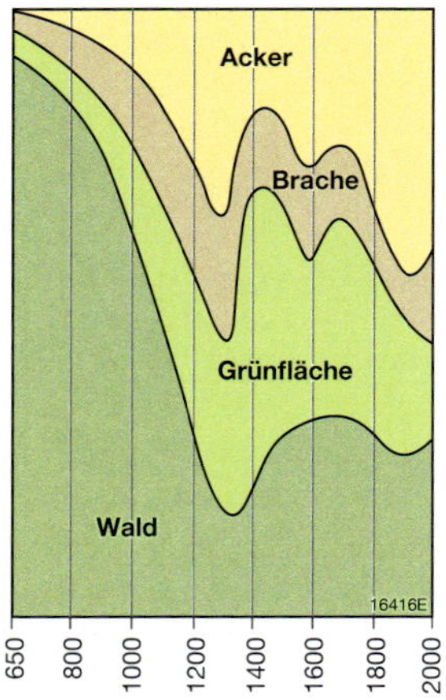

M 1: *Entwicklung von Landnutzung/Bodenbedeckung in Deutschland seit dem 7. Jahrhundert*

1. *„Der Mensch ist ein aktiver Gestalter der Erdoberfläche".*
   a) *Erläutern Sie diese Aussage.*
   b) *Erklären Sie, was sie mit der Existenz der Geoökozonen zu tun hat.*

1.4 Geoökozonierung – globale Raumaufteilung

Die Geoökozonierung versucht, die ökologische Differenzierung der Erde in ihrer räumlichen Dimension wiederzugeben. Dennoch ist sie – wie alle kartographischen Abbildungen der Erde – lediglich ein Modell, eine vereinfachte Wiedergabe der Wirklichkeit. Dazu müssen „Hilfswege" beschritten werden.

Der wichtigste „Hilfsweg" bei der Geoökozonierung der Erde ist die Verwendung der nach den Auswirkungen und Effekten des Klimas vorgenommenen Klimaklassifikation. So werden zum Beispiel bei der effektiven Klimagliederung zur räumlichen Abgrenzung die Auswirkungen der Klimaelemente auf die Vegetation herangezogen. Ausdruck dafür sind Begriffe wie Eiswüsten-, Wald-, Steppen-, Wüsten- oder Regenwaldklimate. Diese Klimagliederung wurde von Wladimir Köppen (1931) und Carl Troll und Karlheinz Paffen (1964) entwickelt.

Die ersten Versuche, erdumspannende und höhenabhängige Verbreitungsmuster von Temperatur, Niederschlägen, Winden oder auch von Rassen, Sprachen, Tieren, Pflanzen etc. zu entwerfen, legte Heinrich Berghaus 1852 mit dem „Physikalischen Atlas" vor, eine Sammlung von Karten, auf denen die hauptsächlichen Erscheinungen der anorganischen und organischen Natur nach ihrer geographischen Verbreitung und Verteilung bildlich dargestellt sind, und das das umfassende Werk „Kosmos – Entwurf einer physischen Weltbeschreibung." von Alexander von Humboldt illustrieren sollte (siehe Himalaja-Zonierung Seite 5)

Die Klimagliederung bildet letztlich die Grundlage aller bislang vorliegenden geoökozonalen Differenzierungen (z. B. Müller-Hohenstein: Geoökologische Zonen, Schultz: Ökozonen; siehe Literaturliste). Außerdem finden die geomorphologischen, edaphischen, hydrologischen und nutzungsräumlichen Erkenntnisse, das heißt die geographischen Gestaltungsfaktoren in ihrer weltweiten, zonalen Verbreitung und lokalen Vielfalt Berücksichtigung. Um dafür wenigsten ein Beispiel konkret zu benennen, sei die nutzungsräumliche Gliederung der Erde angeführt (M 2). Sie weist eine in der Tendenz erdumspannende, zonale Verbreitung der verschiedenen land- und tierwirtschaftlichen Aktivitäten auf.

Methodisch interessant, weil die für die Geoökozonen verantwortlichen Merkmale übersichtlich und nachvollziehbar darstellend, ist das Pol-Äquator-Profil (M 1 folgende Doppelseite). Um die Einsichten zu verdeutlichen, die dieses Profil vermittelt, sei beispielhaft auf den Nord-Süd- und den zonalen Wandel der Verwitterungstiefe in Relation zu Höhe von Niederschlag und Temperatur hingewiesen. Aufmerksam sei auch auf die zonale Unterschiedlichkeit der Dicke der Humusschicht und der Mäch-

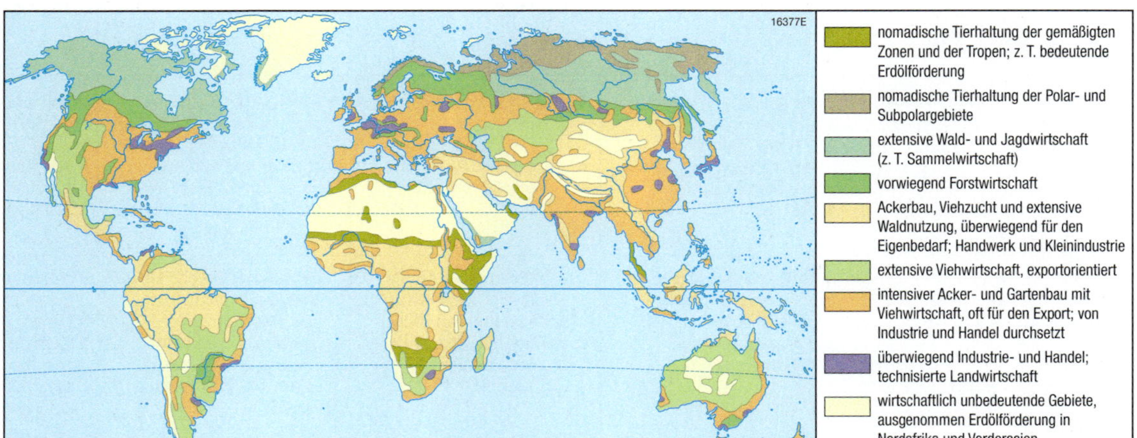

M 2: *Nutzungsräumliche Gliederung der Erde*

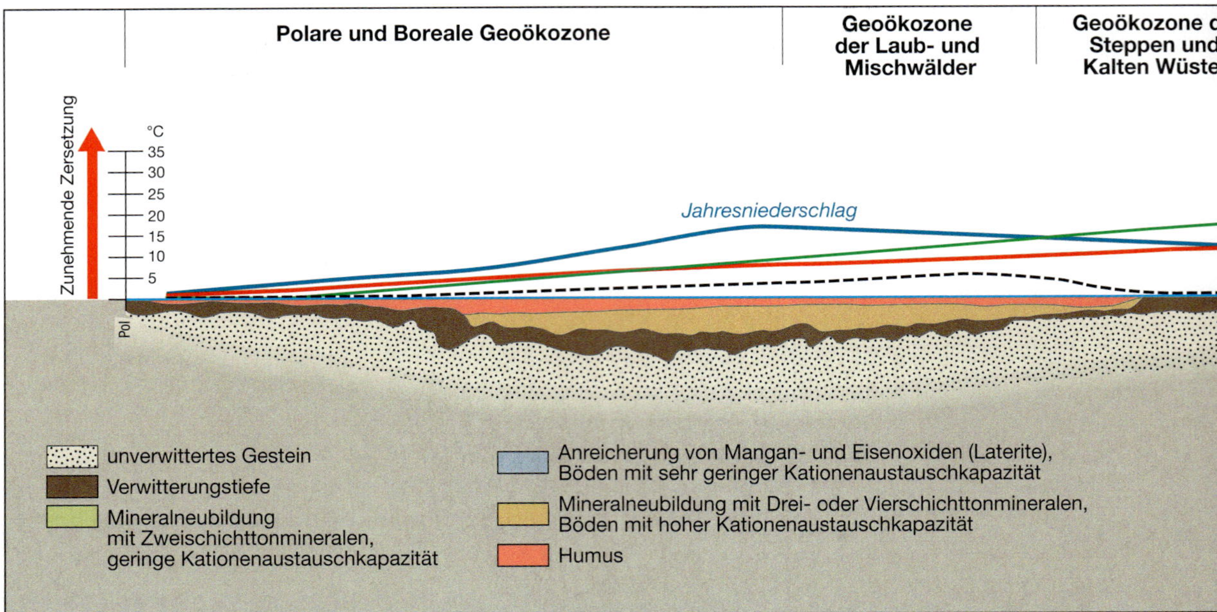

12704E_1	Polare Zone	Boreale Zone	Feuchte Mittelbreiten	Trockene Mittelbre
Verwitterung	intensiv, vorwiegend physikalisch		relativ gering	gering bis intensiv, nach Wasservorkommen, Anreicherung von Salzen durch aufsteigende Bodenwasser
Fläche (Mio. km²)	22,0	19,5	14,5	16,6
Vegetationsperiode (Monate)	0 - 3	4 - 5	6 - 12	0 - 4
PP_N (Nettoprimärproduktion, t pro ha und Jahr)	0 - 2	4 - 8	10 -15	4 - 10
Phytomasse (t pro ha)	5 - 15	150 - 400	250 - 400	10 -25
Begrenzung/Beeinträchtigung für die landwirtschaftliche Nutzung	Permafrost, geringe Nettoprimärproduktion	kurze Vegetationsperiode, eingeschränkte Nährstoffverfügbarkeit	kurze Vegetationsperiode, eingeschränkte Nährstoffverfügbarkeit	kurze Vegetationsperiode, Wassermangel
natürliche Vegetation	Tundra: Zwergsträucher, Moose und Flechten,Eis-/polare Wüsten	Nadelwälder: artenarm, immer- und sommergrüne Nadelwälder und Torfmoore	Laub- und Mischwälder: sommergrün mit winterlichem Laubfall	mit zunehmender Feuchte Übergang Wüsten- über Strau zu Waldsteppen
land- und forstwirtschaftliche Nutzung ● traditionell ■ heute	● Fischfang, (Pelztier-) Jagd, nomadische (Ren-) Tierhaltung ■ ganz vereinzelt karger Ackerbau	● Wald-, Holz-, (Milch-) Viehwirtschaft ■ stellenweise Ackerbau, industrielle Holznutzung	● klein-, großbäuerlicher Dauerackerbau mit Pflugkultur, Viehzucht ■ arbeits-, kapitalintensive Forst-, Tier-/Milch-, Agrarproduktion	● Jagd, nomadische Tierhaltung ■ kollektive/industriel Land-/Viehwirtscha Ranching
aktuelle Gefährdungen	Abschmelzen des Eises, Bedrohung der Eisbären, Beeinträchtigung der Nahrungskette	Vegetationszerstörung durch atmosphärische Schadstoffe, Ressourcenraubbau (Holz, Erze, Öl, Gas), Gefährdung von Tierarten	Landwirtschaftliche Übernutzung, Industrialisierung, Ressourcenverschwendung, extreme Emissionen, Treibhauseffekt verursacht Klimawandel	Industrialisierung, Land- und Viehwirtschaft, Degeneratio Zerstörung/Kontamination der Böden Reduzierung/Verödung von Nutzfläc

M 1: *Geoökozonen vom Pol zum Äquator und ihre kennzeichnenden Merkmale*

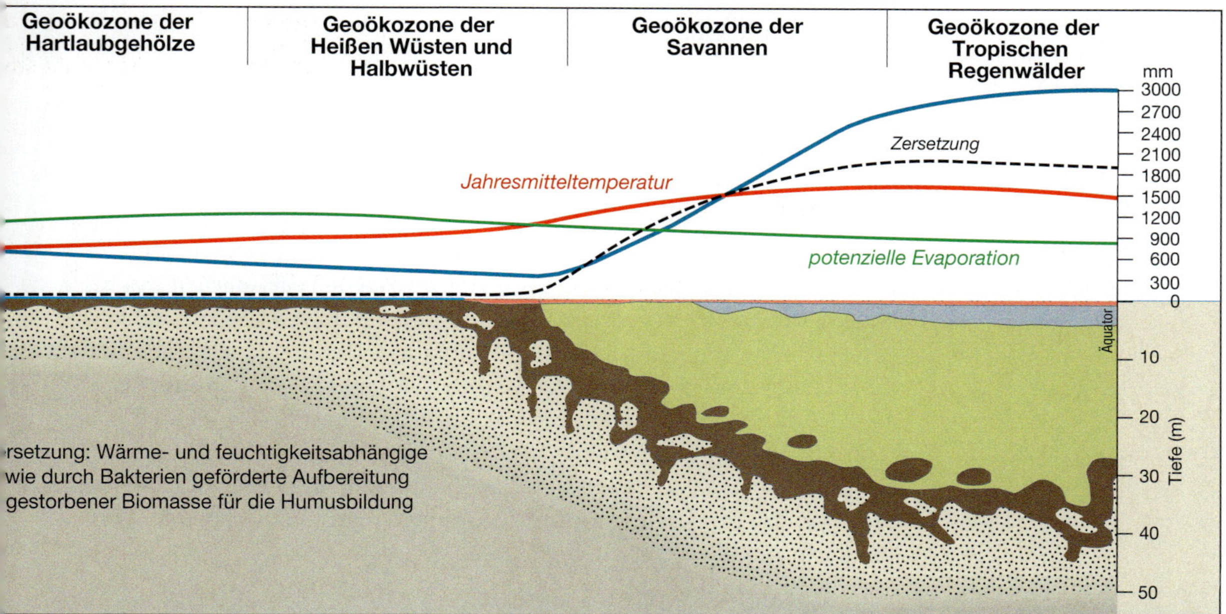

nterfeuchte/ Immerfeuchte Subtropen	Heiße Wüsten und Halbwüsten	Sommerfeuchte Tropen	Immerfeuchte Tropen
:ark linienhaft; Flächen- otragung	gering bis intensiv, je nach Wasservorkommen; Anreicherung von Salzen durch aufsteigendes Wasser	hochintensive chemische Verwitterung; rasche und starke Zersetzung von Streu und Humus	
,5	31,0	24,5	12,5
- 12	0 - 4	6 - 9	12
- 25	0 - 2	10 - 20	20 - 30
0 - 600	4 - 10	50 - 350	300 - 650
/assermangel, einge- :hränkte Nährstoff- erfügbarkeit	Wassermangel	Wassermangel, eingeschränkte Nährstoffverfügbarkeit	eingeschränkte Nährstoffverfügbarkeit
rtenreiche, durch geringen iederschlag begrenzte Ve- etation; immergrüne Hart- ub- und Regenwälder/ albimmergrüne euchtwälder	Grasfluren (z.T. lückenhaft) und vereinzelte Baum- (niedrige Wuchshöhe)/ Strauchareale	Savannen: geschlossene Grasbestände (verschiedene Savannenarten) mit lichten parkartigen Baum- und Straucharealen	Regenwälder: sehr artenreiche, immerfeuchte Laubwälder
egenfeld-, Bewässerungsan- au, intensive Mischkultur it Hakenpflug apitalintensive, markt- ientierte Gemüse-/Obst- roduktion im Plastik-/ eibhäusern	● nomadische Tierhaltung, Oasenanbau mit Hakenpflug ■ Wandertierhaltung, stationäre Viehwirtschaft, kapitalaufwendige Bewässerungslandwirtschaft, Aquakulturen	● Wanderfeldbau mit Hack-Kultur, Brandrodung; randlich Rindernomadismus ■ Landwechselwirtschaft, stationärer Ackerbau, weltmarktorientierte Plantagenwirtschaft, Agrobusiness	● Sammelwirtschaft, Wanderfeldbau mit Grabstockkultur, Brandrodung ■ weltmarktorientierte (Edel-/Massen-) Holz- und Plantagenwirtschaft, Agrobusiness
rhöhung der Niederschlags- ariabilität, Tourismus/ tensivanbau, Wasser- rappheit, Wasserkonflikte, aldbrände, Vegetations- ernichtung	Wiederkehrende Dürren: Hunger, Tod, Tiersterben, Landflucht, Abbau fossiler Rohstoffe, Tiefbrunnen, unangepasster Anbau, Überweidung, Grundwasserabsenkung, Versiegen von Flachbrunnen, Aufgabe von Weideland, Verbuschung, Niedergang des Nomadismus, Tourismusenklaven	Zunahme der Niederschlagsvariabilität, exportorientierte Landwirtschaft (Baumwolle, Erdnuss, Zuckerrohr), Migrationsdruck, Zunahme der Viehzahl, Landkonflikte, Überweidung, Bodenzerstörung, Reduzierung des Nahrungsmittelanbaus, Hunger, Trinkwassernot	Extreme Erz- und Holzausbeutung, Infrastruktur-/Siedlungsprojekte, Plantagen, Agrobusiness (Soja, Kautschuk, Eukalyptus), Regenwaldzerstörung, Artenvernichtung

1. *Wählen Sie zwei Parameter aus dem Pol-Äquator-Profil aus. Beschreiben und erklären Sie ihren Verlauf.*
2. *Erläutern Sie den Stellenwert der Klimazonen für die Geoökozonierung der Erde.*

tigkeit der Zwei- und Drei / Vierschichtonmineralen sowie der Dichte der Vegetationsbedeckung gemacht. Schließlich sollte das Augenmerk auch auf die ganz offensichtlichen und nachweisbaren Beziehungen zwischen Wasserangebot (Niederschlag), Temperatur und Vegetationsbedeckung einerseits sowie der agrarischen Nutzung andererseits gerichtet werden. Wanderfeldbau hat der Mensch eben nur dort entwickelt, wo offene Fluren und zumindest saisonal Niederschlag vorhanden sind, aber die geringe Bodenfruchtbarkeit nur kurzfristig Anbau erlaubt und dann ein Weiterwandern und die Erschließung neuer Flächen erforderlich macht. Dauerackerbau hingegen setzt fruchtbare und regenerierbare Böden, ausgeglichene Temperaturen und reichhaltige Niederschläge voraus. Für die nomadische Tierhaltung der warmen Tropen und kalten Subpolar-/ Boreal-Zone lassen sich ebenso spezielle Beziehungsgründe ableiten wie für die Sammel- oder Plantagenwirtschaft.

Alle diese Aspekte finden letztlich Niederschlag in der geoökozonalen Gliederung der Erde wie sie in der folgenden Karte wiedergegeben ist (M 1). Die darin ausgewiesenen Geoökozonen werden in der geographischen Fachliteratur und in Anlehnung an die Klimaklassifikationen mit dem Ziel optimaler Annäherung an die Wirklichkeit jedoch noch weiter differenziert. In dem folgenden Kapitel 2 wird darauf in übersichtlicher Form detaillierter eingegangen.

Klimaklassifikation
verschiedene klimatische Gliederungen siehe Atlas (S. 226–230)

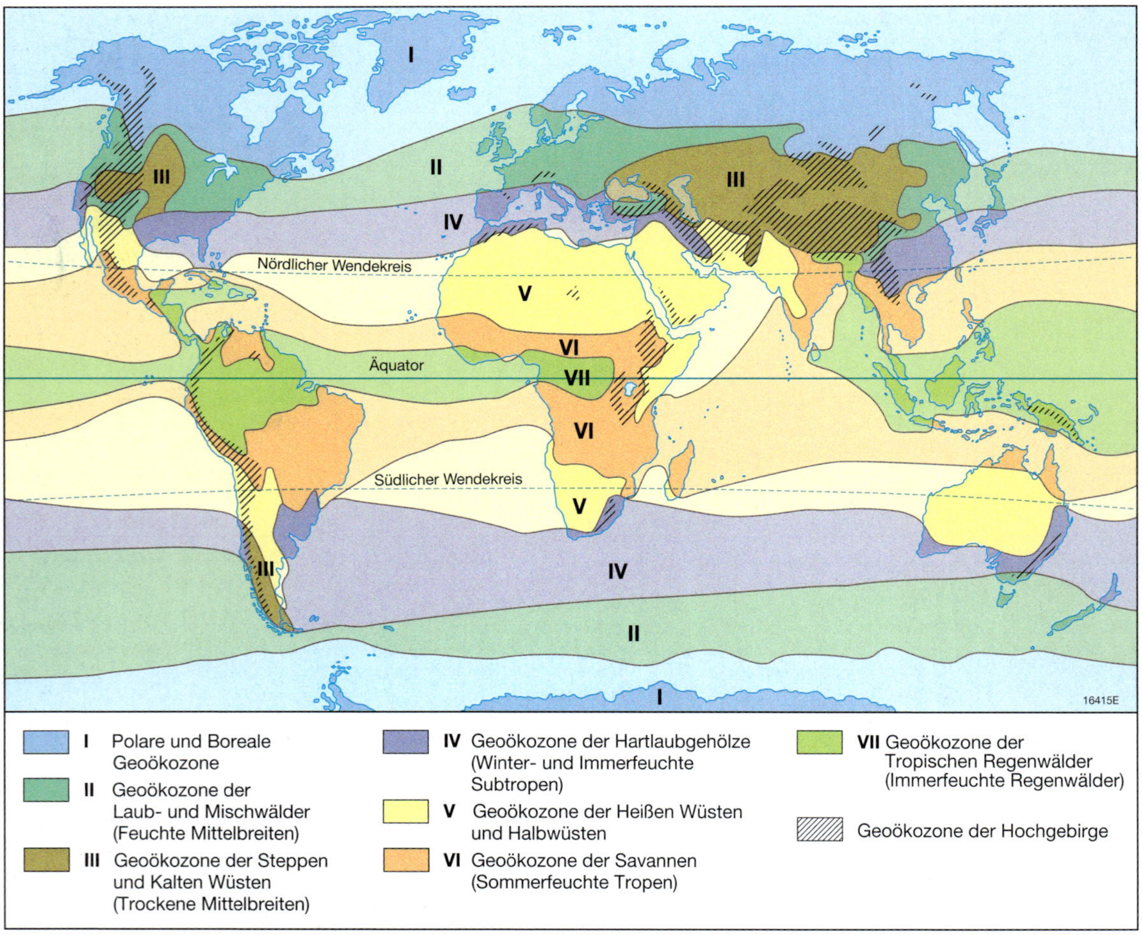

M 1: *Geoökozonierung der Erde*

2 Geoökozonen – Natur- und Kulturräume

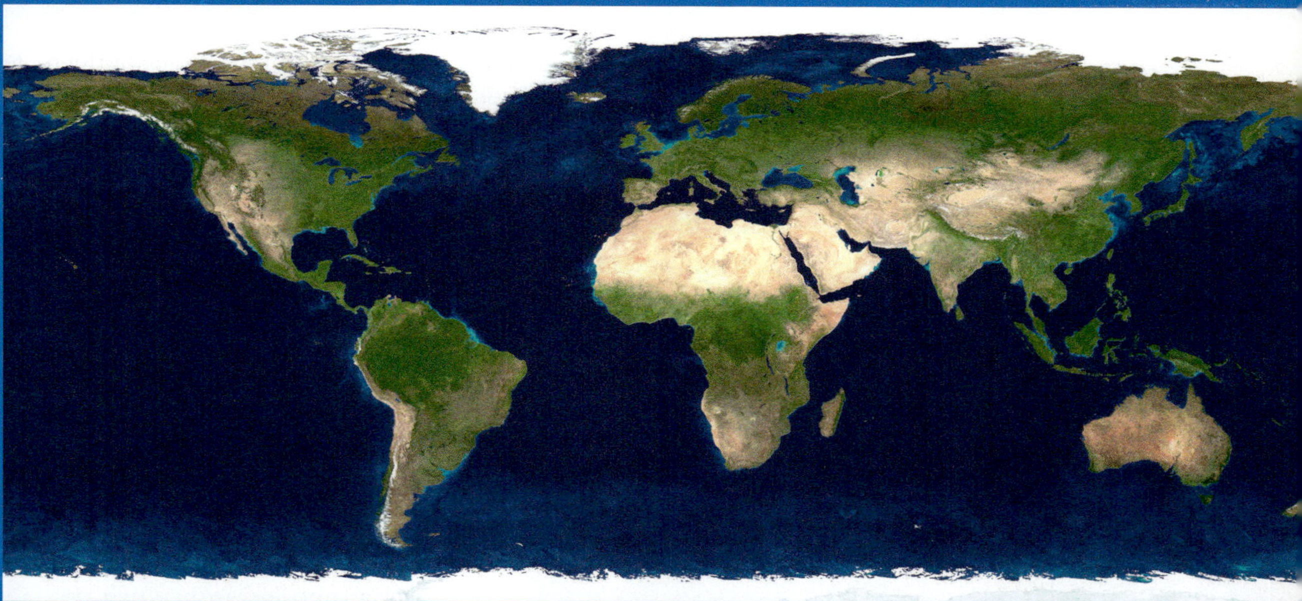

Der Blick aus dem All vermittelt farblich den Eindruck von erdumspannenden Zonen. Auf der Erdoberfläche stellt sich die Wirklichkeit jedoch komplizierter und differenzierter dar. So sind die einzelnen Geoökozonen methodisch das Ergebnis des Zusammenwirkens von Gestaltungsfaktoren, die durch die empirische Forschung als typisch erkannt wurden. Dabei setzt sich jede Geoökozone wiederum aus zahlreichen Teilgebieten (Geoökoregionen, Geoökotope) zusammen. Bei aller Gemeinsamkeit dieser Teilgebiete und der sie bestimmenden Merkmale können sie doch auch ganz individuelle Ausprägungen besitzen: Wüste ist eben nicht gleich Wüste und der tropische Regenwald kann selbst im Amazonasbecken ganz verschiedenartig gestaltet sein. Diese Wirklichkeit wird im Folgenden durch die detaillierte Vorstellung der verschiedenen Geoökozonen sowie von ausgewählten Raumbeispielen vermittelt.

2.1 Polare und Boreale Geoökozone

Extreme Kälte und eine hohe Beanspruchung von Mensch und Material hemmen die wirtschaftliche und gesellschaftliche Entwicklung in der Polaren und der Borealen Zone. Steigende Nachfrage nach Rohstoffen sowie neue Förder- und Explorationstechniken überwinden zunehmend die klimabedingten Nachteile und lassen eine wirtschaftliche Ausbeutung rentabel werden.

Das auf den riesigen Landmassen der Nordhalbkugel extrem kontinentale Klima macht die Erschließung der Tundra und der Borealen Zone Nordamerikas und Sibiriens sowie die Ausbeutung ihrer Ressourcen äußerst schwierig. Es weist sehr lange Frostperioden und hohe jährliche Temperaturunterschiede auf. So beträgt zum Beispiel in Jakutien die Differenz zwischen der absoluten Maximum- und Minimumtemperatur über 100 °C. Trotz der unwirtlichen Lebensbedingungen lockten die zahlreichen Pelztiere bereits im 16. Jahrhundert Jäger aus der ganzen Welt an. Pelze wurden zu einem wertvollen Exportartikel, zum Beispiel für den wachsenden Absatzmarkt in Europa.

M 1: *Erdölförderung in Sibirien*

Als der Reichtum an Pelztieren wegen Überjagung gegen Ende des 17. Jahrhunderts zur Neige ging, traten mit der beginnenden Industrialisierung Abbau und Verhüttung wertvoller Erze in den Vordergrund. Die letzte Stufe der Rohstoffgewinnung begann in den 1960er-Jahren mit der Ausbeutung der Erdöl- und Erdgasfelder in Alaska, Kanada und im Norden Eurasiens, die zu den größten der Welt zählen. Die klimatischen Bedingungen verteuern die Exploration und die Gewinnung der Rohstoffe allerdings extrem. Während zu Beginn die Kosten regelmäßig über den Gewinnen lagen, konnten die Erdgas und Erdöl fördernden Unternehmen aber aufgrund der zunehmenden Nachfrage und des steigenden Preises bald kräftige Gewinne verbuchen.

Der Vorstoß weiter in die Kälte der Arktis wird angetrieben von der Aussicht auf riesige Öl- und Gasvorkommen unter dem Polarmeer. Heute scheint ihre Ausbeutung realisierbar, da zum einen neue Technologien die eisige Wildnis bezwingbar machen und zum anderen der Klimawandel das Eis und damit das größte Hindernis der Ausbeutung schmelzen lässt. So hat mittlerweile ein regelrechter Wettlauf der Anrainerstaaten um die Nutzungs- und Schürfrechte in den arktischen Rohstoffgebieten begonnen.

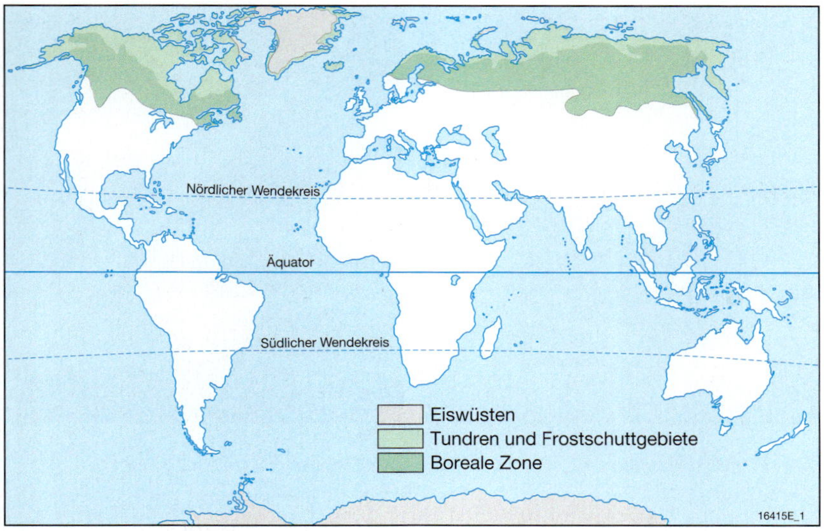

M 2: *Polare und Boreale Geoökozone*

2.1.1 Naturraum: Anökumene bis Ökumene

Innerhalb der Arktis schließt sich an die unbesiedelte Eiswüste und polare Frostschuttzone die wenigstens eingeschränkt bewohnbare, baumlose Tundra an. Ihr folgt äquatorwärts die Boreale Zone mit ihrer vorherrschenden Nadelwaldvegetation.

Polare und Boreale Zone können als eine Geoökozone zusammengefasst werden, für die niedrige Temperaturen, geringe Niederschläge, arme Böden, eine eingeschränkte Vegetation und fast völlige Siedlungslosigkeit typisch sind. Solarklimatisch umfassen die Polarzonen das Gebiet der Polkappen, das formal durch die Polarkreise (66,5° n. und s. Breite) begrenzt wird. Die Breitengrade grenzen äquatorwärts ein Gebiet ab, in dem Polartag und Polarnacht vorkommen (siehe M 1 folgende Seite). Äquatorwärts folgen auf die Polare Zone die Subpolare und die Kaltgemäßigte Klimazone, denen auf der nördlichen Halbkugel in etwa die Vegetationszonen der Tundra („Baumloses Hügelland“) und der Borealen Zone, ein 700 bis 2 000 km breiter Waldgürtel, entsprechen. Während die extremen Lebensbedingungen eine dauerhafte Besiedelung der Polaren Zone nicht zulassen (Anökumene), zählen Tundra und Boreale Zone — wenn auch höchst eingeschränkt — zu den Wohn- und Wirtschaftsräumen der Erde (Ökumene). Die kurze Vegetationsperiode sowie nährstoffarme und staunasse Böden lassen nur eine artenarme Pflanzenwelt zu.

Die Regionen von Arktis und Antarktis unterscheiden sich grundlegend. Die Arktis besteht aus dem zentralen, größtenteils von Eis bedeckten Nordpolarmeer, um das sich Land- und weitere Meergebiete von Asien, Europa und Nordamerika gruppieren. Die Antarktis ist hingegen eine mit Schnee und Eis bedeckte, von Meeren umgebene Kontinentalplatte. Nördlich der polaren Baumgrenze oder der 10 °C-Juli-Isotherme lassen sich die arktischen Landgebiete in die Polare Eiswüste, die Frostschuttzone und die Tundrenzone aufgliedern. Während die polnahen Regionen der Nordhemisphäre diese zonale Gliederung aufweisen, sind Vegetationsformen wie Tundra, aber auch die Boreale Nadelwaldzone, auf der Südhalbkugel nicht ausgebildet.

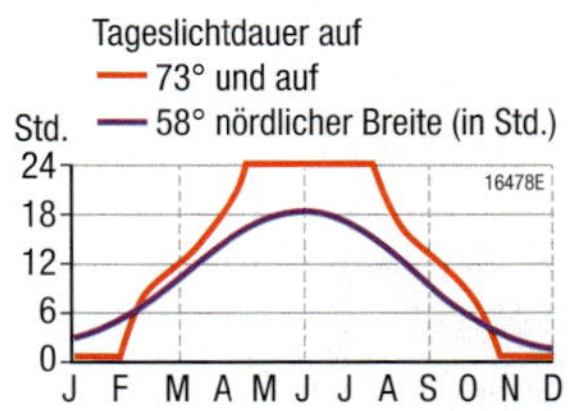

M 3: *Tageslichtdauer in Stunden*

Boreale Zone
auch Boreale Nadelwaldzone (griechisch „boreas“ = Nordwind) oder für den sibirischen Teil Taiga (in der jakutischen Sprache = Wald)

1. *Zeigen Sie anhand von M 3–M 5 (S. 34) die klimatischen Besonderheiten der Geoökozone auf.*
2. *Nennen Sie einen Faktor, der die Geoökozone ihrer Meinung nach am stärksten prägt (S. 33–36). Begründen Sie Ihre Meinung.*

An den Polarkreisen selbst tritt das Phänomen von Polartag und Polarnacht nur einmal im Jahr (21. Juni / Dezember am nördl. / südl. Polarkreis) auf, an den Polen jeweils sechs Monate. Mit zunehmender Annäherung an die Pole erhöht sich die Anzahl der Polartage (24 Stunden lang Helligkeit – die Sonne geht nicht unter) und -nächte (24 Stunden lang Finsternis – die Sonne erscheint nicht am Horizont) im Laufe eines Jahres.

M 1: *Tromsø, Polartag, 24 Uhr*

M 2: *Tromsø, Polarnacht, 12 Uhr*

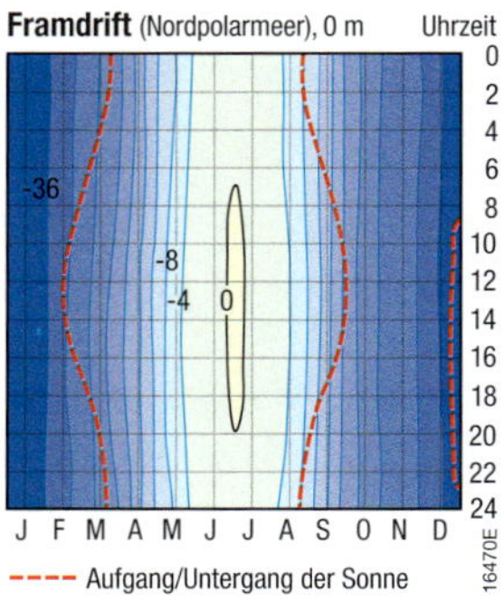

M 3: *Thermoisoplethendiagramm der Arktis (Beispiel Framdrift)*

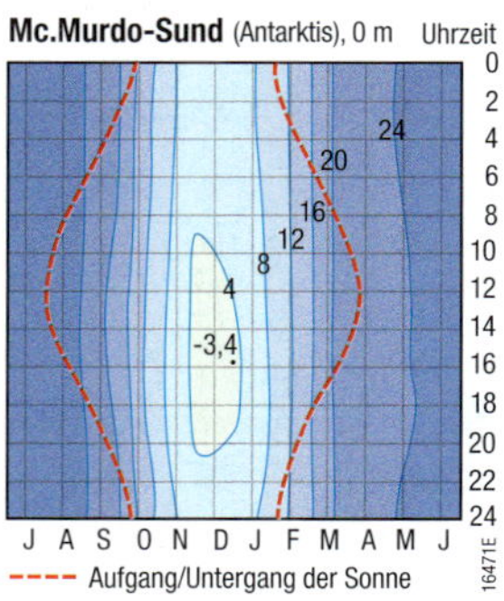

M 4: *Thermoisoplethendiagramm der Antarktis (Beispiel Mc. Murdo Sund)*

Klimatisch kennzeichnen die Polargebiete ein thermisch bedingtes und deutlich ausgeprägtes Jahreszeitenklima (M 3 – M 5), extrem kalte Wintertemperaturen, jahreszeitlich wechselnde Lichtverhältnisse mit unterschiedlicher Insolation und Strahlung, geringe Niederschläge und Verdunstung sowie fehlende Sommerwärme und kurze Vegetationszeiten.

1. Die niedrigen Temperaturen sind vor allem auf den geringen Einfallswinkel der Sonnenstrahlen und auf die starke Ausstrahlung (hohe Albedo weißer, reflektierender Flächen) zurückzuführen. Sie resultieren auch aus der Tatsache, dass sich über dem Nordpolarmeer ein flaches Kältehoch bildet, dessen Luft aus dem darüber gelagerten atmosphärischen Tiefdruckgebiet stammt, einem Endglied der planetarischen Wind- und Druckgürtel (vgl. 1.3.1). Die kalte Luft fließt als Nordostwind in Richtung des subpolaren Tiefdruckgürtels ab. Dieser setzt sich aus dynamisch erzeugten Zyklonen zusammen, die aufgrund der Corioliskraft polwärts aus der Westwinddrift ausscheren und sich nördlich von ihr positionieren. Für die gesamte Arktis gilt, dass die zonenartige, breitengradabhängige Anordnung der Temperaturen durch Kontinentalität und Maritimität, aufgebrochen wird.

2. Die Niederschlagsmenge in der Arktis und der Borealen Zone beträgt etwa 200 bis 500 mm pro Jahr. Diese Gesamtmenge ist keine Folge der Anzahl, sondern der aufgrund niedriger Lufttemperaturen geringen Ergiebigkeit der Niederschläge. Die tiefen Temperaturen sind auch für den geringen Wasserbedarf, die potenzielle Evapotranspiration, verantwortlich. So hat der weitaus größte Teil der vegetationsbedeckten Landfläche über ein halbes Jahr einen Wasserbedarf von praktisch Null, weil die Bodengefrornis das Pflanzenwachstum unterbricht. Wegen der ge-

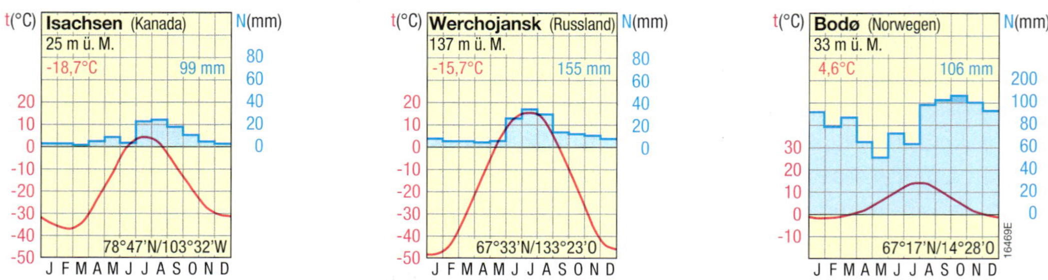

M 5: *Klimagramme der Polaren und Borealen Geoökozone*

1. *Erklären Sie, wie es zur Ausbildung von Strukturböden kommt.*

M 6: *Frostmusterboden in Spitzbergen, Norwegen*

ringen Evapotranspiration ist das Klima trotz der kleinen Niederschlagsmenge humid.

3. Die zonal in der Arktis und zum Teil auch in der Borealen Zone verbreiteten Böden sind sogenannte Gelisole, also Frostböden mit einem dauernd gefrorenen Untergrund (Permafrostböden, M 7). In Sibirien erreicht der Permafrost Tiefen von bis zu 1 500 Meter. Nur im Sommer tauen die Böden je nach Temperatur wenige Zentimeter bis mehrere Meter auf. Im Zuge der globalen Erwärmung wird die Auftauschicht mächtiger, und die Permafrostgrenze verschiebt sich nordwärts. Das Auftauen des Permafrostbodens setzt große Mengen Methan und Kohlendioxid frei, die als Treibhausgase wiederum zur globalen Erwärmung beitragen (vgl. 3.2).

Bodenbildungsprozesse sind in der Polaren Zone deutlich reduziert, chemische und biologische (Zersetzungs-)Prozesse stark eingeschränkt. Es fehlt vor allem an mineralischen Pflanzennährstoffen, zum Beispiel Phosphor und Stickstoff. Die Bodenoberflächen sind vielfach in Mustern angelegt. Diese resultieren im Wesentlichen aus Saug-, Stau- und Druckkräften, die auf Volumenveränderung beim Gefrieren und Auftauen des Wassers im Boden und Gestein zurückgehen. Dabei kommt es zu vertikalen Verlagerungsprozessen (Kryoturbation), bei der sogar größere Steine an die Oberfläche „auffrieren" können. Man bezeichnet diese Böden auch als Frostmusterböden (M 6) oder Strukturböden. Sie befinden sich in der Periglazialzone und hier vornehmlich in der Frostschuttzone. Die Wirksamkeit der frostdynamischen Prozesse hängt von der Anzahl von Frostwechseln ab und von dem Wassergehalt des Bodens. Dieser führt, selbst bei geringster Neigung, zu hangabwärts gerichteten Fließbewegungen von Schutt- und Erdmassen (Bodenfließen). Diese so genannte Solifluktion wird dadurch verstärkt, dass bis zu 70 Prozent des Niederschlags abfließen und fast 90 Prozent dieses Abflusses in einem Zeitraum von nur zwei bis drei Wochen erfolgen.

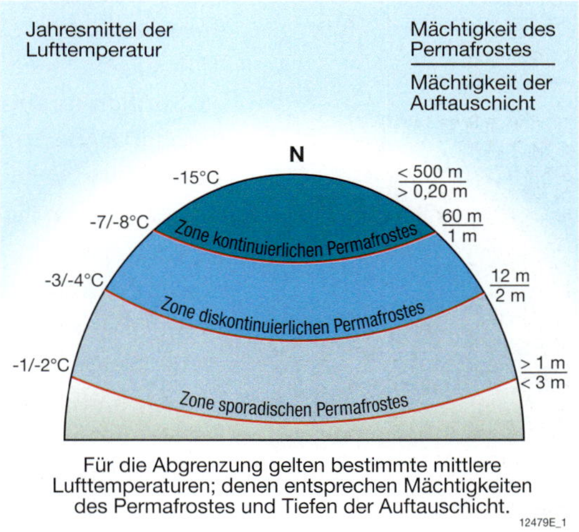

M 7: *Schema der Permafrostzonierung*

Periglazialzone

Zone mit Permafrostböden, die aber keine Gletscherbildung und permanente Schneebedeckung aufweist

1. Erklären Sie, weshalb die Hälfte der von der Temperatur her möglichen Vegetationszeit ungenutzt bleibt.

M 1: *Tundra in Alaska*

Polare Wüste

Die Vegetationsbedeckung liegt zwischen fünf Prozent in der nördlichen bis zu 100 Prozent in der südlichen Arktis. Liegt sie unter zehn Prozent, so spricht man von einer polaren Wüste.

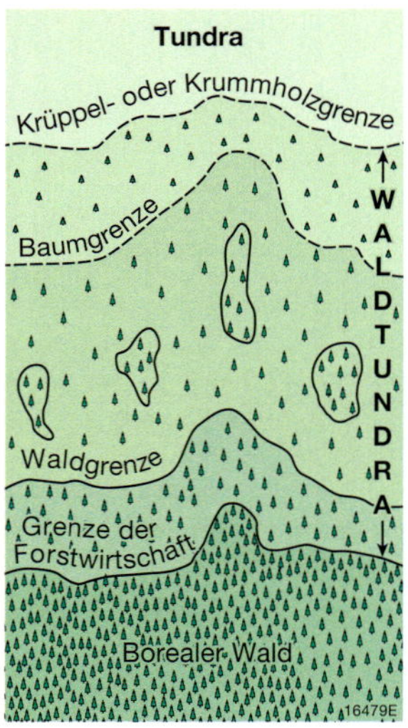

M 2: *Übergang von Tundra zum Borealen Wald*

4. Die Vegetation der Tundra und Frostschuttzone ist artenarm, weil sich nur wenige Spezies an ihre extremen Bedingungen angepasst haben. Es finden sich vorwiegend Moose, Flechten und Gräser sowie einige Kriechsträucher mit nahe an der Oberfläche bleibendem Wurzelwerk. Die Vegetationszeit ist sehr kurz, obwohl die Insolation im Sommer wegen der Tageslänge sehr hoch ist. Dass die sommerliche Erwärmung und somit die Dauer der Vegetationsperiode relativ gering ist, liegt zum einen an der hohen Reflexion der Sonnenstrahlen, zum anderen an dem starken Wärmeverbrauch durch Schneesublimation und -schmelze und schließlich an der großen Energiemenge, die für die Verdunstung des Wassers der Auftauschicht und die notwendige Erwärmung des Oberbodens eingesetzt wird. Insgesamt fehlt somit rund die Hälfte der sommerlichen Strahlungsenergie.

Südlich an die Tundra schließt sich die Boreale Zone an. Mit zunehmender Dauer und Intensität der sommerlichen Erwärmung, längerer Vegetationsperiode und zunehmender Verfügbarkeit von Pflanzennährstoffen ändern sich die Qualität der Böden sowie die Art und Produktivität der Vegetation. In der artenarmen Vegetation der Borealen Zone dominieren Nadelbäume. Sie sind gut an die kurzen Sommer angepasst, weil sie mit ihren grünen Nadeln rechtzeitig mit der Photosyntheseproduktion beginnen können. Die Mineralisierungsrate ist wegen der lang andauernden Kälte gering, die Streu- und Rohhumusdecke aus Nadeln in der Regel sehr hoch. Angesichts dieser mächtigen Streuauflage kommt den zyklisch auftretenden Feuern (meist durch Blitzschlag) eine besondere Bedeutung zu. Sie mineralisieren die Nährstoffe schlagsartig und führen sie wieder in den Nährstoffkreislauf zurück.

	Polare Wüstenzone	Nördliche Tundra	Südliche Tundra	Waldtundra[3]
Phytomasse	1,4	5,0	28,0	137,3
Primäre Produktion	0,4[1] 0,25[2]	1,0	2,4	5,6
Jährlicher Abfall	–	0,95	2,3	5,3
Echter Zuwachs	–	0,05	0,1	0,3
Streuschicht am Boden		0,35	83,0	–
Zersetzungsdauer der Streu	–	–> 100 bis 1000 Jahre <–		

[1] Gefäßpflanzen [2] Moose und Flechten [3] Übergangsbereich von baumloser Tundra zu Borealem Nadelwald

M 3: *Phytomasse und Primärproduktion in der Polaren Zone (in t / ha)*

2.1.2 Kulturraum: zunehmend attraktiv

Mit der weltweit zunehmenden Nachfrage nach Rohstoffen geraten die Lagerstätten der Arktis und Taiga immer stärker in den Blickpunkt. Steigende Rohstoffpreise machen den Abbau auch in extrem unwirtlichen Gebieten wirtschaftlich lohnend. Leidtragende dieser Entwicklung sind häufig die Ureinwohner.

Vladimir Mironov hat sich an die sibirische Kälte gewöhnt. An manchen Tagen geht der Bergbautechniker sogar mit leichtem Schuhwerk über den Permafrostboden. Seit sieben Jahren arbeitet er in Jamburg, einer Satellitenstadt 200 Kilometer nördlich des Polarkreises. Neun Monate lang herrschen hier Temperaturen zwischen minus 30 und minus 40 Grad. Samt Polarzuschlag verdient Mironov rund 3 000 Euro bei einer Tochtergesellschaft von Gasprom. „Das ist doppelt so viel wie anderswo in Russland“, sagt der junge Ingenieur. Dafür nimmt er in Kauf, oft von seiner Familie im rund 3 000 Kilometer entfernten Kursk getrennt zu sein. Er beaufsichtigt die Gasbohrung und -förderung im Gasfeld um Jamburg.

M 4: Quellentext zur Arbeit im sibirischen Norden
Seiser, M.: Hitze aus dem Eis der Tundra. FAZ 4.12.2007

Die Wirtschaft im Norden Sibiriens ist überwiegend auf die Gewinnung von Rohstoffen ausgerichtet. Eine Reihe von Faktoren wirkt dabei stark kostentreibend:

- Klima: Sieben- bis achtmonatige Winter mit Extremtemperaturen von -50 °C beanspruchen Menschen und Material. Bei der sommerlichen Schneeschmelze bilden sich riesige Stauwasserflächen.
- Arbeitskräfte: Nur mit weit überdurchschnittlichen Löhnen können die Menschen aus ganz Russland angelockt werden.
- Infrastruktur: Jedes Bauwerk, egal ob Bohrturm, Wohngebäude oder Rohrleitung, muss gegen das sommerliche Auftauen auf Pfähle gegründet werden.
- Logistik: Die Bohrstellen mit ihren Baracken für wenige hundert Arbeiter müssen vom Versorgungszentrum Nowyi Urengoi und dem Ausrüstungs- und Logistikzentrum Tjumen aus betreut werden.

1. Informieren Sie sich zusätzlich und erläutern Sie, weshalb die Gründung auf Pfählen im Permafrostboden notwendig ist.

M 5: *Rohstoffvorkommen in Sibirien*

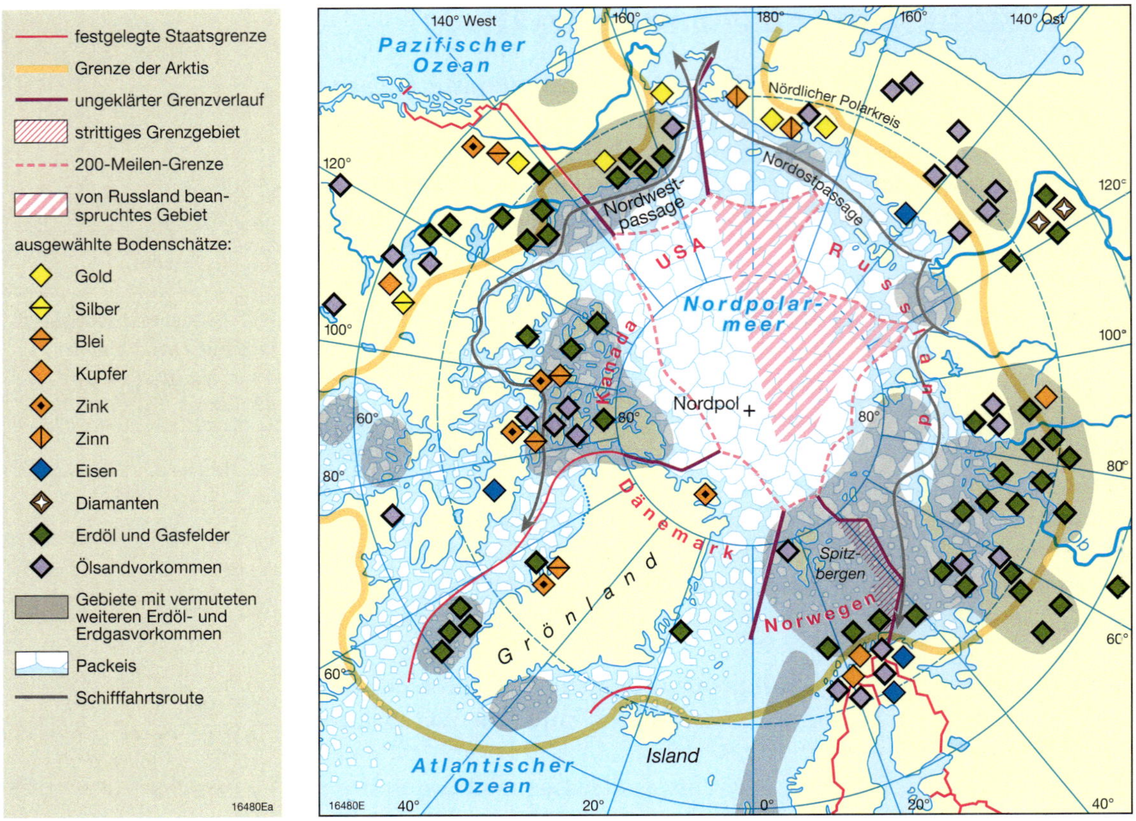

M 1: *Arktis – heiß begehrtes Rohstofflager*

Die zunehmende Erderwärmung wird die Lebens- und Arbeitsbedingungen in der Arktis jedoch stark verändern. Sie hat bereits rund eine Million Quadratkilometer Packeis abgetaut. Damit könnten mittelfristig Erdöl und Erdgas, aber auch untermeerische Diamanten-, Gold-, Blei-, Kupfer- oder Zinkvorkommen im großen Maßstab wirtschaftlich abgebaut werden. Nach einer Studie des U.S. Geological Survey soll in der Arktis mehr als ein Viertel der noch unentdeckten weltweiten Erdöl- und Erdgasvorkommen liegen.

Nachdem sich die Anrainerstaaten Dänemark, Norwegen, Russland, USA und Kanada im Mai 2008 geeinigt haben, die Entscheidung über ihre Gebietsansprüche der UN-Seerechtskommission zu überlassen, unternehmen sie alle Anstrengungen, Nutzungs- und Schürfungsrechte im Nordpolarmeer zu erhalten. Das ist jedoch nur möglich, wenn sie gegenüber der UN-Festlandskommission gegenüber nachweisen können, dass ihr geologischer Festlandssockel weiter als 200 Seemeilen polwärts reicht. Bisher ist den Staaten dieser Nachweis noch nicht gelungen.

Bei diesem Wettlauf der heutigen Arktis-Anrainer ist aber auch zu bedenken, dass sie das Land erst vor wenigen hundert Jahren in Besitz genommen haben. Lange zuvor gehörte es den Ureinwohnern, zum Beispiel den Inuit in Alaska, Kanada und Grönland, den Samen in Norwegen oder den Komi und Jakuten in Russland.

Ein weiterer „Nebeneffekt" des raschen Abschmelzens der arktischen Polkappe ist, dass die Nordwestpassage (M 1) mittelfristig einen Großteil des Jahres über eisfrei und von daher mit Schiffen zu befahren sein wird. Für die Schifffahrt bedeutet das eine Ersparnis zwischen 7 000 km (Europa – Japan) und 8 000 km (Ostküste USA – China).

„Es ist wichtig, dass Europa neben dem Schutz der Arktis als Lebensraum auch die Wirtschaftspotenziale dieses Gebietes anerkennt. Die Arktis kann mit ihren gewaltigen Erdöl- und Erdgasvorkommen sowie Bodenschätzen einen zentralen Beitrag zur Energieversorgungssicherheit für Europa liefern."

Jochen Homann,
Staatssekretär im Bundeswirtschaftsministerium

Neben Erdöl und Erdgas ist Holz der wichtigste Rohstoff der Borealen Zone. Der Boreale Nadelwald ist das größte zusammenhängende Waldgebiet der Erde. Allein 60 Prozent entfallen auf Russland und 30 Prozent auf Kanada. Der jährliche Holzeinschlag im Borealen Nadelwald deckt fast 90 Prozent der weltweiten Nachfrage nach Papier und Schnittholz. Kanada, Finnland und Russland bestreiten etwa die Hälfte des Weltholzhandels. Eine mit Ausnahme von Finnland wenig nachhaltige Holzwirtschaft, die zunehmende industrielle Erschließung und eine zum Teil extreme Schadstoffbelastung gefährden den Waldbestand. Nach Untersuchungen von Greenpeace ist sogar damit zu rechnen, dass, wenn das jetzige Einschlagstempo fortgeführt wird, mit dem Verlust der gesamten russischen Taiga in 30 bis 40 Jahren zu rechnen ist. Russische Nichtregierungsorganisationen schätzen, dass in Ostsibirien rund sieben Mio. Kubikmeter Nadelholz pro Jahr illegal gefällt und weit unter Weltmarktpreis nach China und Japan verschoben werden. Damit der Boreale Nadelwald auch weiterhin der Atmosphäre rund 2,6 Mrd. t CO_2 entziehen und dem human bedingten Treibhauseffekt entgegenwirken kann, muss in allen arktischen Anrainerstaaten eine nachhaltige Forstwirtschaft betrieben werden.

Die agrare Nutzung der Borealen Nadelwaldzone ist im Wesentlichen auf die Rentierweidewirtschaft beschränkt. Einer anderen landwirtschaftlichen Nutzung dieser Zone stehen die niedrigen Temperaturen mit kurzen Vegetationszeiten, die weite Verbreitung des Permafrostbodens sowie der zonale Podsolboden entgegen. Er ist relativ nährstoffarm und hat einen stark verfestigten B-Horizont, wo die aus dem A-Horizont ausgewaschenen Oxide und Humusstoffe einen von den Pflanzenwurzeln nur schwer zu durchdringenden Ortstein bilden. Hinzu kommen eine oft mächtige Streu- und Rohhumusauflage.

Lediglich in Finnland ist im Zuge der Agrarkolonisation die Grenze der landwirtschaftlichen Nutzung relativ weit nach Norden vorgeschoben worden. Das hat zum einen klimatische Gründe. Durch den Einfluss des Golfstroms werden Temperatur- und Niederschlagsverhältnisse deutlich positiver gestaltet als in Gebieten vergleichbarer Breite in Sibirien und Nordamerika. Außerdem hat ein starker Temperaturanstieg zu Beginn des letzten Jahrhunderts (positive Klimaanomalie) die Wärmeman-

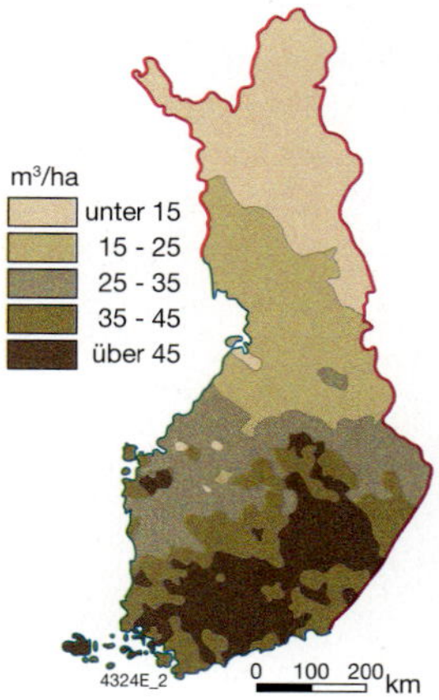

M 2: *Durchschnittlicher Holzertrag in Finnland*

Finnland ist eines der Länder mit weit verbreiteter nachhaltiger Forstwirtschaft. So beträgt z. B. der Anteil der streng geschützten Wälder an der Waldfläche landesweit rund 4,2 % (Deutschland 0,25 %; 2006). Er verändert sich von 66 % im äußersten Norden auf rund 1 % im Süden.

1. Machen Sie Vorschläge, wie die vom Staatssekretär im Bundeswirtschaftsministerium genannten Ziele hinsichtlich der Nutzung der Arktis inhaltlich gefüllt werden können.

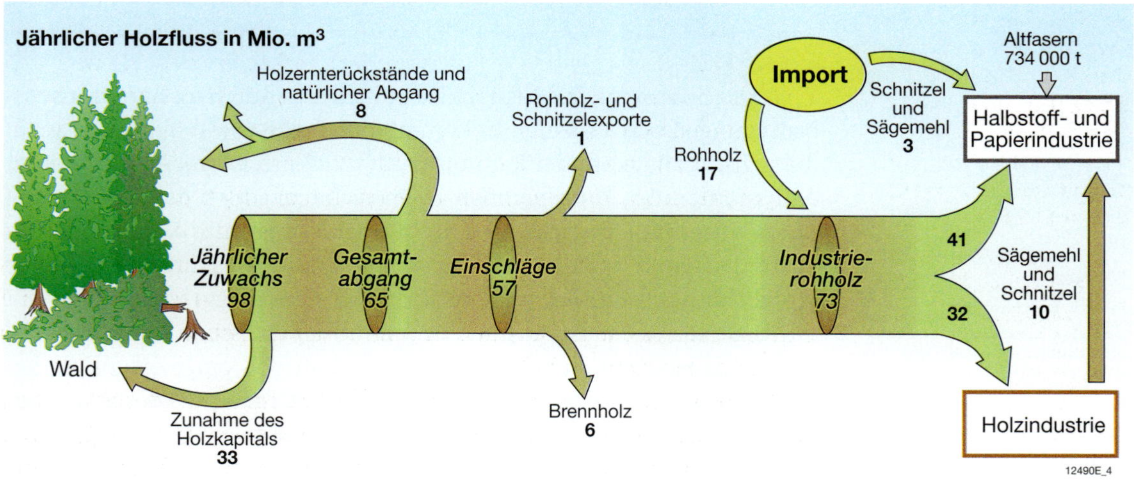

M 3: *Jährlicher Holzfluss in Finnland, 2008*

1. Nennen Sie wesentliche Bedingungen für den Holzeinschlag und die Rentierwirtschaft.

gelgrenze verschiedener Kulturpflanzen deutlich nach Norden verlegt. Aus sozioökonomischer Sicht ist bedeutsam, dass nach dem Zweiten Weltkrieg für mehr als 400 000 Vertriebene aus den an Russland verlorenen finnischen Ostgebieten neue Siedlerplätze geschaffen werden mussten und dass Forst- und Landwirtschaft in Finnland stets in enger Verbindung für den Unterhalt der Landwirte gesorgt haben.

Extensive Weidewirtschaft mit Rentieren ist die an die unwirtlichen Regionen der Tundra und Taiga angepasste agrare Nutzung. In ihrer ursprünglichsten Form existiert die Rentierhaltung auf der Halbinsel Jamal in Westsibirien. Bis heute folgen die Nomaden dort den Herden auf der Suche nach Futter zwischen den jahreszeitlich wechselnden, mehrere hundert Kilometer auseinander liegenden Weidegebieten.

M 1: Quellentext über die Komi in der sibirischen Tundra
Die Rentiere sind unser Gold, Zeit Online, 19.10.2007

Mitte September bereiten sich alle, wie in jedem Jahr, auf eine lange, beschwerliche Reise vor. Sie werden 400 Kilometer weit Richtung Osten zu ihren Winterquartieren wandern (...). Zwei Familien, 50 Schlitten und 5 000 Rentiere. Bis zum Zusammenbruch der Sowjetunion war auch die Rentierzucht staatlich organisiert. Die Komi-Nomaden waren im Sowchos, einem Staatsgut, angestellt und erhielten ein Gehalt. Heute gehört der Familie etwa ein Drittel der Herde selbst. Damit kann sie privat wirtschaften. Der Rest ist in kommunalem Besitz. Vor Beginn der Reise fangen die Männer etwa 400 Transporttiere. Sie werden die Schlitten ziehen.

Zweimal im Jahr begeben sich die Familien auf die Reise. Bevor der harte sibirische Winter beginnt, ziehen sie über die Berge des Urals von Europa nach Asien. Ihr Ziel sind die Wälder der Taiga. Sobald der erste Schnee fällt, stirbt das Gras auf den Sommerweiden. In der Taiga aber gibt es Moos, das die Rentiere im Winter fressen, und es ist etwas wärmer als in den Bergen. Sie werden drei bis vier Monate unterwegs sein – und im nächsten Frühjahr an die Hänge des Urals zurückkehren.

M 2: *Westsibirischer Rentiernomade*

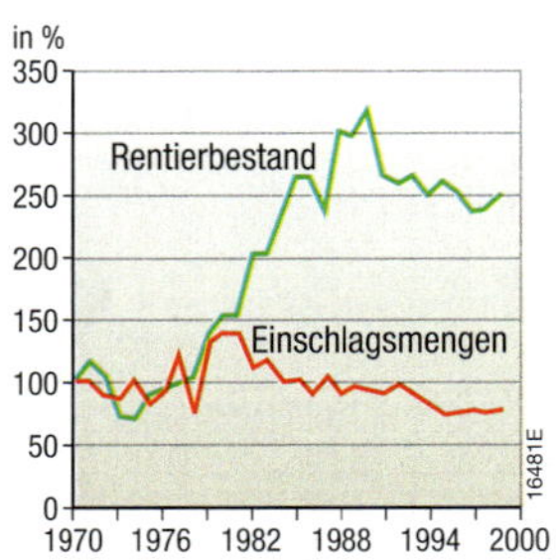

M 3: *Rentierbestand und Holzeinschlagsmengen im nördlichen Lappland*

Die Rentiernomaden Russlands sind nicht nur durch die harten Lebensbedingungen benachteiligt. Es kommt eine Reihe von Problemen hinzu, die sich vor allem aus der Raumnutzungskonkurrenz mit den erdöl- und erdgasfördernden Unternehmen ergeben. Dazu zählen die Reduzierung der Weidegründe ihrer Herden, die Parzellierung ihrer Sommerweiden durch den Bau von Straßen und Eisenbahnen, vor allem aber die fehlende Mitbestimmung darüber, was mit und auf ihrem Land geschieht. Von den reichhaltigen Rohstoffgewinnen sind sie ausgeschlossen.

In Finnland hat sich die Rentierwirtschaft von einer extensiven zu einer intensiven Form gewandelt. Dazu trägt maßgeblich die winterliche Fütterung bei. Diese ist dringend notwendig geworden, weil sich der Rentierbestand in den letzten Jahrzehnten verdoppelt und dadurch eine Überweidung der mit spärlichen Flechten und Moosen bestandenen Areale stattgefunden hat.

2.1.3 Kanadische Tundra

Der mittlere und der nördliche Teil Kanadas sind allein aufgrund ihrer naturräumlichen Ausstattung sehr individuell geprägte Räume. Sie zeigen aber hinsichtlich ihrer landwirtschaftlichen Nutzung, der Lebensbedingungen der autochthonen Bevölkerung und ihrer Rohstoffausstattung typische Merkmale der Geoökozone.

Die Erforschung und Durchdringung der in Größe und Ausdehnung unbekannten Wälder Kanadas [war] an die Pelztierjagd und den Pelzhandel geknüpft.(...) In der Frühzeit des von den Weißen betriebenen Pelztierhandels, im beginnenden 17. Jahrhundert, waren es zunächst die französischen „coureurs des bois", die vom St. Lorenz-Strom aus entlang der Flüsse nach Westen in das Waldland vordrangen. (...) Im Jahre 1670 wurde von den Engländern die berühmte „Hudson's Bay Company" gegründet, die den Pelzhandel über den gesamten Kanadischen Schild ausdehnte. (...) Der Fang der wertvollen Pelztiere wurde gänzlich den Indianern überlassen. (...) Eine Intensivierung sowohl des Pelzhandels als auch der durch die Weißen getragenen Erschließung wurde dann mit der Gründung der „North-West Company" im Jahre 1783 eingeleitet. Ihre Pelzhändler drangen selbst in die Wälder ein und gründeten entlang der großen Flüsse bis an den Fuß der Rocky Mountains Forts und Handelsniederlassungen. (...) Die eigentliche Erschließung des borealen Waldlandes Kanadas als Siedlungs- und Lebensraum erfolgte seit dem Beginn des 19. Jahrhunderts von Süden aus: zunächst im Osten durch die Holzwirtschaft und später, im Westen, mit 80- bis 100-jähriger Verzögerung durch die Landwirtschaft.

M 4: Quellentext über die Erschließung des kanadischen Waldlandes
Treter, U.: Die borealen Waldländer (1993)

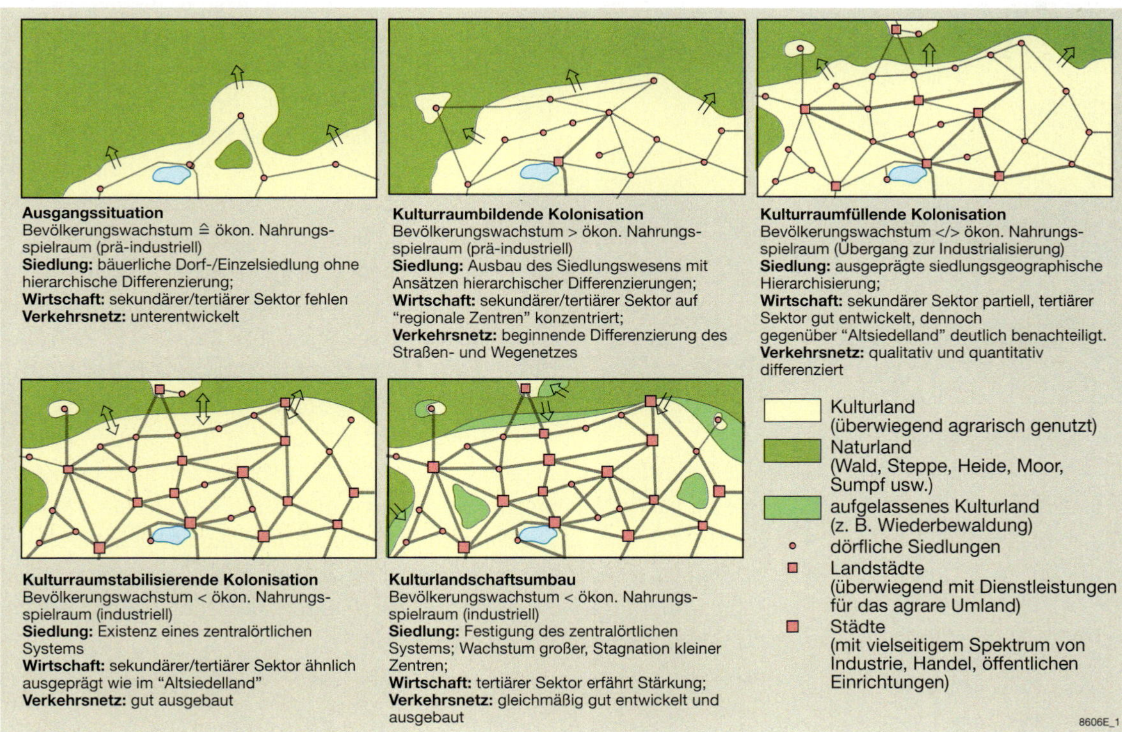

M 5: *Typologie der Entwicklung von Siedlungsgrenzen am Beispiel des kanadischen Waldlandes*

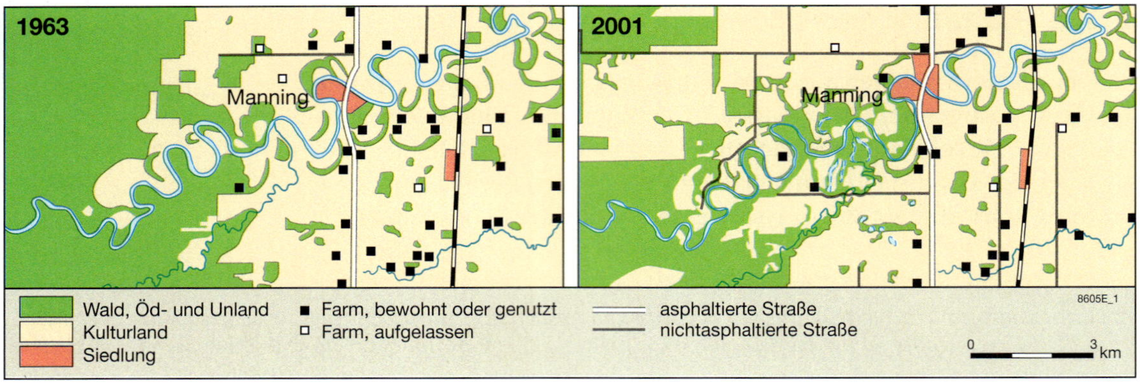

M 1: *Kulturlandschaftswandel im Peace-River-Gebiet bei Manning (Nord-Alberta)*

Das Peace-River-Gebiet ist die nördlichste Zone zusammenhängenden Ackerbaus in Nordamerika. Der Kulturlandschaftswandel betrifft neben der Landwirtschaft vor allen Dingen die Siedlungsstrukturen. Einige Orte entwickeln sich sehr stark und werden überregionale Zentren. In ihnen konzentrieren sich private wie öffentliche Dienstleistungen, die den Grad ihrer Zentralität bestimmen. Andere Städte stagnieren oder schrumpfen.

M 2: Quellentext zum Wandel der Lebensbedingungen bei den Inuit

Luczak, H.: Inuit in Kanada. GEO Special 4 / 2008

Rund 1 200 Menschen leben (...) im kleinen Ort Pangnirtung, kurz Pang. Es sind fast ausschließlich Inuit, früher „Eskimos" genannt, „Rohfleischesser". (...) Zwar trocknen hier noch Eisbär- und Robbenfelle vor den Häusern, hängen Fische wie rote Fahnen an Leinen. Doch längst tragen die Menschen pralle Einkaufstüten aus dem Supermarkt. Lastwagen bringen Wasser und saugen Kloaken ab, weil der gefrorene Boden jegliche Kanalisation verhindert. Und die Propellerflugzeuge landen nach einem halsbrecherischen Anflug auf der Schneebahn mitten im Ort.

Pangnirtung, seit den 1950er-Jahren von kanadischen Planern als Mustersiedlung ausgebaut, ist zum Sammelbecken für ehemalige Nomadenfamilien geworden, die bis zu ihrer Umsiedlung (...) isoliert und als Selbstversorger auf der Baffin-Insel gelebt hatten. Zur Sesshaftigkeit genötigt, sahen sie sich einem steten Strom von Beratern und Erziehern ausgesetzt. Auch die sechsköpfige Familie Metuq in ihrem 70-Quadratmeter-Haus lebt heute, wie jeder zweite Bewohner Nunavuts, von Sozialhilfe. „Wir sind im Zeitraffer in die Moderne gestürzt", [sagt Alukie Metuq] *(...) Das einzig Stabile in ihrem Leben seien die Familie und das Jagen. (...) Doch nun schmilzt selbst die Verlässlichkeit alter Konstanten dahin. (...) Vor Kurzem haben selbst die Gletscher im nahen Nationalpark Auyuittuq – „dem Land, das niemals schmilzt" – begonnen, sich zurückzuziehen. Seither ahnen alle hier, dass sie gewissermaßen im Brennpunkt jenes irdischen Fiebers leben, das die Welt als Treibhauseffekt kennt. Im zerbrechlichen Ökosystem um den Nordpol schreitet die Erderwärmung schneller als auf dem übrigen Planeten voran.*

M 3: *Pangnirtung auf Baffin Island in der kanadischen Provinz Nunavout*

1. *Werten Sie die Materialien von 2.1.3 unter der Überschrift: Leben und Wirtschaften am Rand der Ökumene – das Beispiel Kanada aus.*

Die Landwirtschaft Nord-Albertas ist das bei weitem wichtigste Element der Kulturlandschaft (vorherige Seite M5). Unter den klimatischen Bedingungen des Borealen Nadelwaldes und unter Einsatz modernster Technik und Betriebsführung wird marktorientiert produziert. Hauptprodukt sind Futterpflanzen, die als solche oder zu Pellets verarbeitet in den Süden Albertas geliefert oder nach Übersee exportiert werden. Nach ihrer Bedeutung folgen Weizen und Gerste.

Weiteres Standbein des Wirtschaft von Nord-Alberta sind die Forstwirtschaft und die Holzindustrie, die 2005 Produkte für mehr als 2,5 Mrd. Kan. $ exportierte. Kanada besitzt rund zehn Prozent der Waldfläche der Erde. Wegen des nach Norden hin abnehmenden Baumwuchses ist von diesen Flächen nur etwa die Hälfte nutzbar. Albertas Anteil an den wirtschaftlich nutzbaren kanadischen Holzressourcen beträgt zwölf Prozent. Davon befinden sich rund 90 Prozent in Nord-Alberta. Das Land ist in riesige Konzessionsgebiete aufgeteilt, die von nationalen und internationalen Unternehmen der Holz verarbeitenden Industrie bewirtschaftet werden.

M 4: *Nord-Alberta: Energiewirtschaft*

Von steigender Bedeutung sind die großen Ölsand- und Erdölvorkommen in Nord-Alberta. Nach den Lagerstätten am Orinoco (Venezuela) befinden sich hier auf einer Fläche von über 140 000 km² die größten Ölsandvorkommen der Welt. Bei zurückgehenden Kapazitäten der herkömmlichen Erdölquellen, einem hohen Ölpreis und neuen Technologien wird die Ausbeutung bislang teurerer Alternativen wie dem Ölsand immer lukrativer. Mit Hilfe französischer und norwegischer Erdölunternehmen sowie hoher Investitionen will die Regierung von Alberta die Jahresproduktion bis 2015 verzehnfachen.

Förderung und Verarbeitung des Ölsands sind in hohem Maße aufwändig und umweltschädlich. Um ein Barrel Öl zu gewinnen, braucht man 4,5 Barrel Wasser. In riesigen Behältern wird unter Zugabe von warmem Wasser und Lösungsmitteln Öl vom Sand getrennt. Außerdem sind der Abbau und die Gewinnung von Rohöl höchst energieintensiv. Für die Umwandlung von Bitumen in Erdöl wird rund ein Sechstel der Energie des gewonnenen Erdöls aufgewandt. Die bei Gewinnung und Verarbeitung entstehenden Emissionen verschmutzen die Luft, und die Abbaugruben führen zur Vernichtung Hunderttausender Hektar Wald. Ein weiteres Problem stellen die extremen klimatischen Bedingungen und der von Fachkräften leergefegte Arbeitsmarkt dar. Facharbeiter in den Minen verdienen fast 120 000 Euro pro Jahr.

Ölsand

Mischung aus Sand, Kohlenwasserstoffen (z. B. Bitumen, Rohöl), Wasser und Ton. Der Bitumengehalt des Ölsands in Nord-Alberta beträgt zum Beispiel zwischen ein und 18 Prozent. Ölsandlagerstätten werden bevorzugt im Tagebau ausgebeutet. Im Durchschnitt benötigt man zwei t Ölsand, um ein Barrel (159 l) Rohöl zu gewinnen.

1. *Erstellen Sie eine Liste mit drei bis fünf Faktoren, die eher für a) den Individualraum und b) für die Geoökozone typisch sind.*

Wirtschaftszweig	2000	2003	2005
Land- und Forstwirtschaft	814 (75)	883 (81)	875 (80)
Ölsand	4 220 (3 653)	5 050 (5 050)	7 199 (6 612)
Konventionelles Öl und Gas	11 746 (2 995)	15 172 (3 830)	15 615 (3 942)
Andere Wirtschaftszweige	14 235 (1 398)	15 896 (1656)	18 136 (1 735)
Wohnungsbau	5 397 (501)	7 742 (570)	7 959 (781)
Gesamt	36 411 (8 622)	44 743 (11 188)	49 784 (13 150)

M 5: *Private und öffentliche Investitionen in Alberta (Nord-Alberta) (in Mio. Kan. $)*

2.2 Geoökozone der Laub- und Mischwälder

Die sommergrünen Laub- und Mischwälder sind die potenzielle Vegetation der Feuchten Mittelbreiten. Doch im Laufe der letzten Jahrhunderte fielen die natürlichen Wälder landwirtschaftlicher Nutzung, Siedlungs- und Verkehrsflächen sowie Wirtschaftswäldern zum Opfer. In Deutschland hat „der Wald" aber als wichtiges nationales Symbol überdauert.

M 1: Quellentext über die sommergrünen Laubwälder
Strahler, A. H., Strahler, A. N.: Physische Geographie (2002)

Der sommergrüne Laubwald der Mittleren Breiten ist den Bewohnern Westeuropas und des östlichen Nordamerika als einheimischer Waldtyp vertraut. Er wird von hohen Laubbäumen beherrscht, die im Sommer ein kontinuierliches, dichtes Blätterdach erzeugen, aber ihre Blätter im Winter vollständig verlieren. Der Unterwuchs aus kleinen Bäumen und Sträuchern ist nur schwach ausgebildet. (...)

Da die Regionen des sommergrünen Laubwaldes der Mittleren Breiten seit Jahrhunderten dicht besiedelt sind, haben nur Reste des ursprünglichen natürlichen Waldes überlebt. Stattdessen sind die meisten heute existierenden Wälder durch die forstwirtschaftliche Nutzung verändert worden. Auf großen Flächen wurde zudem der Wald zugunsten der Landwirtschaft, des Baus von Verkehrswegen und der Anlage von Städten völlig beseitigt.

M 2: Quellentext zur symbolischen Bedeutung des deutschen Waldes
Lehmann, A.: Mythos Deutscher Wald (2001)

Die Deutschen sind das „Waldvolk" schlechthin. Der Wald ist für sie Identitätssymbol. Verständlich so, dass das „Waldsterben" sie zutiefst treffen musste. Im Kontrast dazu steht, dass das Waldwissen, aber auch die Waldnutzung in Deutschland verhältnismäßig gering sind. Den Wald nimmt man von den eigenen kulturellen Prägungen her wahr: als Landschaftskulisse, als harmonisches Zusammenleben altersverschiedener Bäume und Baumarten. Inzwischen ist ein Wandel zu einem eher „französischen" Waldverständnis zu beobachten, das verstärkt den individuellen Baum wahrnimmt. Gleichzeitig aber gibt es in Frankreich und Italien eine Tendenz zum „deutschen" Waldverständnis, das den Wald als Ganzes sieht und liebt.

M 3: *Herbstlicher Mischwald in Brandenburg*

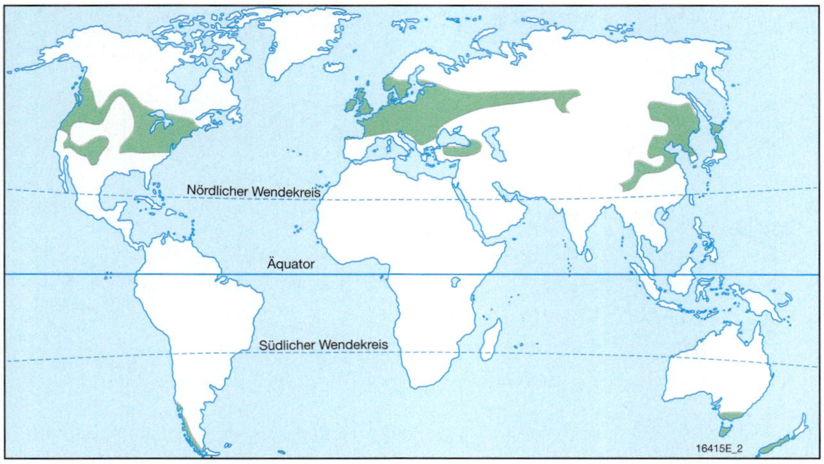

M 4: *Geoökozone der Laub- und Mischwälder*

2.2.1 Naturraum: in allem gemäßigt

Die Geoökozone der Laub- und Mischwälder (Feuchte Mittelbreiten) zeichnet sich durch ein Klima mit mäßiger Frostbelastung und ganzjährig ausreichendem Niederschlag aus. Dies macht sie zu einem natürlichen Waldstandort und bei fruchtbaren Böden zu einer landwirtschaftlich höchst produktiven Region.

Solarklimatisch folgt auf die Polare Zone die Gemäßigte Zone. Auf der Nordhalbkugel kann sie in die Kaltgemäßigte, Boreale Zone im Norden, die zentrale Kühlgemäßigte Zone und die Warmgemäßigte Subtropische Zone im Süden differenziert werden. Geoökozonal gehören zu der Kühlgemäßigten Klimazone die Zone der Laub- und Mischwälder (Feuchte Mittelbreiten) und die Steppenzone (Trockene Mittelbreiten), die sich in ihrer Ausdehnung in etwa mit dem Gürtel der Westwinde decken.

Laub- und Mischwaldzone
auch Feuchte Mittelbreiten, Sommergrüner Laub- und Mischwaldgürtel der Gemäßigten Zone oder Temperierte Nemorale Zone (lat. nemus = Hain / Wald)

Die verbreitungsmäßig nicht geschlossenen Feuchten Mittelbreiten umfassen vier nordhemisphärische und drei kleine südhemisphärische Gebiete in relativ küstennaher Lage. In den hochkontinentalen, trockenen Bereichen der Nordhalbkugel fehlt diese Geoökozone weitgehend oder nimmt nur einen schmalen Übergangssaum zwischen Borealer- und Steppenzone ein. Es ist üblich, in der Laub- und Mischwaldzone nochmals die Subzonen des Gemäßigten Regenwaldes (vor allen an den Küsten), des Sommergrünen Laubwaldes und des Mischwaldes, der sich südlich an den Borealen Nadelwald anschließt, zu unterscheiden.

Die für die agrarische Nutzung günstigen Klima- und Bodenverhältnisse dieser Geoökozone haben dazu geführt, dass sich hier die weltweit größten und produktivsten Ackerbaugebiete herausgebildet haben. Zu den klimatischen Gunstfaktoren zählen ganzjährige und relativ hohe, vor allem in der Wachstumszeit der Pflanzen ausreichende Niederschläge. Die Temperaturen mit ihren relativ geringen Jahresschwankungen und die milden Winter mit einer nur kurzen Frostperiode ermöglichen eine lange Wachstumsdauer und damit den Anbau eines breiten Spektrums von Pflanzen mit unterschiedlichen Wachstums- und Reifezeiten. Die Böden, in weiten Teilen glazialzeitlicher Löss, sind überwiegend nährstoffreich, haben eine mittlere bis hohe Kationenaustauschkapazität und sind, da gut durchfeuchtet und durchlüftet, reich an Bodenlebewesen.

Löss
äolisches Sediment, das während der Eiszeit aus den Sandern / Schwemmfächern vor den Gletschern ausgeweht und auf der Nordhalbkugel in einen breiten Streifen (in Europa vor dem Mittelgebirge; Börden) abgelagert wurde

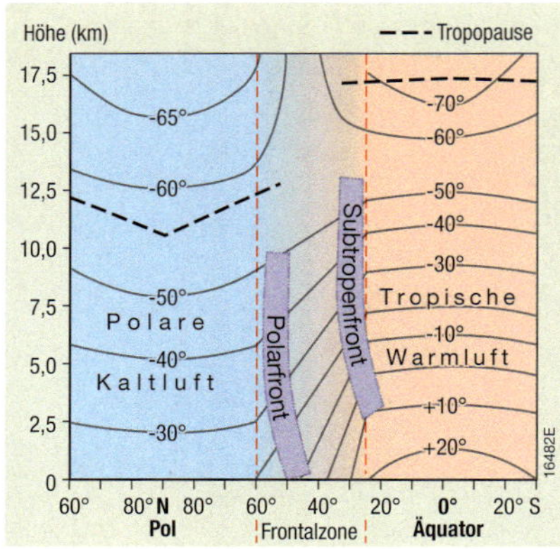

M 1: *Temperaturverteilung in der Erdatmosphäre (Nordwinter)*

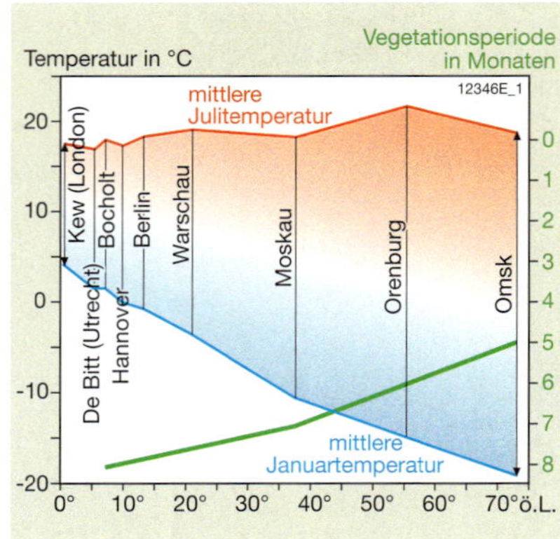

M 2: *Veränderung der Jahresamplitude mit zunehmender Kontinentalität*

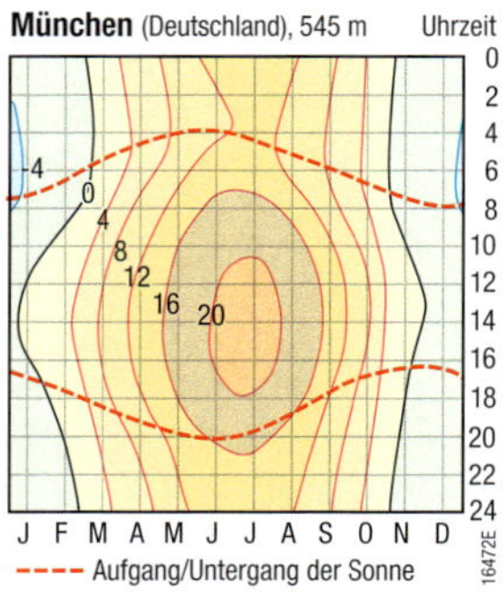

M 3: *Thermoisoplethendiagramm der Feuchten Mittelbreiten (Beispiel München, Deutschland)*

1. Ausschlaggebend für die Temperaturverhältnisse der Feuchten Mittelbreiten sind zum einen der jahreszeitliche Wandel der Insolation, zum anderen der Einfluss des maritimen oder kontinentalen Klimas (M3, M4). Die Jahresmitteltemperaturen in den Feuchten Mittelbreiten reichen von 6 bis 12 °C. Es treten relativ große Unterschiede zwischen der Sonneneinstrahlung im Sommer und Winter auf. Der jahreszeitliche Wechsel zwischen positiver und negativer Strahlungsbilanz führt zu großen Temperaturunterschieden und zur deutlichen Ausprägung von vier thermisch bedingten Jahreszeiten: zwei Hauptjahreszeiten, Sommer und Winter, mit langen Übergangsjahreszeiten, Frühling und Herbst. Mit der Winterkälte kommt es zu einer Einstellung der Photosynthese und damit zu einer Unterbrechung der Vegetationszeit, auf die der Wald mit Laubfall reagiert.

Maritime Klimaeinflüsse ziehen milde Winter und relativ geringe jährliche Temperaturamplituden nach sich. Diese bewirken lange, bisweilen ganzjährige Vegetationszeiten, aber zum Teil auch so geringe sommerliche Durchschnittstemperaturen (< 15 °C), dass etwa Getreide nicht mehr ausreifen kann. Mit zunehmender Kontinentalität werden die Winter kälter, die Temperaturamplituden größer und die Vegetationsperioden kürzer (M2).

2. Die Niederschläge der Feuchten Mittelbreiten sind relativ gleichmäßig über das Jahr verteilt. Wenigstens zehn Monate sind humid, und die Regenmenge ist so groß (etwa zwischen 500 und 1 000 mm), dass sich natürlicherweise Laubwälder ansiedeln. Sinkt mit zunehmender Entfernung zum Meer der Niederschlag unter 500 mm/Jahr, tritt Grasbewuchs an die Stelle der Bäume. Wird es zu kalt, etwa in Höhen- oder Nordlagen, setzen sich Nadelbäume durch.

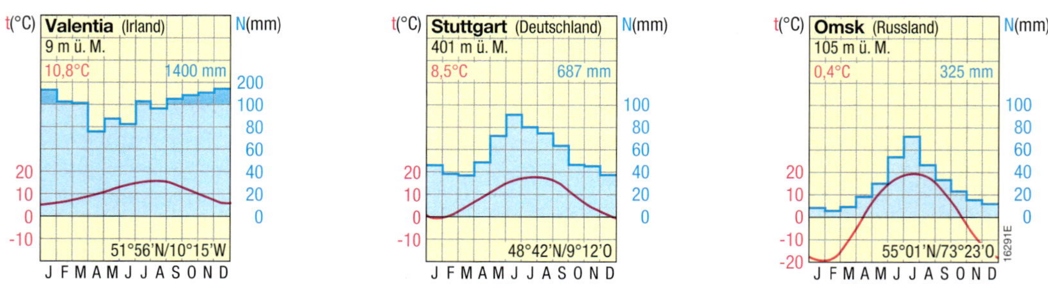

M 4: *Klimadiagramme der Feuchten Mittelbreiten (ozeanisch bis kontinental geprägt)*

Die Niederschläge resultieren überwiegend aus den regenbringenden Zyklonen der Westwinddrift (vgl. 1.3.1). In der Planetarischen Frontalzone (M 1) mit ihren hohen Temperaturgradienten stoßen tropische Luftmassen in breiten Ausbuchtungen (Höhenrücken) nordwärts und polare Kaltluft, ebenfalls in breiten Ausbuchtungen (Höhentrögen), südwärts, zum Teil über mehrere tausend Kilometer. Dabei entstehen in der stark mäandrierenden Windsströmung in der oberen Troposphäre Höhenhochs (Warmluftinseln) und Höhentiefs (Kältetropfen). Diese wirken sich bis auf die untere Troposphäre aus. Hier kommt es zur Bildung von Hoch- und Tiefdruckgebieten. Erstere gehen in der Regel mit absteigender Luft, Wolkenarmut und schönem Wetter einher, Letztere mit Konvektion und heftigem Niederschlag an Warm- und Kaltfronten.

Der Niederschlag aus den Fronten der Zyklonen wirkt sich besonders auf den Westseiten der Kontinente aus. Landeinwärts nimmt die Niederschlagsmenge kontinuierlich ab. Liegen meridional verlaufende Gebirge der Westwindströmung „im Weg" (z. B. Anden, Teutoburger Wald) so kommt es zu Steigungsregen mit hohen Niederschlagsmengen an den Luv-, zu Wolkenauflösung, föhnartigen Winden und geringen Niederschlägen an der Leeseiten. Die unterschiedlichen Luftmassen führen in Verbindung mit der häufig raschen Abfolge von Hoch- und Tiefdruckgebieten zu einer sehr wechselhaften Witterung im Laufe eines Jahres.

In den Feuchten Mittelbreiten, in denen Temperatur und Niederschlag durch die Westwinddrift geprägt werden, sorgt die stete Abfolge von Hoch- und Tiefdruckgebieten für das typische wechselhafte Wetter. Beim Durchzug eines Tiefdruckgebietes mit seinen Warm- und Kaltfronten kann man eine Abfolge unterschiedlicher Wettersituationen erleben (M 5).

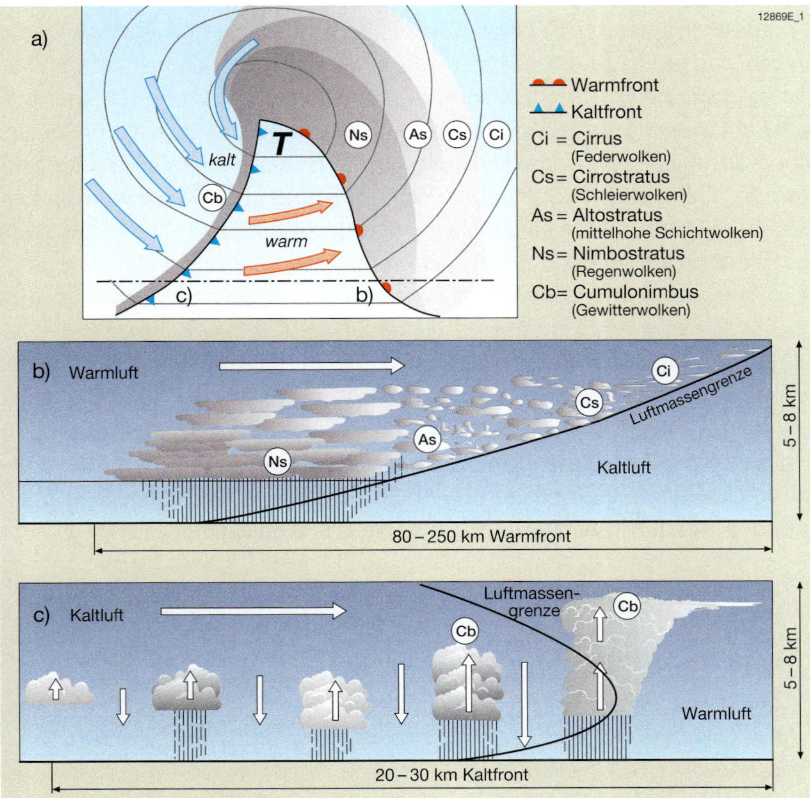

2.2

1. *Zeigen Sie mithilfe von M 1 und M 3 typische Merkmale des Klimas der Feuchten Mittelbreiten auf.*
2. *Beschreiben und begründen Sie die Temperaturverläufe in M 2.*
3. *Beschreiben und erklären Sie die Witterungsabläufe beim Durchzug einer Zyklone.*

M 5: *Wettererscheinungen beim Durchzug eines Tiefdruckgebietes: a) Schema der Zyklone b) Schnitt durch die Warmfront c) Schnitt durch die Kaltfront*

1. *An der Warmfront gleitet Warmluft auf die vor ihr liegende Kaltluft auf. Sie strömt wirbelartig in das Zentrum der Zyklone. Das führt zu einer charakteristischen Abfolge von Schichtwolken und zu zunehmendem Niederschlag.*
2. *Innerhalb des Warmsektors hat sich die Warmluft durchgesetzt: Die Temperatur steigt an, und es ist nur noch wechselnd bewölkt.*
3. *An der Kaltfront sinkt die Temperatur und steigt der Luftdruck. Es kommt zu heftigen Windböen und schauerartigen Niederschlägen.*

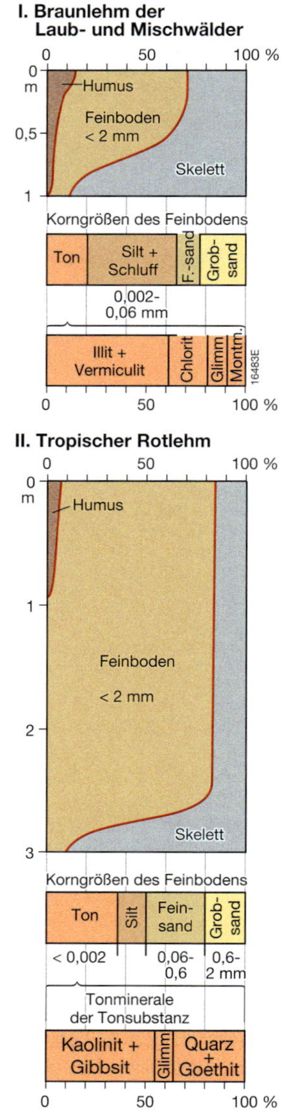

M 1: *Bodenkundliche Schlüsseleigenschaften der Feuchten Mittelbreiten (I) und der Tropen (II)*

1. Begründen Sie die hohe Tragfähigkeit vieler Böden der Feuchten Mittelbreiten.

3. Bei den Böden der Geoökozone handelt es sich um überwiegend junge, nacheiszeitliche Böden. Zu den insgesamt recht günstigen Bodenentwicklungen der Feuchten Mittelbreiten zählt zum Beispiel eine ausgewogene chemische und physikalische Verwitterung. Das führt zum einen zu einem relativ mächtigen und humusreichen Oberboden, zum anderen zu einem hohen Anteil sorptionsstarker Dreischichttonminerale bei der Tonmineralbildung (M 1) und folglich zu einer hohen Speicherfähigkeit des Bodens an Pflanzennährstoffen. So erreichen die Böden in den Feuchten Mittelbreiten im Zusammenhang mit der Zufuhr künstlichen Düngers als Nährstoffersatz häufig Ertragsleistungen, die weit über der natürlicherweise vorhandenen liegen. Außerdem ist der Grad der Säurekonzentration in der Bodenlösung, ermittelt über die Menge an Wasserstoffionen und ausgedrückt durch den ph-Wert, relativ gering. Das begünstigt viele chemische und biologische Prozesse im Boden und beeinflusst die Verfügbarkeit von Nährstoffen. Saure Böden weisen häufig einen Magnesium- (Mg) oder Calciummangel (Ca), dagegen aber toxische Konzentrationen von Aluminium (Al) und Mangan (Mn) auf.

Braunerden (Cambisole; lat. cambiare = wechseln) und Parabraunerden (Luvisole; lat. eluere = auswaschen) sind zonale Böden der Feuchten Mittelbreiten, die sich unter den hier herrschenden klimatischen Bedingungen gebildet haben. Braunerden haben einen humusreichen A-Horizont. Dieser geht in einen Bw-Horizont (w = in situ verwittert) über. Die Braunfärbung ist eine Folge der Verbraunung, das heißt der Freisetzung von Eisen infolge chemischer Verwitterung. Bei Parabraunerden bilden sich aufgrund der Verlehmung Tonmineralien. Sie gelangen mit dem Sickerwasser in den B-Horizont und reichern sich dort an.

4. Aufgrund der klimatischen und edaphischen (bodenbedingten) Voraussetzungen der Geoökozone ist die natürliche und ursprüngliche Vegetation ein Laub- oder Mischwald. Er ist heute jedoch fast völlig überformt durch bewirtschaftete Forsten – in Deutschland nehmen zum Beispiel vorwiegend mit Nadelwald bestandene Flächen zwei Drittel der Gesamtwaldfläche ein – sowie durch landwirtschaftliche oder andere Nutzungen. Seit einiger Zeit dehnt sich allerdings die Waldfläche in den Feuchten Mittelbreiten jährlich wegen der (größtenteils subventionierten) Aufforstung stillgelegter Ackerflächen um fast ein Prozent aus.

Klimatische und edaphische Bedingungen wirken sich auch positiv auf Phytomasse und Primärproduktion aus (M 2). Etwa 90 Prozent der gebildeten Biomasse entfallen auf oberirdische Pflanzenteile. Der durchschnittliche jährliche Streufall in den sommergrünen Wäldern beträgt bis zu fünf Tonnen pro Hektar, der durch den herbstlichen Laubfall zu einem hohen Anteil aus mineralreichen leicht zersetzbaren Blättern besteht. Das führt zu einer raschen Rückführung der Mineralstoffe und zu einem kurzen, umsatzstarken Mineralstoffkreislauf.

	Tropischer Regenwald	Sommergrüner Laubwald	Borealer Nadelwald
Nettoprimärproduktion (in t / ha / Jahr)	16	10	6
Phytomasse (in t / ha)	500	400	200
Streumenge (in t / ha)	–	20	110–120
Dauer Streuzersetzung (in Jahren)	0,1–0,2	1–4	350

M 2: *Vergleich von Tropischem Regenwald, Sommergrünem Laubwald und Borealem Nadelwald*

2.2.2 Kulturraum: Klima als Gunstfaktor

Die heutige Kulturlandschaft in den Feuchten Mittelbreiten ist das Ergebnis eines Jahrtausende langen Prozesses landwirtschaftlicher Entwicklung. Dieser führte auf der einen Seite zu einer Steigerung der tierischen und pflanzlichen Erträge, auf der anderen Seite aber vielfach auch zu Veränderung oder Zerstörung der natürlichen Produktionsgrundlagen.

Jahrtausende hat es nach der letzten Eiszeit gedauert, bis im Fruchtbaren Halbmond, dem halbkreisförmigen Nordsaum der Arabischen Halbinsel, aber auch in Südchina und in Mittelamerika der Ackerbau und die Domestizierung wild lebender Tiere „erfunden" und die damaligen Menschen, umherschweifende Jäger, allmählich sesshaft wurden (Neolithische Revolution). Die neuen Wirtschafts- und Siedlungsformen breiteten sich relativ rasch über große Teile Europas und Nordafrikas aus. Im siebten Jahrtausend erreichten sie auch Mitteleuropa (M 4).

Hier hatten sich mit dem Rückzug des Eises vor rund 12 000 Jahren zunächst Kiefern- und Birkenwälder ausgebreitet, später kamen zahlreiche andere Baumarten hinzu, darunter Eichel, Buche, Fichte und Tanne. Vor etwa 7 000 Jahren war die Region zwischen Alpen und Nord- / Ostsee sowie zwischen Westfrankreich und Mittelrussland mit dichten Wäldern bedeckt. Die Menschen, die in dieses Gebiet vordrangen, taten dies überwiegend entlang der oft waldfreien und wildreichen Flusstäler. Ihre Hänge und die Terrassenkanten waren bevorzugte Siedelplätze (M 3). Bis ins Mittelalter (etwa ab 800 n. Ch.) hinein war die Kulturlandschaft ausschließlich von bäuerlicher Nutzung geprägt.

Ein starker Bevölkerungsanstieg im Mittelalter, etwa um das Zwei- bis Dreifache, erforderte eine höhere Produktion von Nahrungsmitteln. Dies geschah vor allem durch Rodung von Waldland und damit einer drastischen Ausweitung des Kulturlandes, aber auch durch technische wie organisatorische Neuerungen in der Landwirtschaft. Die wichtigste Innovation war die – in veränderter Form bis heute gültige – Dreifelderwirtschaft. Sie löste die von den Römern eingeführte Zweifelderwirtschaft ab, bei der nur die eine Hälfte des Ackerlandes bebaut wurde, während die andere brach lag.

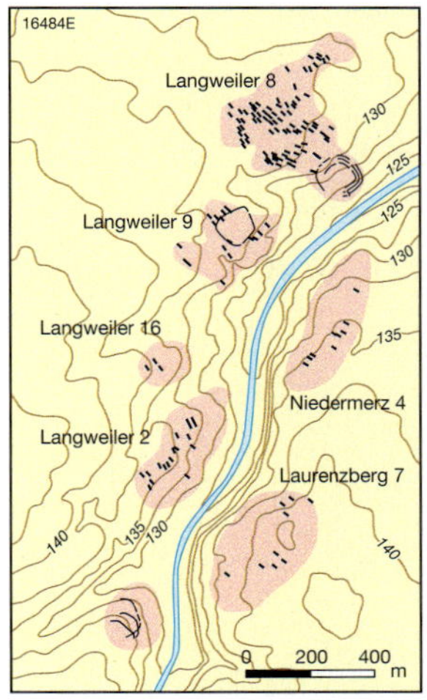

M 3: *Mezbachtal bei Aachen. Die Siedlungen der ältesten Ackerbauern lagen am halben Hang, also nicht am Talgrund und nicht in zu großer Entfernung zum Wasser.*

1. Nennen und beschreiben Sie die einzelnen Etappen der Entwicklung der Landwirtschaft in Mitteleuropa.

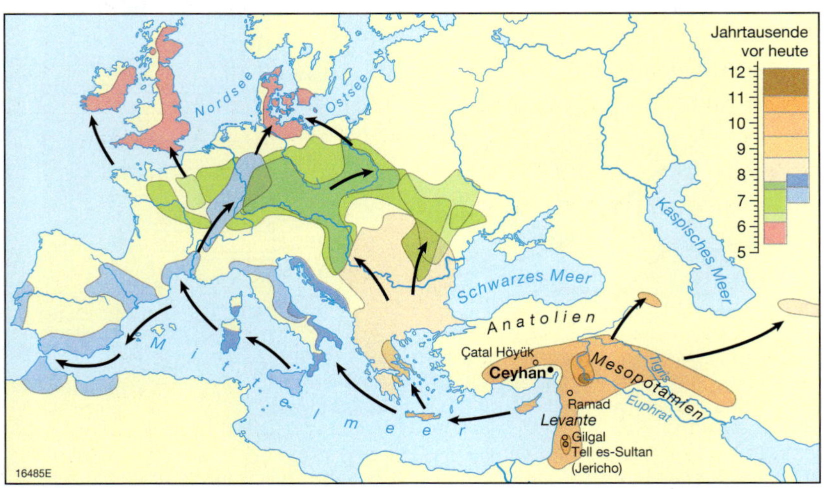

M 4: *Die Erfindung der Landwirtschaft und ihre Ausbreitung nach Westen*

Zelge
Komplex von Ackerparzellen in Gemengelage, der nach einem durch die Nutzungsberechtigten vereinbarten Modus (Flurzwang) bewirtschaftet wird. Kennzeichnend ist der einheitliche Anbau innerhalb einer Zelge, der im Rahmen der Fruchtfolge wechselt.

Bei der Dreifelderwirtschaft wurde die Ackerflur eines Dorfes in drei Zelgen eingeteilt. Ihre einzelnen Ackerparzellen wurden im Flurzwang und mit Fruchtwechsel bewirtschaftet: Alle Bauern eines Dorfes bauten im Dreijahresrhythmus auf allen Äckern einer Zelge im ersten Jahr eine Winterfrucht (Roggen oder Weizen) und im zweiten Jahr eine Sommerfrucht (Hafer, Flachs, Ölfrüchte) an. Im dritten Jahr lagen die Felder brach. Damit wurde dem Boden Zeit gegeben, durch Verwitterung und Mineralisierung neue Nährstoffe für die nächsten beiden Jahre anzusammeln. Die Verbesserung der Bodenqualität mit der Erhöhung der Anbaufläche auf zwei Drittel des Ackerlandes führte gegenüber der Zweifelderwirtschaft zu einer Steigerung der Produktivität um bis zu 50 Prozent.

Neben dem Ackerland war der Wald für die Produktion von Nahrungsmitteln unverzichtbar und war als Weideland Bestandteil der landwirtschaftlichen Nutzung. Er war in erster Linie Produzent von Futter und von Einstreu für das Vieh, erst in zweiter Linie Lieferant von Bau- und Brennholz. Rodung und Übernutzung führten gegen Ende des Mittelalters (etwa 15. Jahrhundert) zu einer Dezimierung und deutlichen Belastung des Waldbestandes. Während die Landschaft zu Beginn des Mittelalters eher von Rodungsinseln in einem Meer aus Wald geprägt war, waren es gegen Ende eher Waldinseln in einem Meer aus Acker- und Weideland.

Einem Quantensprung bei der fortgesetzten Intensivierung der landwirtschaftlichen Produktion kam neben einer verbesserten Fruchtwechselwirtschaft ab der Mitte des 19. Jahrhunderts die Erfindung des synthetischen Düngers gleich. Sein großflächiger Einsatz in hohen Mengen machte die Funktion der Brache hinfällig. Damit trat an die Stelle der lange Zeit vorherrschenden Selbstregulationsfähigkeit der agraren Ökosysteme zunehmend die Fremdregulation durch den Menschen. Dies ist der Beginn der modernen Landwirtschaft. Sie gab zur Zeit der europäischen Industrialisierung mit ihrem hohen Bevölkerungswachstum eine Antwort auf die pessimistische Bevölkerungstheorie des britischen Nationalökonomen und Bevölkerungstheoretikers Thomas R. Malthus (1766 –1834). Die um die Wende zum 19. Jahrhundert zum ersten Mal wissenschaftlich diskutierte Frage, ob die wachsende Menschheit ausreichend ernährt werden könne, beschäftigt uns bis heute.

Malthus' Bevölkerungstheorie
Malthus Theorie geht davon aus, dass, während die Bevölkerung exponentiell wächst, die Nahrungsmittelproduktion (bei begrenzter landwirtschaftlicher Nutzfläche und abnehmendem Ertragszuwachs) aber nur linear voranschreitet. Dies führe dazu, dass jede Bevölkerung tendenziell, wenn sie nicht durch Kriege, Seuchen oder Hungersnöte daran gehindert wird, den natürlichen Nahrungsspielraum überschreitet und dann Hungers stirbt.

Eine weitere wichtige Phase innerhalb der agrarischen Entwicklung in den Feuchten Mittelbreiten setzte nach dem Zweiten Weltkrieg ein. Dieser Strukturwandel in der Landwirtschaft der Industrienationen war

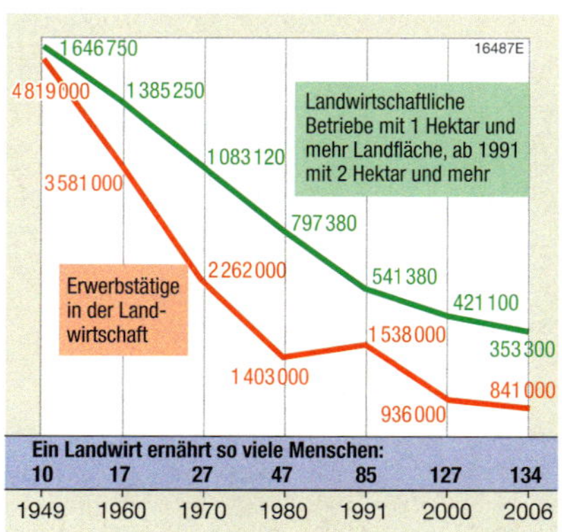

M 1: *Strukturwandel in der Landwirtschaft*

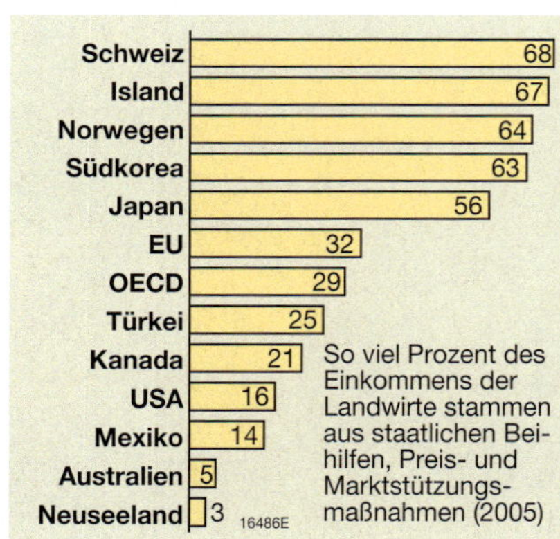

M 2: *Subventionen für Bauern (Schätzung)*

geprägt von der Konzentration auf immer weniger Betriebseinheiten und Arbeitskräfte sowie größere Betriebsflächen (M 1). Ein gesamtwirtschaftlicher Aufschwung mit steigenden Lohn- und Betriebskosten sowie einer verstärkten Mechanisierung von Arbeitsabläufen auf der einen, stagnierende bis abnehmende Preise für landwirtschaftliche Produkte auf der anderen Seite zwangen die Bauern dazu, ihre Produktion deutlich zu steigern. Nur so konnten sie die sich verteuernden Produktionsfaktoren bezahlen. Die enorme Produktivitätssteigerung in der Landwirtschaft hatte zahlreiche Gründe, von denen einer der wichtigsten die Flurbereinigung ab 1953 war. Mit der Zusammenlegung zersplitterter kleiner Besitzparzellen und der Beseitigung zahlreicher Tümpel, Gräben und Gehölze schuf man größere, maschinengerechte Einheiten als Voraussetzung für eine Intensivierung der Landwirtschaft. Von den weiteren produktionssteigernden Maßnahmen bis heute seien lediglich einige genannt:

- stark erhöhter Energieeinsatz – um den Ertrag zu verdoppeln, muss etwa das Zehnfache an Energie eingesetzt werden;
- Finanzhilfen und Steuervergünstigungen (M 2);
- Spezialisierung auf eine oder wenige Anbaufrüchte oder Tierarten;
- immer größere und leistungsfähigere Landmaschinen mit zunehmender elektronischer Ausstattung und neue Methoden wie das Precision Farming (M 4);
- vertikal integrierte Unternehmen, sogenannte agroindustrielle Betriebe, mit einer industriellen Produktionsweise und -struktur;
- Verbesserung der agraren Produkte durch Hybridzüchtungen, oder gentechnisch veränderte Pflanzen (z. B. zur Produktion pharmazeutischer Wirkstoffe oder Vitamine, „Molekulares Farming“);
- Ausweitung der Agrarproduktion (z. B. auf nachwachsende Rohstoffe für die Industrie).

Die Produktivitätssteigerung war verbunden mit einer zum Teil starken Belastung der agraren und natürlichen Ökosysteme sowie einer Degradierung der Böden (z. B. durch Schadstoffbelastung, Stickstoffüberdüngung, Versauerung, Erosion oder Verdichtung). Zudem trägt die Landwirtschaft in den Feuchten Mittelbreiten in erheblichem Maße zum Treibhauseffekt bei. Ihre Klimabelastung ist ähnlich hoch wie diejenige des Verkehrs (M 3). Vorwiegend emittiert sie die Treibhausgase Methan

1. *Erklären Sie den Produktivitätszuwachs a) durch die Dreifelderwirtschaft und b) durch die Erfindung des synthetischen Düngers.*
2. *Nennen Sie mögliche Gründe dafür, dass die neolithischen Bauern innerhalb weniger Jahrzehnte einen Großteil der mitteleuropäischen Lössgebiete besiedelt hatten.*
3. *Beschreiben Sie den Strukturwandel und erklären Sie, was er mit der Erhöhung der Produktivität in der Landwirtschaft zu tun hat.*

Landwirtschaft	133
Verkehr	154
Eisen-Stahlindustrie	43
Öffentliche Elektrizitäts- und Wärmeversorgung	325
Brennstoffverbrauch der Privaten Haushalte	113

M 3: *Klimabelastung in Deutschland, 2006 (in Mio. t CO_2-Äquivalenten)*

M 4: *Precision Farming: Traktor mit computergesteuerter Aussaatvorrichtung und GPS (Global Positioning System)*

M 1: *Klimaeffekt landwirtschaftlicher Produkte, in Autokilometern (= 119 g CO_2/km)*

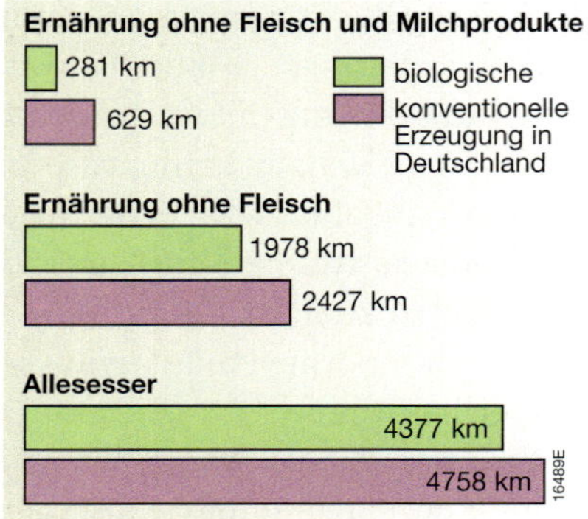

M 2: *Klimaeffekt verschiedener Ernährungsweisen pro Kopf und Jahr*

(CH_4), Lachgas (N_2O) und Kohlendioxid (CO_2). Methan entsteht zum Beispiel bei der Tierhaltung und bei der Verbrennung von Biomasse, Lachgas vor allem bei der bakteriellen Umsetzung von Düngemitteln im Boden zu gasförmigem Stickstoff und Kohlendioxid bei der Bodenbearbeitung oder der Herstellung von Dünge- und Pflanzenschutzmitteln (vgl. 3.2).

Die Intensivlandwirtschaft der Feuchten Mittelbreiten ist jedoch nicht nur verantwortlich für die Emissionen zahlreicher Treibhausgase, sie muss sich auch auf die Veränderungen des Klimas einstellen. Klimamodelle rechnen mit einem Anstieg der Jahresmitteltemperaturen mit weniger Frost- und mehr Hitzetagen (> 30 °C), mit längeren Trockenperioden sowie häufigeren Stark- und geringeren Sommerniederschlägen (M 3). Das hat zu einigen positiven Auswirkungen geführt: So begünstigt die CO_2-Zunahme in der Atmosphäre ein schnelleres Wachstum landwirtschaftlicher Nutzpflanzen, und die heute noch für die landwirtschaftliche Nutzung zu kühlen oder feuchten Regionen können eine Verbesserung ihrer Produktionsbedingungen erwarten. Negativ wirken sich zum Beispiel eine veränderte Niederschlagsmenge und -verteilung auf den Boden- und Grundwasserbestand aus, was insgesamt wiederum Folgen für die Ernteerträge hat. Negative Folgen hat das besonders für die heute schon trockeneren (Meerferne, Leelage) und wärmeren (Meerferne, Südlage) Gebiete. Allerdings bietet die hoch technisierte Landwirtschaft Möglichkeiten, auf diese Entwicklungen zu reagieren. So sind etwa eine effizientere Bewässerung, verbesserte Schädlingsbekämpfungsmittel und Warnsysteme vor extremen Wetterereignissen mögliche Anpassungsstrategien.

1. Erklären Sie mithilfe von M 3 Auswirkungen des Klimawandels für die Landwirtschaft in Europa.

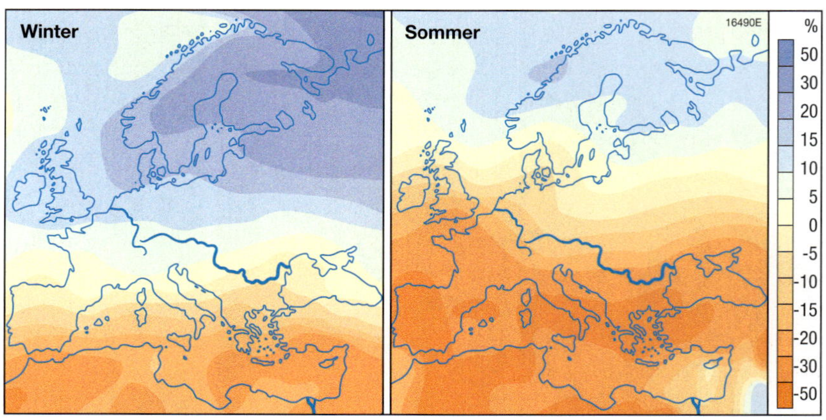

M 3: *Veränderungen des Niederschlags in Europa nach einem Szenario des Weltklimarats IPCC für die Jahre 2080 bis 2099 im Verhältnis zu 1980 bis 1999*

2.2.3 Oldenburger Münsterland

Trotz ungünstiger naturräumlicher Vorrausetzungen hat sich das Oldenburger Münsterland zu einem europaweit bedeutenden agrarwirtschaftlichen Zentrum mit einem Schwerpunkt auf der Hühner- und Schweinehaltung entwickelt.

Der ganze Strich von Quakenbrück aus über Vechta, Kloppenburg, Frisoyta bis an die Soeste, von da über die Ems, und wieder an der Hase hinauf, gehört nicht nur zu den schlechtesten in Westphalen, sondern in ganz Deutschland. Man glaubt, in den Steppen von Sibirien zu seyn (…) Arme Münsterländer! Euch hat die Natur stiefmütterlich behandelt. Mit Mühe entziehet ihr den Haiden ein Plätzchen zu euerm Buchweizen, schließt es in einen Kamp ein, besetzt ihn mit Birkenreisern, und dennoch raubt der Wind euch euern Sand mit dem Saamen zugleich.

M 4: Quellentext zu den naturräumlichen Voraussetzungen des Oldenburger Münsterlands
Hoche, J.G.: Reise durch Osnabrück und Niedermünster (1800)

Ursprünglich dominierte im Oldenburger Münsterland (heute die Landkreise Vechta und Cloppenburg) eine auf Selbstversorgung ausgerichtete Landwirtschaft. Großer Bevölkerungsteile waren von Armut betroffen. Dass sich hier ein herausragendes agrarwirtschaftliches Zentrum in Deutschland und in Europa herausgebildet hat, ist auf das Zusammentreffen einer Reihe günstiger Faktoren zurückzuführen. Eingeleitet wurde der wirtschaftliche Wandel durch die Anbindung an die Eisenbahn ab 1895. Damit konnten zum einen von den nahe gelegenen Überseehäfen (z. B. Bremen) Futter und Mineraldünger heran- und das gemästete, schlachtreife Vieh in den industriellen Ballungsraum von Rhein und Ruhr abtransportiert werden. Begünstigt wurde dieser Wandel aber auch durch technische und züchterische Innovationen wie vollautomatische Anlagen, Hybridtiere und -pflanzen, eine leistungsfähige Infrastruktur und eine hohe Leistungs- und Risikobereitschaft der Menschen.

M 5: *Anteil der Landwirtschaft an der Bruttowertschöpfung in Niedersachsen (2006)*

Beide Landkreise zeichnen sich durch überdurchschnittlich hohe Beschäftigungsanteile im primären Produktionssektor (Land- und Forstwirtschaft) und im produzierenden Gewerbe (Handwerk und Industrie) aus, wohingegen die Bereiche Handel, Gastgewerbe, Verkehr und Dienstleistungen nur unterdurchschnittlich vertreten sind. Die hohen Anteile im primären und sekundären Wirtschaftssektor könnten als Indiz für eher „rückständige" Strukturen gedeutet werden, doch zeigt die nähere Analyse, dass hier sehr moderne und wettbewerbsfähige Strukturen vorliegen. Die Betriebe des primären Sektors stehen nicht isoliert, sondern sind eng verflochten mit der weiterverarbeitenden Stufe, in der die erzeugten Rohmaterialien weiterverarbeitet werden. (…)

Die tierische Veredlungswirtschaft bestimmt das Bild der Landwirtschaft im Oldenburger Münsterland. Während Milchvieh- und Schweinehaltung weiterhin ganz überwiegend in bäuerlichen Familienbetrieben durchgeführt werden, wird die Hühner- und Truthühnerhaltung von agrarindustriellen Unternehmen gesteuert. Bäuerliche Betriebe sind über Verträge in der Hähnchen- und Putenmast an diese Unternehmen angebunden. Demgegenüber befinden sich die Legehennen weitgehend im Besitz der agrarindustriellen Unternehmen.

M 6: Quellentext zur agrarwirtschaftlichen Entwicklung im Oldenburger Münsterland
Klohn, W, Voth, A.: Das Oldenburger Münsterland (2008)

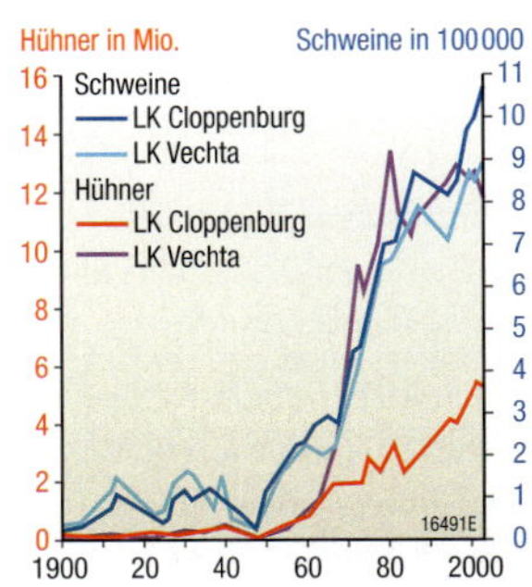

M 7: *Entwicklung der Hühner- und Schweinebestände im Oldenburger Münsterland*

M 1: *Kleingruppenhaltung*

M 2: *Freilandhaltung*

M 3: Quellentext zur Entwicklung der technischen Innovation „Käfighaltung von Legehennen“

Klohn, W, Voth, A.: Das Oldenburger Münsterland (2008)

Bis ca. 1960	*erfolgte die Haltung von Legehennen fast ausschließlich in Form der Boden- oder Freilandhaltung*
1963	*Erste Metallkäfige aus Japan gelangen nach Südoldenburg*
1963 / 64	*Entwicklung der eigenen Metallkäfigs durch die bei Vechta ansässige Firma Big Dutchman*
1969	*Der Käfig wird durch eine automatische Futterkette ergänzt: Das Füttern der Tiere erfolgt nun automatisiert*
1970 / 71	*Vervollständigung des Systems durch Automatisierung der Eiersammlung und -sortierung*

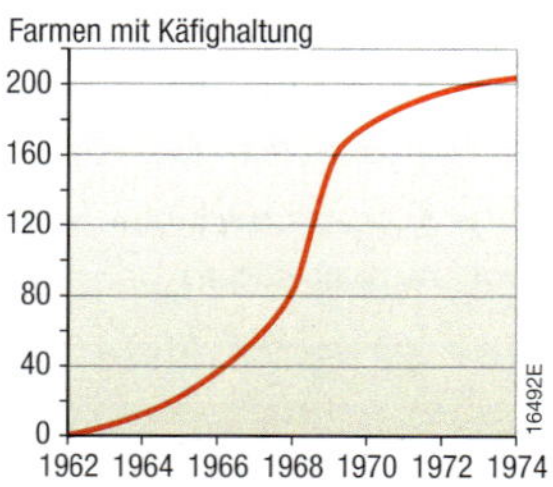

M 4: *Entwicklung der Käfighaltung von Legehennen im Oldenburger Münsterland*

Die agrartechnische Innovation der kostengünstigen Käfighaltung (M 7) bei der Legehennenhaltung setzte sich schnell durch und führte zu im nationalen Vergleich riesigen Beständen (M 6). Anlagen dieser Größenordnung (über 15000 Tiere) ließen sich jedoch nicht mehr in das Gefüge bäuerlicher Hofkomplexe einbeziehen und viele Landwirte konnten den erforderlichen Kapitelbedarf nicht aufbringen. Es entstanden mit Hilfe außerlandwirtschaftlicher Investoren Großbestandshaltungen mit 120 000 bis 240 00 Hennenplätzen. Ein End- oder Höhepunkt der Entwicklung ist ein agrarindustrielles Unternehmen (industriespezifische

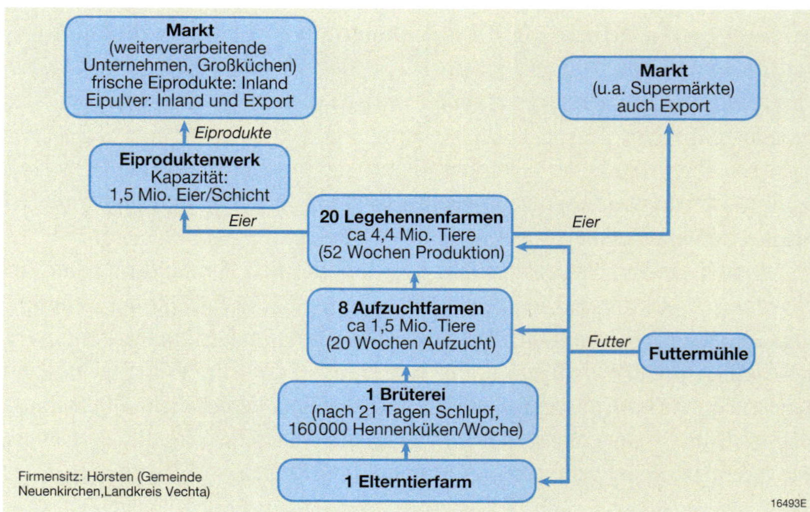

M 5: *Das agrarindustrielle Unternehmen Deutsche Frühstücksei GmbH (2008)*

Das vertikal integrierte Unternehmen ist in den Produktionsbereich (Legehennenfarmen) und die unabhängigen Einheiten des vorgelagerten Sektors aufgeteilt. Diese haben ein jeweils eigenverantwortliches Management.

Produktionsweise und industrieähnliche Unternehmensform) wie die Deutsche Frühstücksei GmbH (M5), das die einzelnen Stufen der Wertschöpfung bei der Legehennenhaltung zusammenführt.

Die alten Legebatterien, in denen noch 2007 zwei Drittel der Legehennen in Deutschland gehalten wurden, haben allerdings heute ausgedient. Seit Anfang 2009 muss die konventionelle Käfighaltung (550 cm²/Huhn) aus tierschutzrechtlichen Gründen durch andere Haltungsformen ersetzt werden. Die neue industrielle Haltungsform, die Kleingruppenhaltung (900 cm²/Huhn), bietet den Hühnern allerdings kaum mehr Platz. Alternativen sind Bodenhaltung (max. 6000 Tiere je Stall) und Freilandhaltung (4 m²/ Huhn), die aber gesundheitliche (höhere Salmonellengefahr) und ökologische Probleme (Belastung des Grundwassers) nach sich ziehen können.

Die extrem hohe Konzentration von Nutztieren im Oldenburger Münsterland sowie der Anfall und die Entsorgung großer Mengen tierischer Exkremente belasten das Agrarökosystem des Oldenburger Münsterlandes und einen Teil der dort lebenden Menschen. Dabei sind besonders die Geruchsbelästigung hervorzuheben, der man durch bessere Luftfilter und veränderte Ausbringungstechniken der Gülle (direkt über den Boden und anschließende Einarbeitung in den Boden) entgegenwirkt sowie die Belastung des Grundwassers und das Auftreten von Ammoniak, das Boden und Pflanzen, aber auch – in hoher Konzentration – Menschen schädigt.

Technische Innovationen wie Biogas- und Vergasungseinrichtungen (M8) lassen für die Zukunft auf eine umweltgerechte Verwertung von Mist und Gülle in dezentralen Einrichtungen der Energiegewinnung hoffen. Alle Anlagen außer derjenigen zur Trocknung und Pelletierung sind dezentral in der Region verteilt. Das in den dezentralen Anlagen aus dem Gärsubstrat der Biogasanlagen gewonnene Gas, erzeugt in einfachen Vergasungsanlagen auf landwirtschaftlichen Betrieben, ist unter Zugrundelegung heutiger Preise deutlich billiger als Erdgas und von daher für die Landwirte höchst lukrativ.

	Legehennen	Halter	Bestand
Deutschland	38 463 704	72 883	528
Niedersachsen	13 387 828	6 762	1 980
LK Cloppenburg	1 032 225	103	10 022
LK Vechta	5 381 457	164	32 814
Oldenburger Münsterland	6 413 683	267	24 021

M 6: *Legehennenhaltung im Vergleich (2007)*

Kostenfaktor	Konventioneller Käfig	Kleingruppe	Bodenhaltung
Futter	3,0	3,2	3,8
Tier	1,2	1,4	1,7
Sonst. variable Kosten	0,3	0,5	0,4
Unterbringung	0,9	1,3	1,3
Arbeit	0,3	0,5	1,0
Insgesamt	**5,7**	**6,9**	**8,2**

M 7: *Produktionskosten für Eier bei unterschiedlicher Haltung (Angaben in Cent pro Ei)*

Mit der Neufassung des Gesetzes für den Vorrang erneuerbarer Energien, verabschiedet am 6. Juni 2008, wird die Kilowattstunde Biogas aus Biomasse mit 11,67 Cent vergütet.

1. *Werten Sie die Materialien von 2.2.3 unter der Überschrift „Das Oldenburger Münsterland, ein agrarindustrieller Wirtschaftsraum" aus.*
2. *Listen Sie auf, was an dem Beispiel eher typisch a) für den Individualraum und b) für die Geoökozone ist.*

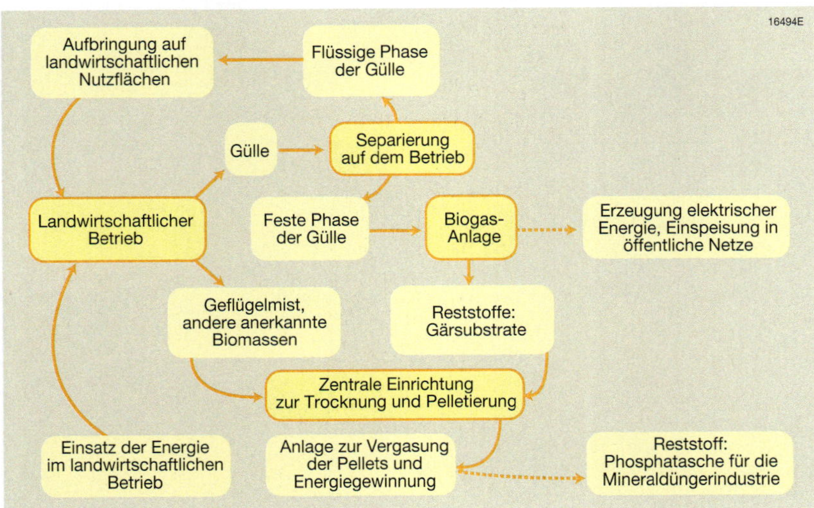

M 8: *Technische Lösung für das Problem der Reststoffe aus der Tierhaltung im Oldenburger Münsterland*

2.3 Geoökozone der Steppen und Kalten Wüsten

Nomadische Viehhaltung und stationäres Ranching sind traditionelle Nutzungsformen der Steppen. Schon früh haben die Menschen aber auch die relativ günstigen Boden- und Anbaubedingungen genutzt, um durch intensiven Ackerbau die ausgedehnten Ebenen der Steppen in Kulturland mit einem großflächigen Anbau von Getreide zu verwandeln.

M 1: Historischer Quellentext über Klima, Vegetation und Nutzung der Steppen

Waibel, L.: Urwald, Veld und Wüste (1921)

Steppe! (…) Unermessliche Flächen, endlose Grasfluren, weidende Rinderherden, Cowboys, auf flinken Rossen dahinstürmend, bärtige Kosaken, Staub- und Schneestürme. Das sind Bilder, die das Wort Steppe in uns hervorruft. (…)

Das Wort Steppe kommt aus dem Russischen. „Stepj" nennen die Russen die gewaltigen Grasfluren. Ein kalter, stürmischer Winter, ein trockener Hochsommer und Herbst verhindern den Baumwuchs. Die kurzen Frühjahrs- und Frühsommerregen lassen nur Gräser und Kräuter gedeihen. Innerhalb weniger Tage bedeckt ein üppiger Flor von bunten Blumen und Kräutern den vorher kahlen, trockenen Boden. Es regnet auch in anderen Monaten des Jahres, doch nicht mehr so ergiebig wie im Frühjahr. Während des Sommers hellt sich der Himmel auf. Die Sonne strahlt ungehindert, die Gräser verdorren. Sand- und Staubstürme fegen über den ausgetrockneten Boden. Auf den trockenen Sommer folgt ein heiterer Herbst und ein rauer heftiger Winter. Der Himmel bedeckt sich wieder mit Wolken. Es ist schon sehr kalt geworden. Leichte Schneeflocken legen sich auf die Erde (...). Rinder und Schafe müssen mit den Hufen den Schnee entfernen, um noch Futter, trockenes Gras zu finden. Aber der Schnee wächst höher und hoher.

Wogende Getreidefelder durchziehen die Steppe. Der lössartige Boden, den wir in allen Steppen der gemäßigten Zone antreffen, ist überaus fruchtbar, und der Regen, der in kurzen, heftigen Güssen fällt, ist ausreichend für den Anbau von Getreide. So sind heute diese Steppenländer die Kornkammern der Erde: Südrussland, Nordamerika, Argentinien.

M 2: *Rinderherde in Montana, USA*

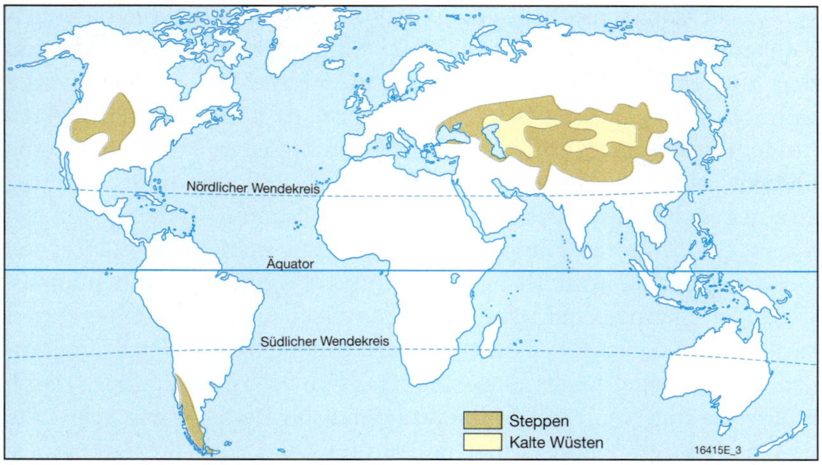

M 3: *Geoökozone der Steppen und Kalten Wüsten*

2.3.1 Naturraum: Kalte Winter, heiße Sommer

Die Geoökozone der Steppen und Kalten Wüsten besitzen ein kontinentales Klima mit heißen, trockenen Sommern und kalten Wintern. Zu den ausgeprägten thermischen Jahreszeiten kommen geringe Jahresniederschläge bei hoher Variabilität. Dennoch ermöglichen die Fruchtbarkeit der hier vorherrschenden Schwarzerdeböden, die hohe Sonneneinstrahlung und die weiten, gut zu beackernden Ebenen eine intensive Landwirtschaft.

An die Geoökozone der Laub- und Mischwälder schließt sich auf den Nordkontinenten äquatorwärts die Geoökozone der Steppen und Kalten Wüsten (Trockene Mittelbreiten) an. Die Steppengebiete, worunter die außertropischen Grasländer verstanden werden, nehmen rund drei Viertel der Trockenen Mittelbreiten ein. Der Rest entfällt auf die Kalten Wüsten und Halbwüsten. Der Übergang von den Trockenen Mittelbreiten nach Süden in die Tropisch/Subtropischen Trockengebiete vollzieht sich dort, wo die winterliche Abkühlung keine Beeinträchtigung mehr für das Pflanzenwachstum bedeutet (Mitteltemperatur des kältesten Monats nicht <5 °C) und wo wenigstens fünf Monate eine Durchschnittstemperatur von mehr als 18 °C herrscht. Die Grenze zu den Feuchten Mittelbreiten und der Borealen Zone verläuft in der Region, wo in der Vegetationszeit über 200 mm Niederschlag fallen und mehr als vier Monate humid sind.

Die Trockengebiete sind – von der westlichen Pampa abgesehen – ausschließlich auf Nordamerika und Eurasien beschränkt. Die Lage im Regenschatten der Gebirge oder die große Meeresferne behindern den Einfluss maritimer Luftmassen. Das führt zur winterzeitlichen Ausbreitung kontinental-polarer Luftströmungen und zu einer deutlichen Reduzierung des Niederschlags. Lediglich sporadische Vorstöße maritimer Luftmassen und Konvektionsregen können Niederschläge in den Sommermonaten verursachen. Die geringe Regenmenge reicht für die Existenz zusammenhängender Waldgebiete nicht aus. Die natürliche Vegetation besteht daher aus widerstandsfähigen, häufig mehrjährigen Gräsern und Kräutern, die selbst ausgeprägte Dürreperioden überstehen können. Mit der nach Süden zunehmenden Trockenheit wandelt sich die Vegetation von der Wald-, über die Feucht-, Trocken- und Wüstensteppe zur Halbwüste und Wüste.

Kalte Wüsten

Für die Trockenheit der Kalten Wüsten (z.B. Taklamakan, Gobi) ist deren zentrale kontinentale, abgeschirmte Lage im Zusammenhang mit dem winterlichen Kältehoch (Binnenwüsten) oder die Lage im Regenschatten großer Gebirge (Leewüsten) verantwortlich.

1. Vier unterschiedlich ausgeprägte Jahreszeiten kennzeichnen den Temperaturverlauf in den Trockenen Mittelbreiten: Die Sommer sind heiß und trocken. Tagsüber wird wegen der geringen Wolkenbildung (geringer Wasserdampfgehalt der Luft ⟶ relativ hohe Einstrahlung) die Landoberfläche stark erhitzt und die Strahlungsenergie fast vollständig in fühlbare Wärme umgewandelt. Nachts führt die starke Ausstrahlung zu einem deutlichen Temperaturrückgang und damit zu einer hohen täglichen Temperaturamplitude und einer relativ starken physikalischen Verwitterung. Die winterliche Auskühlung der großen Kontinentalmassen und die geringen maritimen Einflüsse lassen die Wintertemperaturen bis auf -50 °C zurückgehen und verursachen die sehr hohe Jahresamplituden. Die Übergangsjahreszeiten sind relativ kurz. Sie zeichnen sich durch Frühfröste und schnellen Temperaturabfall im Herbst sowie Spätfröste und raschen Temperaturanstieg im Frühling aus, so dass die Vegetationszeit kaum Werte über 180 Tage erreicht (etwa die Zeit, die der Sommerweizen bis zur Reife braucht).

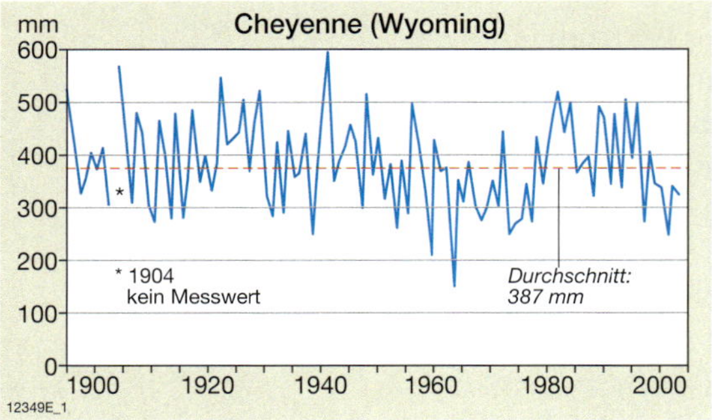

M 1: *Jahresniederschlagsvariabilität in der Steppe*

Denudation
Flächenhafte Abtragung der Erdoberfläche, z.B. als Rutschen, Fließen oder Kriechen größerer Oberflächen

Erosion
Linienhafte (oder auch flächige) Abtragung der Erdoberfläche durch Fließgewässer (fluviatil), Gletscher (glazial), Wind (äolisch), Brandungswellen (marin) oder Niederschläge

2. Wasser ist ein stark limitierender Faktor in den Trockenen Mittelbreiten, denn Pflanzen wachsen zwar bei einer relativ breiten Temperaturspanne, reagieren aber sehr empfindlich auf zu geringe Wassermengen, Folge der geringen absoluten Menge und der hohen Variabilität (M 1). Die Evapotranspiration liegt aufgrund der hohen Temperatur während der Vegetationszeit in der Regel über den Niederschlagsmengen – ein Temperaturanstieg von einem Grad Celsius erhöht die Verdunstungsrate um fünf Prozent –, sodass diese für die Stoffwechselprozesse der Pflanze verloren gehen. Zu dem Dürrestress gesellt sich auch die nachteilige Art des Niederschlags: Im Sommer fällt er häufig als Starkregen bei Gewittern. Da der Boden nur eine beschränkte Sickerkapazität hat, fließt ein Großteil des Wassers oberirdisch ab. Es kommt zu Denudation und fluviatiler Erosion. Die geringen Niederschlagsmengen in den Trockenen Mittelbreiten haben auch nachteilige Auswirkungen auf den Bodenwasserhaushalt (M 3, M 4). Bei einem deutlichen Jahreszyklus des Wasserbedarfs und des Niederschlags weist der Sommer ein hohes Wasserdefizit auf. Die Bodenwassererneuerung reicht nicht aus, um einen Überschuss zu erzeugen.

3. Ein weit verbreiteter Boden in den zentralen Steppengebieten ist der Tschernosem (Schwarzerde). Seine positiven Eigenschaften machen ihn zu einem der besten Ackerböden der Erde. Dazu zählen ein humoser,

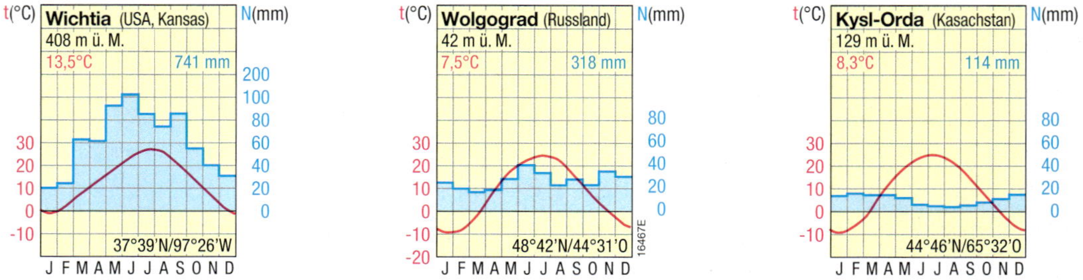

M 2: *Klimadiagramme der Geoökozone der Steppen und Kalten Wüsten*

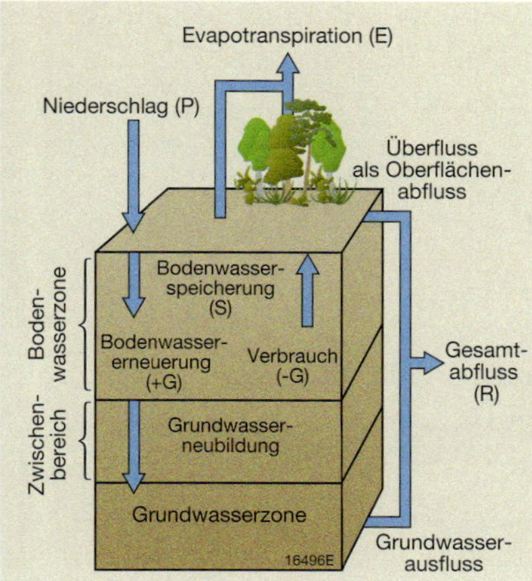

S = Bodenwasserspeicherung: Wassermenge, die in der Bodenwasserzone tatsächlich vorhanden ist.
G = Änderung der Bodenwasserspeicherung: -G = Bodenwasserverbrauch, +G = Bodenwassererneuerung

Wasserbilanzgleichung P = E + G + R
Die Bodenwasserspeicherung (G) wird erhöht durch Zufuhr während des Niederschlags (P) und verringert durch Evapotranspiration (E) und Wasserüberschuss (R).

Der Wasserüberschuss R wird weggeführt als Perlokation nach unten zur Grundwasserzone oder durch Oberflächenabfluss.

Die Evapotranspiration (E) kann in Ea und Ep unterschieden werden:
Ea = tatsächliche Evapotranspiration: reale Wassermenge, die von Boden und Pflanzendecke aus in die Atmosphäre verdunstet (Wassernutzung)
Ep = potenzielle Evapotranspiration: Wassermenge, die unter idealen Bedingungen verdunsten würde (Wasserbedarf)

D = Bodenwasserdefizit: Differenz zwischen Wassernutzung (Ea) und Wasserbedarf (Ep), also die Wassermenge, die künstlich zugeführt werden müsste, um maximales Wachstum landwirtschaftlicher Nutzpflanzen zu erreichen

M 3: *Schematisches Diagramm der Bodenwasserbilanz in einer Bodensäule*

über 50 cm mächtiger und mit einer hohen Austauschkapazität versehener A-Horizont. Die mächtige Humusauflage (Mull) ist zum einen auf die jahreszeitlich hohe Produktion von gras- und krautreicher Phytomasse zurückzuführen, die im Herbst abstirbt, zum anderen auf die reduzierte Abbautätigkeit der Reduzenten aufgrund der zum Teil sehr kalten Winter und der sehr warmen, trockenen Sommer. Zusätzlich werden die abgestorbenen Gräser und Kräuter von zahlreichen Nagetieren in den Boden eingearbeitet (Bioturbation). Sie bringen Humus in großer Menge über ihre Erdbauten bis tief in den häufig lösshaltigen C-Horizont. Der Humus verhilft dem Boden zu einer hohen Wasserspeicherfähigkeit (günstig für die sommerliche Wachstumsperiode) und einem großen Nährstoffangebot. Der B-Horizont fehlt, da, anders als in den feuchten Klimaten, kein Sickerwasser gelöste Stoffe aus dem A-Horizont nach unten transportiert, wo sie sich in einem B-Horizont anreichern könnten. Somit ergibt sich ein typisches A-C-Profil. Da in den Trockengebieten die hohe Verdunstung häufig zu einem kapillar aufsteigenden Wasserstrom führt, gelangen gelöste Salze an die Bodenoberfläche. Dort bilden sie, vor allem in Gebieten mit Staunässe, hohem Grundwasserspiegel oder künstlicher Bewässerung im Extremfall Salzkrusten (M 5).

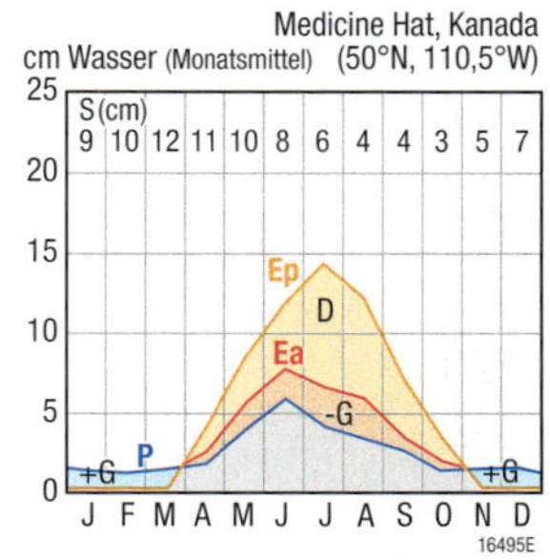

Jahres-Gesamtwerte (cm/m²)		
P	(Niederschlag)	33
Ep	(Wasserbedarf)	61
Ea	(Wassernutzung)	33
D	(Wasserdefizit)	28

M 4: *Jahresgang eines Bodenwasserhaushalts in den Trockenen Mittelbreiten (Beispiel Medicine Hat, Norden der Great Plains, USA)*

1. *Vergleichen Sie die Klimadiagramme von Wolgograd, Ksyl-Orda und Omsk (S. 46 M) und begründen Sie die Zugehörigkeit zur jeweiligen Geoökozone.*
2. *Erklären Sie, inwieweit der Jahresgang des Bodenwasserhaushalts von Medicine Hat (M 4) die Bodenwasserbilanz der Trockenen Mittelbreiten widerspiegelt.*

M 5: *Bodenversalzung im Grand Valley des Colorado (Colorado, USA)*

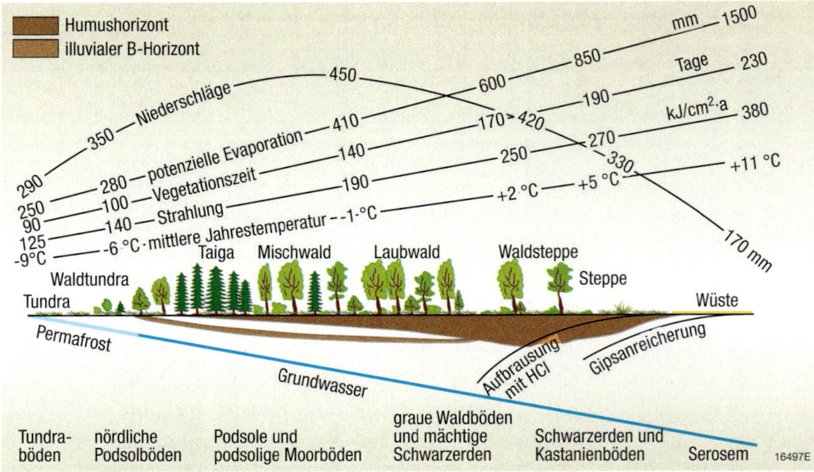

M 1: *Wandel von Klima, Vegetation und Boden in der osteuropäischen Tiefebene (von NW nach SE)*

4. Die klimatischen und edaphischen Voraussetzungen führen je nach Ariditätsgrad zur Ausprägung unterschiedlicher Steppentypen mit unterschiedlicher Produktionsleistung:
   a) Waldsteppe mit lichtem Baumbewuchs und Grasinseln bei ausreichendem Niederschlag im Sommer;
   b) Langgrassteppe (Feuchtsteppe) mit bis zu zwei Metern hohen Gräsern und geschlossener Grasnarbe, verschiedenartigen Kräutern und wenigen Waldinseln;
   c) Mischgrassteppe als Übergangsbereich zwischen Lang- und Kurzgrassteppe (mittelhohe und kurzhalmige Arten);
   d) Kurzgrassteppe (Trockensteppe) mit bis zu 40 cm hohen, büschelartigen Gräsern, Vegetationsperiode im Frühjahr, waldlos;
   e) Wüstensteppe als Übergangsbereich zu den Halbwüstengebieten mit spärlichem Pflanzenwuchs (Zwerg- und Halbsträucher).

M 2: *Wurzelsystem der Steppenpflanzen*

Die Pflanzen passen sich dem geringen Wasseraufkommen an, zum Beispiel durch kleinere, dickere Blätter oder ein feines, weit verzweigtes Wurzelsystem (M2). Trotz ihrer geringen Phytomasse produzieren die Steppenökosysteme ähnlich viel Pflanzenmasse wie Waldökosysteme, weil sie die Sonnenenergie bei der Photosynthese besser nutzen (M3). Die Pflanzenmasse korreliert mit der Jahresniederschlagsmenge. Die in mehrjährigen Abständen erfolgenden Feuer dienen dazu, den hohen Streuanfall zu mineralisieren und damit große Mengen an Mineralstoffen freizusetzen.

	Feuchtsteppe	Trockensteppe	Wüstensteppe
Phytomasse	23,0	21,0	9,8
Davon grüne Teile (in %)	8,0 (35)	3,0 (14)	1,4 (14)
Unterirdische Teile (in %)	15,0 (65)	18,0 (86)	8,4 (86)
Jahresproduktion (in % der Phytomasse)	13,0 (57)	9,0 (43)	4,2 (43)
Davon grüne Teile (in %)	8,0 (62)	3,0 (33)	1,4 (33)
Unterirdische Teile (in %)	5,0 (38)	6,0 (67)	2,8 (67)

M 3: *Phytomasse und Primärproduktion (in t / ha) in verschiedenen Steppen Eurasiens*

1. *Erklären Sie, wie es zur Ausbildung von Steppen kommt.*
2. *Charakterisieren Sie die unterschiedlichen Steppentypen (Klima, Boden, Vegetation, Pflanzenproduktion)*

2.3.2 Kulturraum: Kornkammern der Erde?

In den feuchteren Steppenzonen liegen die wichtigsten Kornkammern der Erde. In ihnen leben nur zwei Prozent der Weltbevölkerung, sie produzieren aber über die Hälfte des weltweit nachgefragten Weizens. Eine weitgehend industriell organisierte Landwirtschaft führt in den ökologisch gefährdeten Steppensystemen zu einer starken Bodendegradation.

Mangel und Unbeständigkeit der Niederschläge mit der Gefahr lang anhaltender Dürren haben für die Grasländer Nord- und Südamerikas sowie Eurasiens lange Zeit nur eine Nutzung in Form der extensiven Weidewirtschaft zugelassen. So wurden die Steppen Eurasiens periodisch beweidet von den Herden nomadisierender Steppenvölker. In den USA breitete sich etwa ab 1865 eine als Ranching bezeichnete Wirtschaftsweise mit frei und auf offenem Weideland lebenden Rinderherden von Texas bis nach Dakota aus. Dieses „Open-range Cattle Ranching" wurde bald abgelöst durch eine weniger extensive Form der Weidewirtschaft: kontrollierte Aufzucht ertragreicher Rinderzüchtungen auf eingezäunten Koppeln. Die amerikanischen Viehfarmen in den USA und Argentinien waren extrem groß (bis zu 100 000 Hektar), weil das Weideland in der semiariden Steppe nur geringe Bestandsdichten zulässt (<30 GVE je 100 ha).

Eine Reihe von Gründen, vor allem das starke Bevölkerungswachstum mit einer zunehmenden Nachfrage nach Lebensmitteln, hat zu einer intensiven landwirtschaftlichen Inwertsetzung und zu einer massiven Umnutzung von bis dahin weidewirtschaftlich genutzten Grasländern

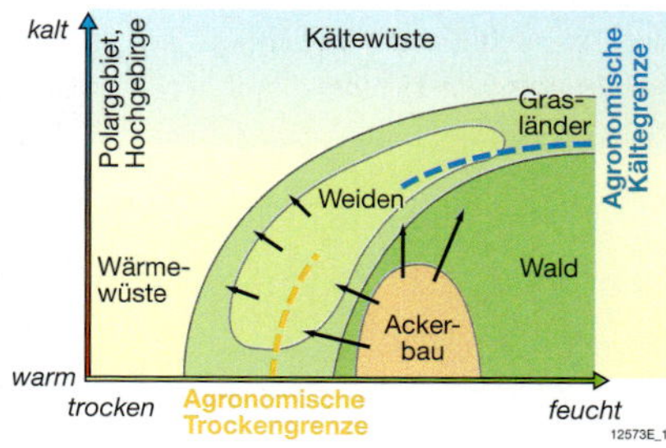

M 4: *Grenzen der Landnutzung*

1 GVE (Großvieheinheit) entspricht dem Gewicht eines ausgewachsenen Rindes, etwa 500 kg

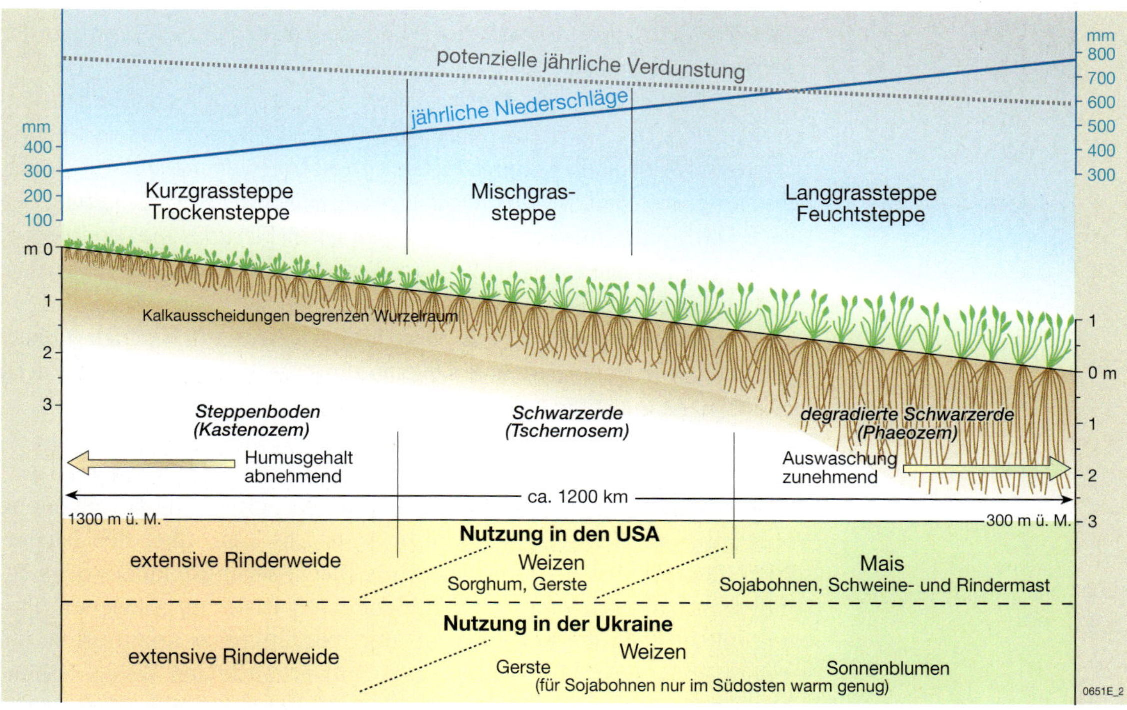

M 5: *Schematisches Profil von der Trockensteppe zur Feuchtsteppe (mit Nutzung in den USA und der Ukraine)*

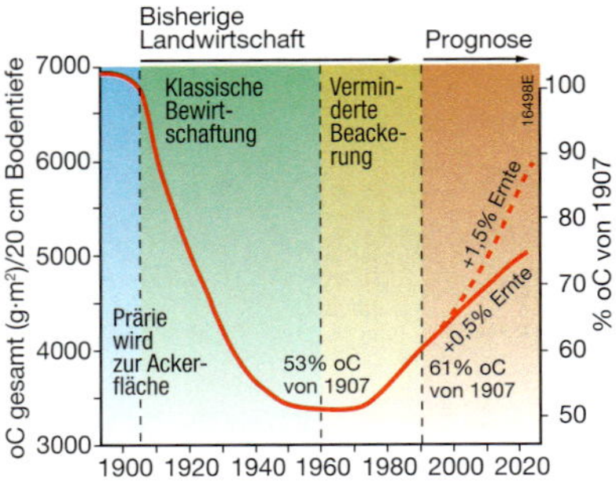

M 1: *Auswirkungen der Landwirtschaft auf den Humusgehalt von Steppenökosystemen am Beispiel Great Plains*

in Ackerländer geführt. So eroberten in den USA von Osten her vordringende Ackerbauern innerhalb weniger Jahrzehnte die Steppengebiete. Zuerst wurde die ackerbaulich gut zu nutzende Langgrassteppe etwa bis Mitte der 1880er-Jahre unter den Pflug genommen. Eine ungewöhnlich feuchte Periode von fast vier Jahrzehnten führte zum Umbruch von Millionen von Hektar Trockensteppe (von North Dakota bis Texas, etwa bis zum Beginn des 20. Jahrhunderts), obwohl dort abnehmende Humus-, vor allem aber Niederschlagsmengen die traditionelle Weidewirtschaft als eine ökologisch wesentlich angepasstere Nutzungsform erscheinen ließen. Schon bald entwickelten sich die Great Plains zur „Kornkammer Amerikas" und zu einem weltweiten Zentrum des Weizenanbaus.

Nach dem Zweiten Weltkrieg wurden in der russischen Steppe über 40 Mio. ha bis dahin unberührten Bodens ackerbaulich bearbeitet. Durch die Erweiterung der landwirtschaftlichen Nutzfläche wollte die sowjetische Regierung zum einen die große Importabhängigkeit bei Weizen verringern, zum anderen den zunehmenden Maisanbau in den traditionellen Getreideanbaugebieten der Ukraine ersetzen. Betroffen von dieser „Neulandaktion" waren vor allem Steppengebiete im südlichen Uralvorland, in Kasachstan und Südsibirien.

M 2: Quellentext über die Getreidewirtschaft in den Steppen
Schultz, J.: Handbuch der Ökozonen (2000)

Im Unterschied zu den Feuchten Mittelbreiten und den Winterfeuchten Subtropen (...) erfolgt der Weizenanbau in den Steppengebieten durch Großbetriebe auf sehr großen Schlägen (Großflächenbewirtschaftung), unter Einsatz von Maschinen-Größtaggregaten mit minimalen Arbeitseinsatz (kapitalintensive, arbeitsextensive Bewirtschaftung). (...) [In den gegenwärtigen Verbreitungsschwerpunkten des großbetrieblichen Getreidebaus] *werden über 50 % des Weltweizens produziert. Die Steppengebiete leisten damit einen beträchtlichen Beitrag zur Ernährung der Menschheit.*

Die Hektarerträge liegen durchweg weit unter denen, die sonst in der kommerzialisierten Landwirtschaft erzielt werden. Dies ergibt sich teilsweise aus dem Dürrestress, welchem die Kulturen in den zumeist trockengrenzenahen Anbaugebieten ausgesetzt sind, ist aber auch Folge der extensiven Bewirtschaftung, die Düngeeinsatz und Arbeitsaufwand gering zu halten versucht. Die Getreide-Brache-Wirtschaft in den westlichen USA ist das arbeitsextensivste Ackerbausystem der Welt: Für alle Arbeitsgänge von der Aussaat bis zur Ernte werden dort pro Hektar nur etwa acht Stunden einer menschlichen Arbeitskraft benötigt. Oberstes Ziel ist hier, eine größtmögliche Produktion pro Arbeitskraft zu erreichen, denn menschliche Arbeitskräfte sind knapp und teuer, während Land verfügbar ist.

Um die Steppengebiete agrarisch zu nutzen, muss eine ausreichende Versorgung mit Wasser gewährleistet sein. Das kann über den Niederschlag (Regenfeldbau), die Bewässerung (Bewässerungsfeldbau) oder besondere Anbaumethoden (Trockenfeldbau, Dry Farming) geschehen. Trockenfeldbau ist in der Regel jenseits der Trockengrenze anzutreffen. Besondere Bodenbearbeitungsmethoden und Fruchtfolgen sollen helfen, während der Brachezeit möglichst viel pflanzenverfügbares Bodenwasser anzusammeln, um in der Anbauzeit mangelnde Niederschläge und

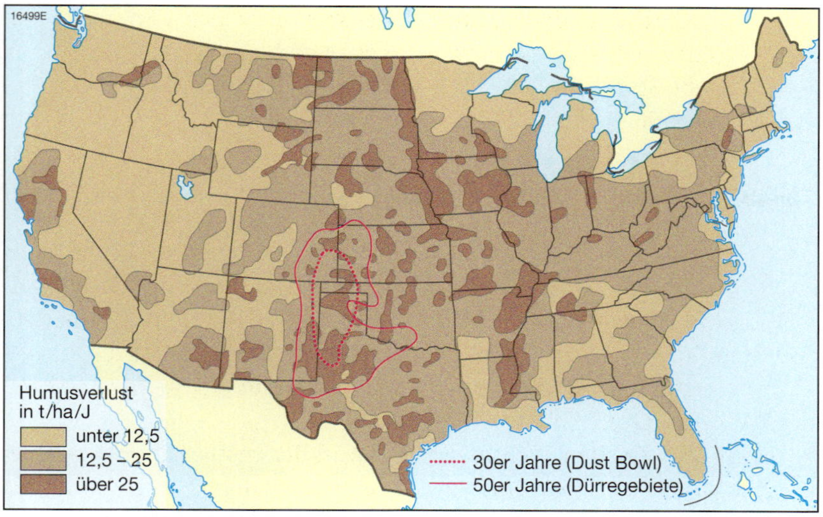

M 3: *Humusverlust in den nordamerikanischen Steppengebieten (in t / ha / Jahr)*

Bodenfeuchtigkeitsverluste auszugleichen. Zu den speziellen Methoden gehören zum Beispiel die Bodenbearbeitung nach Niederschlägen, um die Evaporation zu verringern, die mechanische Wildkräuterbekämpfung während der Schwarzbrache oder das No-Till-Verfahren. Hierbei wird der Boden vor der Saat nicht bearbeitet. Saatgut sowie Dünger werden gleichzeitig und direkt in das Stoppelfeld eingebracht. Die an Ort und Stelle belassenen Stoppeln erhalten die Bodenfeuchtigkeit und hemmen so die Winderosion deutlich.

Die ackerbauliche Nutzung der Übergangs- und Trockensteppen führen oft zu Deflationen und, in deren Folge, zu Flugsandfeldern und zu Dünen. In Zeiten anhaltender Dürre verursacht Winderosion auf den Feldern, wo die Aussaat verdorrt, erhebliche Bodenverluste, bis zu 74 Tonnen je Hektar und Jahr. Die Verluste waren etwa in den mittleren und südlichen Great Plains, hier vor allem in der sogenannten Dust-Bowl, besonders stark in den 1930er-Jahren. Dort trugen anhaltende Staubstürme („Black Blizzards") im Jahr 1935 schätzungsweise 850 Mio. Tonnen fruchtbaren Ackerbodens davon, zum Teil bis an die Atlantikküste. Insgesamt wurden fast 14 Mio. Hektar fruchtbares Ackerland geschädigt.

Neben der Winderosion führen die Abtragung durch Wasser sowie Versalzungserscheinungen zur Bodendegradation in den fragilen Steppen-

Schwarzbrache
Form der Brache, bei der das Feld mehrfach umgepflügt wird, um das Erdreich zu durchlüften und den Unkrautwuchs zu bekämpfen, bleibt ohne Bewuchs

Deflation (Sandflucht)
Auswehung des Sands durch den Wind

M 4: *Weizenfarm in Montana, USA*

M 1: *Winderosion in der Trockensteppe Südrusslands (Kulundasteppe) nach mehrfacher Bodenbearbeitung (Schwarzbrache im Sommer)*

ökosystemen. Die industrialisierte Landwirtschaft verstärkt diese Erscheinungen, da sie auf intensive Bewässerung, monokulturellen Anbau auf großen Flächen, hohen Einsatz von Düngemitteln, Pestiziden und Kapital sowie Massentierhaltung angewiesen ist. Die Symptome, Ursachen und Folgen, die mit dieser Form der Landwirtschaft verbunden sind, werden auch mit dem Begriff „Dust-Bowl-Syndrom" belegt. Hierbei wird die hohe Anfälligkeit gegenüber Wind- und Wassererosion durch Überbesatz und Überweidung, Bodenverdichtung durch schwere Landmaschinen, Bodenbelastung durch Überdüngung und Versalzung sowie Verlust an Fruchtbarkeit durch Tiefpflügen, Verbrennen des Weizenstrohs und monotone Fruchtfolgen ausgelöst.

Schon früh hat man versucht, das Ausmaß der Bodendegradation in den Steppengebieten durch eine angepasste Bodenbearbeitung zu verringern. Dazu zählen etwa das Strip Cropping, der Wechsel von Trockenbrache und Feldfrüchten unterschiedlicher Reifezeit, das Stubble Mulch Cropping, bei dem die Getreidestoppeln im Winter im Boden verbleiben und im Frühjahr untergepflügt werden, oder die Anwendung der Malzev-Methode: Statt den Boden zu pflügen, wird er durch flache Scheiben gelockert. Das zerstört die Kapillare und die Wurzeln der Wildkräuter, belässt aber die verdunstungs- und winderosionshemmenden Stoppeln an ihrem Platz.

1. *Begründen Sie, Weshalb die Bodenerosion in der Geoökozone den Steppen zu hoch ist.*
2. *Stellen Sie in einem Wirkungsgefüge Merkmale und Gegenmaßnahmen zum Dust-Bowl-Syndrom dar.*

M 2: *Bodenerosion in der Umgebung von Wauneta in Nebraska (Great Plains)*

2.3.3 Mongolisches Grasland

Die Geoökozone der Steppen und Kalten Wüsten bot mit ihrer Naturausstattung traditionell Lebensraum für schweifende Menschengruppen, die Tiere jagten oder weideten. In beiden Amerika wird hier heute Getreide produziert. In Asien scheint hingegen die Tradition der nomadischen Weidewirtschaft noch lebendig.

Dort, wo in den 1870er-Jahren in Nordamerika noch Indianer weidenden Büffelherden folgten und in Südamerika jagend und sammelnd durch die Pampa schweiften, herrscht heute intensive industrielle Landwirtschaft. In den Grassteppen Asiens – traditionell nomadischer Lebensraum – haben die zaristische Russifizierung sowie die sowjetische und chinesische Kollektivierung sowohl zu bäuerlicher und vor allem genossenschaftlicher Landwirtschaft als auch zu neuen Formen mobiler Tierhaltung geführt. In jüngerer Zeit unterliegen die weiten asiatischen Steppen der Transformationsländer erneuten Veränderungen. Am Beispiel der Mongolei seien diese Veränderungen in drei Phasen vorgestellt:

1. Tradition (vor 1921): Der größere nördliche Teil der Mongolei wird von einer nach Süden spärlicher werdenden Gras- und Staudenvegetation sowie stellenweise Waldinseln eingenommen. Bis zur Grenze im Süden herrscht Sandwüste mit vereinzelten Büschelgräsern und blattlosen Saksaulbüschen vor (M3). Wechsel von weiten Niederungen und sanft aufragenden Hügeln und Bergen sowie Gebirge von über 2 500 m im Westen und im Zentrum des Landes prägen die Oberfläche. Langandauernde kalte Winter mit extremen Kälteseen in den Niederungen wechseln mit nur kurzen warmen Sommerzeiten. Diese natürlichen Gegebenheiten waren ehemals einzig durch Nomadismus nutzbar (folgende Seite M2). Mehrere bemerkenswerte Tatsachen kennzeichnen diese traditionelle Phase:

- Auf bestimmte Herdentiere spezialisierte Verwandtschaftsgruppen legten lange, über Generationen bewährte Wanderungen zwischen Sommer-, Herbst-, Winter- und Frühjahrsweide zurück.
- Der Anteil der Nomaden an der Gesamtbevölkerung betrug zu Beginn der sozialistischen Phase circa 98 Prozent. Von der landwirtschaftlichen Nutzfläche waren über 90 Prozent Naturweide.

Mongolei	Deutschland
Fläche (qkm	
1 564 100	357 030
Einwohner	
2 515 000	82 516 000
Hauptstadt	
Ulan Bator	Berlin
760 077	3 387 828

M 3: *Vergleich Mongolei – Deutschland*

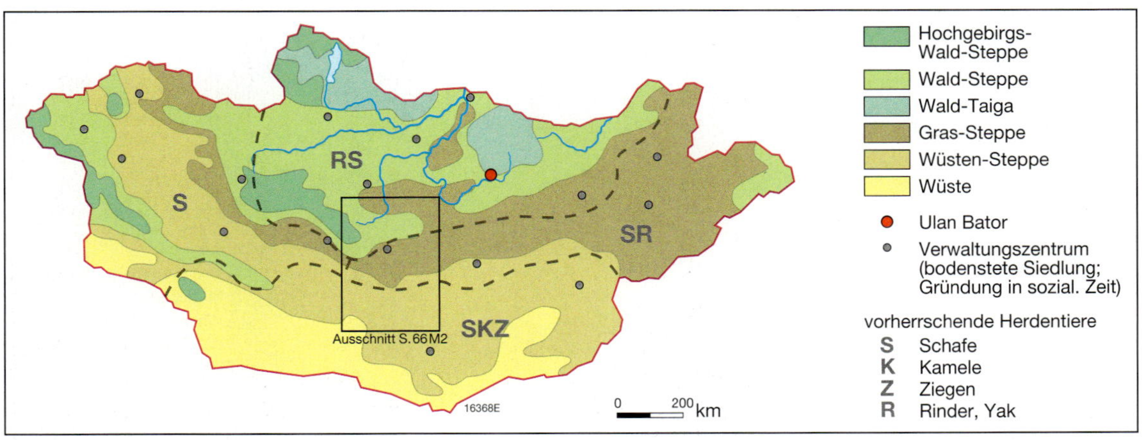

M 4: *Mongolei: Vegetationszonen und Verwaltungszentren*

M 1: *Yurten mit Ziegen und Yaks im Schneetreiben*

– Außer buddhistischen Klöstern und einigen Vierteln in der Hauptstadt Ulan Bator gab es traditionell keine bodensteten Behausungen und Siedlungen. Als Unterkunft herrschte die Jurte vor (M 1).

2. Sozialismus (1921–1990): Angesichts dieser Tatsachen überrascht es kaum, dass – im Unterschied zum Beispiel zu Kasachstan – die Verantwortlichen in der Mongolei bemüht waren, im Zuge der Sozialisierung den Nomadismus zu bewahren. Zwar unterlag er auch hier der Kollektivierung. Doch Unwissenheit und Widerstand der Betroffenen führten in den ersten anderthalb Jahrzehnten zu Missmanagement, zum Rückgang der Tierzahlen und wiederholt zu sozialen Unruhen. Daraufhin wurde die Kollektivierung zwar formal zurückgenommen. Die Herden blieben jedoch rechtlich Genossenschaftseigentum, während Haltung und Weide individueller, privater Initiative überantwortet wurden. Um die Tierproduktion zu verbessern, wurde die Forschung beauftragt, (1) landesweit ökologisch günstige Nutzungsräume auszuweisen, (2) lokal-ökologisch angepasste Herdenzusammensetzungen zu ermitteln, (3) Wanderungen nach produktionstechnischen Zielen festzulegen sowie (4) Beweidungsdauer und Bestockungsdichte vorzugeben (M 2b). Bald wurde auch der Weidegang kollektiven Hirtenbrigaden übertragen. Dadurch erübrigte sich die Wanderung der Familien. Sie konnten jetzt an zentralen Orten verweilen, die Kinder die Schule und die Alten die Wärmestuben besuchen.

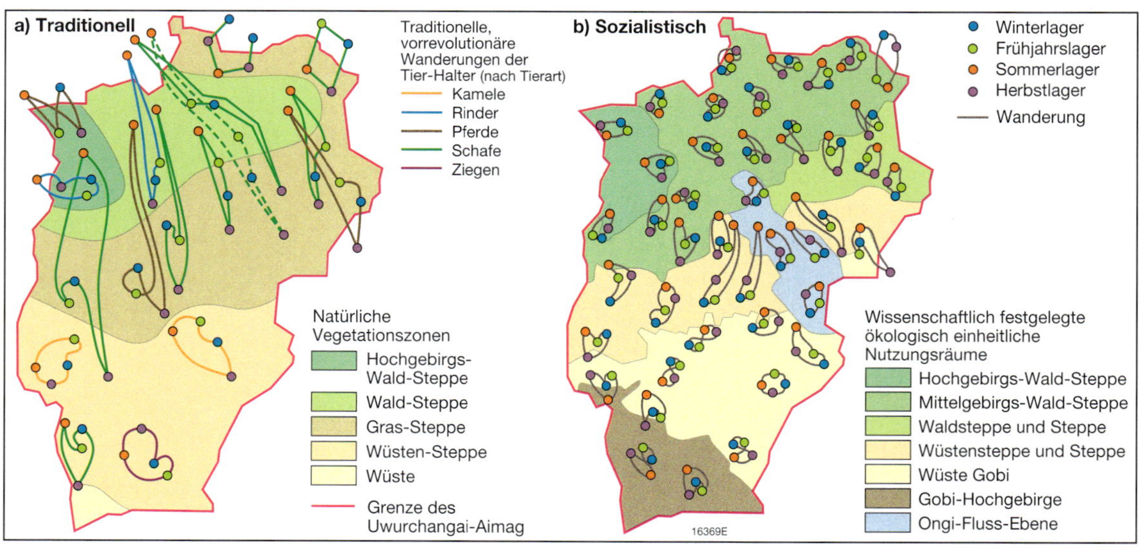

M 2: *Vor- und nachrevolutionäre Wanderung mobiler Tierhalter*

Überlagert wurde diese Entwicklung durch Neuerungen, die die sowjetische Hilfe ermöglichte:

- Erstmals wurden Industrie, Bergbau, Verwaltung, Schulen und Gesundheitswesen aufgebaut.
- Dörfliche und städtische Siedlungen (330 Distrikt-, 21 Provinzzentren, M3) wurden mit technischer und sozialer Infrastruktur angelegt (dazu gehörten Schulen, Krankenstationen, Winterunterkünfte für Alte und Kinder, Ställe und Pferche sowie Heudepots zur Überlebenssicherung der Tiere in extrem kalten Wintern).
- Ackerbaukollektive mit riesigen Feldflächen wurden gegründet sowie die stationäre Produktion von Tieren und Tiererzeugnissen erhöht und Organisationen für deren Vermarktung geschaffen.

M 3: *Verwaltungszentrum: Kraft- und Heizwerk (rechts), daneben Verwaltungsgebäude und Wohnblöcke, dahinter Wohnviertel aus Yurten*

Mit all diesen Maßnahmen entstanden erstmals in der Geschichte der Mongolei Arbeitsplätze außerhalb der Wanderviehwirtschaft. Sie waren bei den jungen mongolischen Nomaden (Araten) begehrt. Sie verließen nun auch den ländlichen Raum, zogen in die neu aufgebauten Siedlungen (Verwaltungszentren), erfuhren schulische und technische Bildung und lernten bisher völlig unbekannte Wohn- und Lebensformen sowie politisches Handeln kennen. Doch bemerkenswerterweise blieben sie mehrheitlich ihrer angestammten nomadischen Lebensweise treu.

3. Transformation (nach 1990): Diese Tatsache gewann an Bedeutung, als mit dem Zerfall des Sowjetreiches in der Mongolei die zentrale Plan- durch Marktwirtschaft und Privatisierung verdrängt wurde. So wurden nach 1991 zum Beispiel die ackerbaulichen und tierwirtschaftlichen Kollektive in private Genossenschaften überführt oder die Herden unter den ehemaligen Kolchosmitgliedern und deren städtischen Angehörigen aufgeteilt. Die Zahl der mobilen Tierhalter-Gruppen nahm rasch zu. Dadurch entstand Konkurrenz um die günstigen Weide- und Lagerplätze sowie um Absatzmärkte für Milch, Wolle und Tiere. Bald aber kauften kapitalkräftige Städter die Herden all der (neuen) Nomaden auf, die mit der plötzlich veränderten Situation nicht fertig wurden. Als neue Besitzlose verdingten sie sich hinfort als Lohnhirten bei den (städtischen) Großherdeneigentümern oder zogen in die ausgedehnten, ärmlichen Jurten-Lager Ulan Bators. Hier fristen sie mit den wenigen verbliebenen Tieren ein ärmliches Dasein. Besser gestellt sind jene Nomaden, die die Weiden in größerer Entfernung nutzen und noch den Zugang zu den städtischen Märkten sichern können. Die weiter entfernten, peripheren Weidegründe bleiben ungenutzt oder werden von den Familien aufgesucht, die nomadische Tierhaltung in dem weiten menschenleeren Grasland der Mongolei (noch) erfolgreich, aber materiell dürftig zu betreiben vermögen.

Privatisierung galt nach 1990 als „Zauberwort" für Wohlstand. So erhielt jeder Mongole einen gleichwertigen Gutschein (Voucher) vom Staat, den er gegen Produktionsmittel (z. B. Tiere, Transportgerät, Zugmaschinen usw.) eintauschen konnte. Viele Städter, Nachkommen von Nomaden und nach 1990 arbeitslos, erwarben Herdentiere. Wegen mangelnder Erfahrung mussten sie diese rasch wieder - wegen des großen Angebots billig – veräußern. Der geringe Erlös war bald erschöpft. Der soziale, materielle Abstieg war unvermeidbar.

Ähnliche Vorgänge sind seit den 1980er-Jahren in der Inneren Mongolei (China) und seit einigen Jahren auch in den mittelasiatischen Steppenländern zu beobachten. Vieles spricht dafür, dass mobile Tierhaltung als Existenzgrundlage in den Steppen Asiens auch in Zukunft eine wichtige Rolle spielen wird. Doch von Nomadismus im traditionellen Sinne kann nicht mehr gesprochen werden.

1. *Werten Sie die Materialien von 2.3.3 unter der Überschrift „Das mongolische Grasland – eine asiatische Grassteppe" aus.*
2. *Erstellen Sie eine Liste mit drei bis fünf Faktoren, die eher für a) den Individualraum und b) für die Geoökozone typisch sind.*

2.4 Geoökozone der Hartlaubgewächse

Die Hartlaubgewächse sind ideal an das Klima der Winter- und Immerfeuchten Subtropen angepasste immergrüne Pflanzen, die sich durch kleine, steife Blätter auszeichnen. Während für die Immerfeuchten Subtropen vor allem die Lorbeerwälder typisch sind, wird die Verbreitung des Ölbaums sogar zur Abgrenzung des mediterranen Teils der Winterfeuchten Subtropen herangezogen.

M 1: Quellentext zu den Ölbaumkulturen im Mittelmeerraum

Voth, A.: Der Ölbaum. Geographische Rundschau 7/2005

Polargrenze
durch klimatische Faktoren bestimmter Grenzsaum, in dem polwärts die Verbreitung von bestimmten Pflanzen, Tieren und Besiedlung etc. endet

Die Wildform des Ölbaumes (Oleaster) ist als Bestandteil der mediterranen Vegetation im Mittelmeerraum weit verbreitet, doch ist die Polargrenze des Olivenanbaus noch deutlich weiter nach Norden verschoben. Als Hartlaubgewächs ist der immergrüne Ölbaum bestens an das mediterrane Klima angepasst, auf die trocken-heißen Sommer ja sogar angewiesen. (…) Die räumliche Verbreitung des Ölbaumes wird oft zur Definition des Mittelmeerraumes verwendet. (…)

Schon zur Zeit des Römischen Reiches hatte der Olivenanbau etwa die weiträumige Verbreitung erreicht, die er heute aufweist, und Olivenöl war ein wichtiges Handelsgut. Eine Übertragung des Anbaus und der Konsumkultur in andere Gebiete der mediterranen Subtropen hat jedoch kaum stattgefunden. Nur in Kalifornien und Argentinien ist eine nennenswerte Produktion aufgebaut worden. (…) Der aktuelle Olivenanbau weist eine außerordentlich hohe räumliche Konzentration auf, auch innerhalb des Mittelmeerraumes. Spanien und Italien stellen zusammen über die Hälfte der Weltproduktion an Olivenöl, und bei den Tafeloliven tritt die Spitzenposition Spaniens sogar noch deutlicher hervor. Der Ölbaum ist eine wenig anspruchsvolle, aber arbeitsintensive, schwer mechanisierbare und äußerst langlebige Dauerkultur, die erst spät ihren vollen Ertrag erreicht, starke Ernteschwankungen aufweist und keine flexiblen Antworten auf Marktveränderungen zulässt. Dennoch bestehen in einigen Regionen kaum Nutzungsalternativen zum Ölbaum.

M 2: *Olivenhain in Spanien*

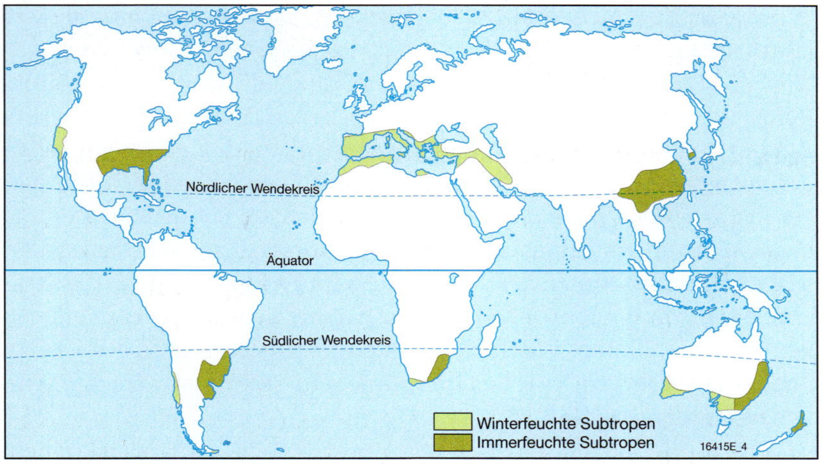

M 3: *Geoökozone der Hartlaubgewächse*

2.4.1 Naturraum: zwischen Überfluss und Mangel

Trockene und heiße Sommer sowie feuchte und frostfreie Winter sind charakteristische Merkmale Winterfeuchten Subtropen. Wegen der ungünstigen Niederschlagsverteilung ist hier trotz langer Sonnenscheindauer Landwirtschaft ohne zusätzliche Bewässerung nahezu unmöglich.

Zwischen den Wende- und Polarkreisen erstreckt sich solarklimatisch die Zone der Gemäßigten Breiten. Deren südlichen Teil nehmen die als warmgemäßigt bezeichneten Subtropen ein. Sie grenzen sich von den nördlich gelegenen Feuchten / Trockenen Mittelbreiten durch höhere Einstrahlungssummen und von den südlich gelegenen Tropisch / Subtropischen Trockengebieten durch einen ausgeprägteren Jahresgang der Temperatur ab.

Die Subtropenzone ist trotz ihrer geringen N-S-Erstreckung relativ heterogen ausgestattet. Der unterschiedliche Jahresgang von Niederschlag und Temperatur in ihr veranlasst zur Unterscheidung von drei Zonen. Das sind zum einen die subtropischen Trockengebiete mit voll- und semiariden Verhältnissen bei episodischen oder periodischen winterlichen Niederschlägen (Geoökozone der Wüsten und Halbwüsten), zum anderen die subtropischen Feuchtgebiete. Diese umfassen auf der Westseite der Kontinente die Winterfeuchten Subtropen mit Winterregen. Sie werden in Europa durch die Verbreitung des Olivenbaumes gekennzeichnet. Auf der Ostseite der Kontinente entsprechen ihnen die Immerfeuchten Subtropen mit einem ausgeprägten sommerzeitlichen Regenmaximum. Es wird durch auflandige Passatwinde mit hohen Stauniederschlägen verursacht. Auch können sommerzeitliche Hitzetiefs über dem Festland die regenreichen Passatwinde bis weit in die Kontinente hinein ansaugen.

Die feuchten subtropischen Zonen sind nicht durchgängig ausgebildet, sondern in mehrere isolierte Regionen aufgeteilt. Die folgenden Ausführungen werden sich auf die Winterfeuchten Subtropen konzentrieren, insbesondere auf den europäisch-mediterranen Teil. Hier herrscht eine Vegeation immergrüner Hartlaubgewächse vor, nach der diese Geoökozone hier benannt ist. Die ursprünglichen Hartlaubwälder sind durch die beständige menschliche Nutzung und wiederkehrende Brände in eine Hartlaub-Strauch- / Buschvegetation verwandelt worden.

Winterfeuchte Subtropen
auch Mediterrane Subtropen, Sommertrockene Subtropen, Winterregengebiete oder Etesienklimate

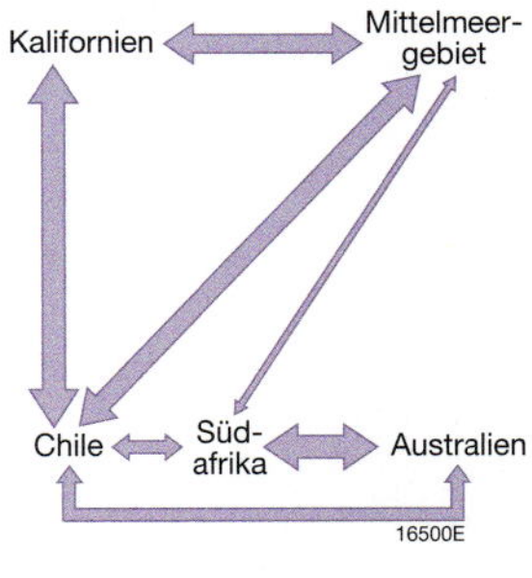

M 4: *Grad der Übereinstimmung zwischen den fünf weltweit voneinander isolierten Vorkommen der Winterfeuchten Subtropen. Je dicker der Pfeil, desto größer die Übereinstimmung. Bei dem Vergleich wurde u.a. auf Oberflächengestalt, Klima, Vegetation und Landnutzung eingegangen.*

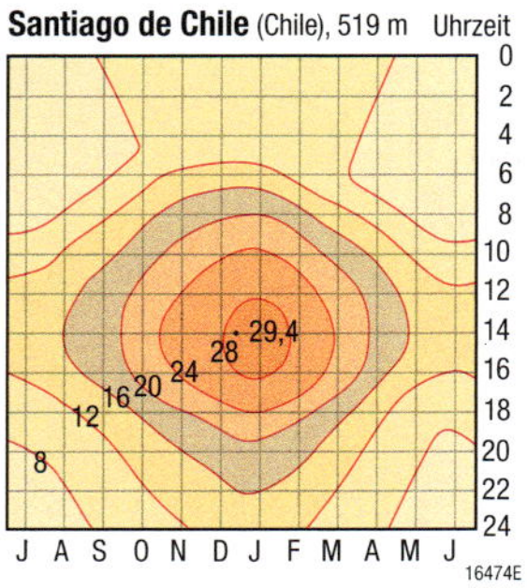

M 1: *Thermoisoplethendiagramm der Winterfeuchten Subtropen (Beispiel Santiago de Chile, Chile)*

Das Klima der Mediterranen Subtropen ist ein Übergangsklima. Je nach Jahreszeit wird es durch den subtropisch-randtropischen Hochdruckgürtel (vgl. 1.3.1) sowie durch die außertropische Westwindzone bestimmt. Damit wechseln die Bedingungen der Trockenen Subtropen und diejenigen der Feuchten Mittelbreiten miteinander ab. In den einzelnen Zellen des Hochdruckgürtels (z. B. im Azorenhoch) führt absinkende Luft zu starker Erwärmung, Wolkenauflösung und maximaler Sonneneinstrahlung bei hoher Sonnenscheindauer. Die Westwindzone dagegen bringt Niederschläge über die Fronten der durchziehenden Tiefdruckgebiete. Das Steuerungselement für den Wechsel ist die ITCZ, die sich in ihrer Lage mit den Jahreszeiten verändert. So kennzeichnen im Ergebnis warme bis heiße und überwiegend trockene Sommer sowie milde und relativ feuchte Winter das Mittelmeerklima.

1. Trotz der hohen Einstrahlungswerte als Folge der langen Sonnenscheindauer von mehr als 2 500 Stunden/Jahr lässt die Nähe zum ausgleichenden Meer selten mittlere Monatstemperaturen über 24 °C im Sommer zu. Lediglich in kontinental geprägten Räumen steigen sommerliche Temperaturen bis zu 40 °C und mehr an. Die relativ große Differenz der mittleren Jahresamplituden zwischen 10 °C und 26 °C ist auf die Lage der Teilräume zurückzuführen (z. B. Lissabon, Portugal: 11,4 °C, Urfa, Türkei: 26,6 °C). Obwohl in Meeresnähe die winterlichen Temperaturmittel der kältesten Monate über 5 °C liegen, treten Minustemperaturen auf, jedoch selten und kaum unter -5 °C. Temperatur- und Druckunterschiede auf engem Raum rufen zum Teil sehr heftige und für das Wirtschaftsleben der Mittelmeeranwohner bedeutsame lokale Winde wie den Mistral hervor.

Mistral

Nordwest-Wind durch das Rhônetal u.a. als Folge von Zufuhr polarer Meeresluft. Der häufig mit Sturmstärke auftretende kalte Mistral ist für Früh- und Spätfröste sowie für Austrocknung und Deflation verantwortlich.

2. Während die Temperaturen eine landwirtschaftliche Nutzung eher begünstigen, erweist sich der Jahresgang des Niederschlags als ein großes Hindernis. Zwar ist die jährliche Regenmenge mit derjenigen der Feuchten Mittelbreiten durchaus vergleichbar, allerdings führen kleinräumige Ausprägungen zu sehr starken Unterschieden. So erhalten zum Beispiel die Region im Leegebiet der Betischen Kordilleren (Spanien) mit weniger als 150 mm die geringsten und die süddalmatische Küste (Kroatien) in Luvlage mit mehr als 4 500 mm die höchsten Niederschläge in Europa. Bezüglich der Verteilung der Niederschläge über das gesamte Jahr sind neben der ausgeprägten sommerlichen Trockenheit, bei der es vorkommen kann, dass in drei Monaten kein Tropfen Regen fällt, vor allem die Niederschläge während des Winters (Dezember/Januar – Juni/Juli) charakteristisch. Regen- und Vegetationszeit fallen damit weitgehend auseinander.

Der Bodenwasserhaushalt verdeutlicht das wechselfeuchte Klima (M 4). In der feuchten Jahreszeit besteht überwiegend ein deutlicher Wasser-

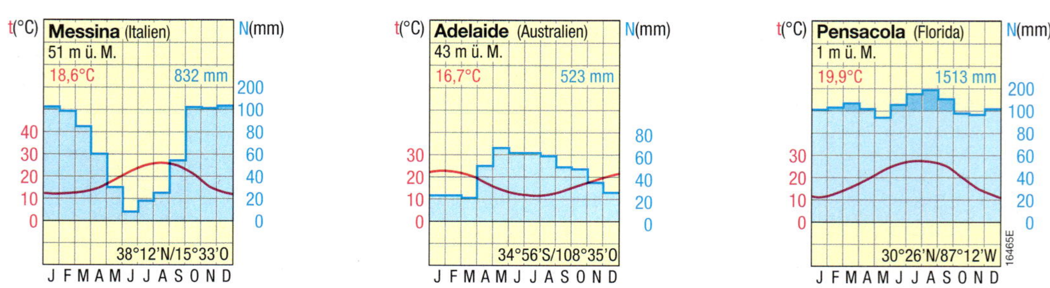

M 2: *Kilmadiagramme der Winter- und Immerfeuchten Subtropen*

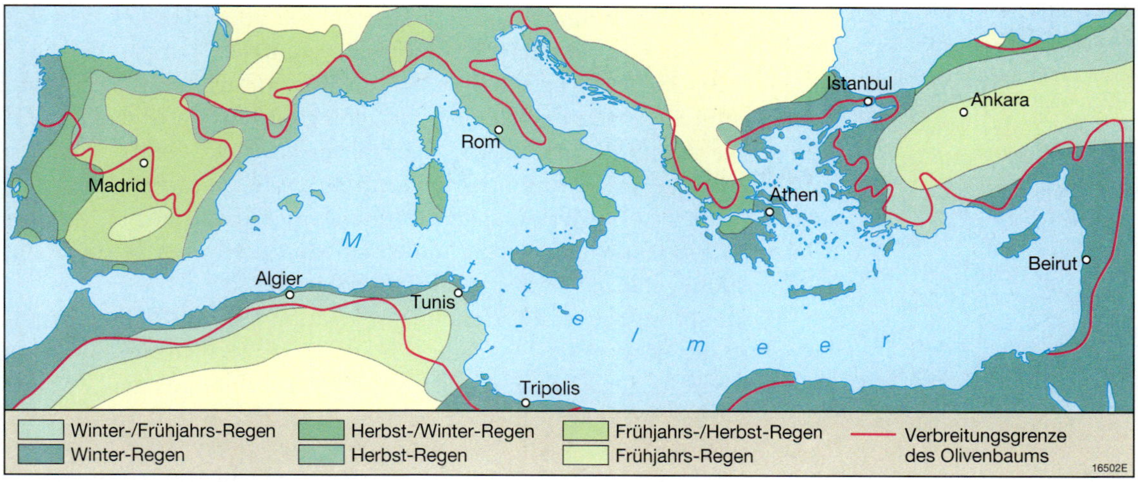

überschuss, der durch Abfluss weggeführt wird. Steigender Wasserbedarf der Pflanzen führt dann zum Abzug der im Boden gespeicherten Feuchtigkeit. Das Wasserdefizit vergrößert sich, und die Pflanzen verringern ihre Wassernutzung auf deutlich weniger als die optimale Menge. Übersteigt der Niederschlag wieder den Wasserbedarf, muss der Boden zuerst wieder Wasser speichern, bis der Speicherentzug ausgeglichen ist. Im Mittelmeerraum verteilt sich die Jahresniederschlagsmenge auf den Zeitraum zwischen Herbst und Frühjahr (M 3). Der Frühjahrsniederschlag in Hochanatolien und im Atlasgebirge ist auf Konvektionsregen als Folge der raschen Bodenerwärmung im Frühjahr, das zweimalige Maximum in weiten Teilen Spaniens und Frankreichs auf die jahreszeitliche Nord-Süd-Wanderung der ITCZ zurückzuführen.

Neben der jahreszeitlichen Verteilung des Niederschlags kennzeichnet auch eine relativ hohe Niederschlagsvariabilität das Mittelmeerklima. Auch die Art des Niederschlags ist für die traditionelle Landwirtschaft von großer Bedeutung. Vorherrschend ist der Landregen. Aber auch Starkregen sind typisch für die Region. Sie können als Folge horizontaler (Zyklonen) oder im Zusammenhang mit Wärmegewittern als Folge vertikaler (thermischer) Luftbewegungen und Temperaturveränderungen auftreten. Zusammen mit geologisch jungen Gesteinen führen die sintflutartigen Regenfälle zu einer starken linien- („Rinnenspülung") und flächenhaften Erosion („Spüldenudation"), vor allen Dingen an Hängen, und verstärken so die Bodendegradation.

3. Die Bodenbildung als Ergebnis physikalischer und chemischer Verwitterung vollzieht sich im Mittelmeerraum wegen der sommerlichen Trockenheit und des bis zu über 70 °C heißen Bodenklimas nur sehr langsam. Trotz der Vielzahl kleinflächig auftretender Böden überwiegen hell- bis braunrote Böden. Diese häufig Terra Rossa genannten Böden weisen in feuchten Gebieten Verbraunung und Tonverlagerung auf. Als zonale Böden der Winterfeuchten Subtropen sind sie flachgründig und, bei einem hohen Anteil des Zweischichttonminerals Kaolinit und einem geringen Humusanteil, relativ nährstoffarm. Ausnahmen bilden solche Böden, die sich auf jungen, vulkanreichen Ablagerungen gebildet haben, oder Alluvialböden. Allerdings sind auch unter ihnen salzhaltige Böden vertreten, typisch für trockene Gebiete (vgl. 2.3.1). Der Salzgehalt wirkt sich einschränkend bis verhindernd auf eine landwirtschaftliche Nutzung aus.

M 3: *Die jahreszeitliche Verteilung der Niederschläge im Mittelmeerraum und das Verbreitungsgebiet des Ölbaums*

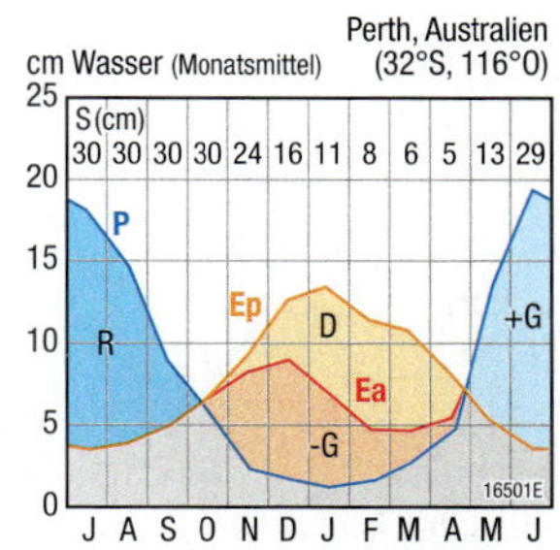

Jahres-Gesamtwerte (cm/m²)		
P	(Niederschlag)	91
Ep	(Wasserbedarf)	89
Ea	(Wassernutzung)	62
D	(Wasserdefizit)	27
R	(Überschuss)	28

M 4: *Bodenwasserhaushalt einer Station der Winterfeuchten Subtropen (Beispiel Perth, Australien)*

Niederschlagsvariabilität

Schwankungen des Jahresniederschlags in einer Region über einen längeren Zeitraum. Die Niederschlagsvariabilität beträgt im Mittelmeerraum bis zu 20 Prozent, d. h. 20 Prozent Niederschlag mehr in feuchten, 20 Prozent weniger in trockenen Jahren gegenüber dem langjährigen Mittel.

1. *Nennen und begründen Sie die aus dem Material resultierenden charakteristischen Merkmale des Mittelmeergebietes. Vergleichen Sie dazu u.a. M 2, S. 70 mit M 3, S. 106 (Tropen). Begründen Sie, weshalb das subtropische Winterregenklima auch als alternierendes Klima bezeichnet wird.*
2. *Erläutern Sie Vor- und Nachteile des Naturraums für eine landwirtschaftliche Nutzung.*

4. Unter den Bedingungen von Dürrestress, hoher Sonneneinstrahlung und eines Auseinanderklaffens von optimalen Temperatur- und Niederschlagsverhältnissen haben sich im Mittelmeerraum immergrüne Baum- und Straucharten mit einer ausgeprägten Hartblättrigkeit entwickelt. Die relativ dicken, steifen und an der Oberseite ledrigen Blätter reduzieren die Transpirationsverluste durch Schließen ihrer zahlreichen Spaltöffnungen. Die Wasserabgabe reduziert sich damit auf bis zu drei Prozent des maximalen Wertes. In den Höhenlagen traten an die Stelle der Hartlaubgehölze sommergrüne Laubhölzer.

Die ursprünglich vorherrschende Vegetation des westlichen Mittelmeerraumes bestand im Wesentlichen aus 15 bis 18 Metern hohen, geschlossenen Eichenwäldern (Kork-, vor allem aber Steineichen). Weiter kontinenteinwärts dagegen wuchsen vornehmlich Nadelhölzer wie Aleppokiefer, Wacholder und andere Zypressengewächse.

M 1: *Garrigue-Landschaft an der Calanque-Küste, Provence, Frankreich*

Durch Übernutzung ist der ursprüngliche Wald stark degradiert. Heute kommen die Hartlaubgewächse überwiegend in Form von Sträuchern und Zwergsträuchern vor. Dazu zählen die mediterrane Macchie, eine zwei bis vier Meter hohe, sehr dichte Hartlaubgbuschvegetation, die vereinzelt von kleinen Bäumen überragt wird, sowie die Garrigue (Phrygana in Griechenland oder auf Kreta). Dabei handelt es sich um eine weit verbreitete, sehr artenreiche, klein- oder niederwüchsige Hartlaub-Strauchformation, die oft sehr felsige oder extrem trockene Gebiete einnimmt. Auch reine Rasengesellschaften als Endstadien der Degradierung sind anzutreffen. Die pflanzliche Stoffproduktion (M 2) der mediterranen Hartlaubwälder entspricht etwa derjenigen der Borealen Nadelwälder. Der relativ hohe Streuanfall wird wegen der Langlebigkeit der Blätter und der Sommertrockenheit trotz der ganzjährig relativ hohen Temperaturen nur sehr langsam zersetzt.

In den heißen Sommern kommt es immer wieder zu verheerenden Wald- und Buschbränden. Jedes Jahr werden riesige Flächen rund um das Mittelmeer, man schätzt rund 800 000 ha, ein Raub der Flammen. Experten gehen davon aus, dass 95 Prozent aller Brände von Menschen verursacht werden – bewusst, fahrlässig oder unbewusst. Durch die weitflächige Zerstörung von Fauna und Flora stellen die Brände eine Bedrohung des Geoökosystems dar.

	Immergrüner Eichenwald (Frankreich)	Garrigue (Frankreich)	Phrygana (Griechenland)
Pflanzenhöhe (in m)	11	~1	<1
Phytomasse (in t/ha)	319	+70	27
Primärproduktion (in t/ha/Jahr)	6,5	3,4	4,1
Davon oberirdischer Zuwachs	2,6	1,1	2,0
Streufall	3,9	2,3	2,1

M 2: *Phytomasse und Produktion der Winterfeuchten Tropen*

2.4.2 Kulturraum: Jahrtausende alt

Schon sehr früh entwickelten sich in der Mittelmeerregion Hochkulturen. Es gibt kaum einen vergleichbaren Raum auf der Welt, wo sozioökonomische, weltanschauliche und politische Einstellungen, vor allem aber naturräumliche Gegensätze, auf engstem Raum so hart aufeinanderstießen wie hier. Aus der zentralen Position in der Alten Welt geriet das Mittelmeergebiet mit der Neuzeit und bis heute aber in eine Randlage.

Seit vielen Jahrtausenden sind Ackerbau und Kleinviehhaltung integraler Bestandteil der mediterranen Kultur. Von Anfang an haben die Bauern versucht, sich den Bedingungen des Klimas und Reliefs anzupassen und Techniken zu entwickeln, das Hauptproblem, die sommerliche Trockenheit, zu überwinden. Dies geschah zum einen mit Hilfe des Trocken-, zum anderen mit Hilfe des Bewässerungsfeldbaus. Den mittelmeerischen Trockenfeldbau kennzeichnen im Wesentlichen drei Leitkulturen: Getreide, (z.B. Winterweizen oder Gerste), Oliven und Wein. Jede begegnet der Sommertrockenheit auf unterschiedliche Art.

Der Weizen kann bereits im feuchten Herbst gesät, im Spätwinter und Frühjahr heranreifen und im Sommer, vor der Trockenzeit, geerntet werden. Ursprünglich folgten auf ein Jahr Getreidebau zwei Brachejahre, wobei das erste in der Regel eine Grünbrache (Naturkräuter als Viehweide), das zweite eine Schwarzbrache (vgl. 2.3.2) war. Heute überwiegen Zweifeldersysteme mit einem Wechsel zwischen Halm- und Blattfrüchten.

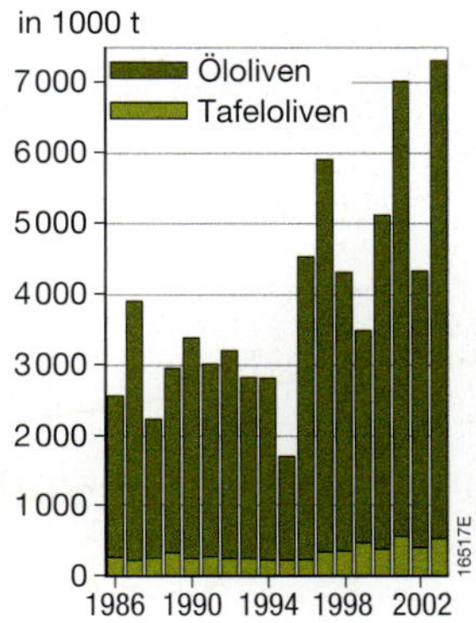

M 3: *Entwicklung der Olivenproduktion in Spanien*

Eine weitere charakteristische Pflanze ist die bereits in prähistorischer Zeit kultivierte Weinrebe. Sie treibt im Frühjahr aus; ihre Hauptwachstumszeit ist im Sommer. Dessen Trockenheit überwindet sie bei vollem Blattbehalt durch tief reichende, bis zu sieben Metern lange Wurzeln und einen entsprechend großen Abstand zur Nachbarpflanze. Die lichte Anbauweise lässt Platz für Unterkulturen wie Gemüse.

Die Leitkultur par excellence des mediterranen Raums ist der Olivenbaum (vgl. 2.4). Er hat sich rund um das Mittelmeer ausgedehnt. Er blüht im Mai, und seine Hauptwachstumszeit dauert von April bis Juni. Der sommerlichen Trockenheit begegnet der Ölbaum zum einen durch ein tief reichendes, mächtiges Wurzelwerk, zum anderen durch seine kleinen hartlaubigen sowie wachsüberzogenen Blätter und eine dicke Borke.

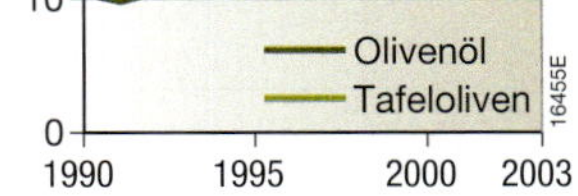

M 4: *Zunahme des Konsums von Olivenöl und Tafeloliven in Deutschland*

Die oben genannten Anbaufrüchte treten heute fast ausschließlich in Reinkultur auf. Früher war, bei Niederschlägen ab etwa 500 mm, die Mischkultur (span. „cultivo asociado", ital. „cultura mista") weit verbreitet. Dabei traten zum Beispiel Hackfrüchte, Oliven, Wein, Getreide oder Obstbäume in einer Art Stockwerksbau zusammen auf. Dies war möglich, weil die Pflanzen sehr unterschiedlich lange Wurzeln hatten. Hoher Arbeitsaufwand und schwere Arbeit bei nur begrenzt möglichem Maschineneinsatz ließen die Mischkultur in den europäischen Ländern immer mehr verschwinden. In den durch niedrige Löhne, hohes Bevölkerungswachstum und Landmangel gekennzeichneten arabischen Mittelmeerländern dagegen findet sich der Ölbaum in Mischkultur noch relativ häufig.

Die sicherste Lösung, die sommerliche Trockenheit zu überwinden, stellt die Zufuhr durch Wasser im Bewässerungsfeldbau dar. Mit Hilfe des Wassers wird die Energie der sommerlichen Einstrahlung optimal

1. *Nennen Sie vier charakteristische Kulturpflanzen der Mediterranen Subtropen.*
2. *Informieren Sie sich zusätzlich (Fachzeitschriften, Internet) und fassen Sie zusammen, a) wie die Pflanzen bzw. die Bauern auf die Trennung von hygrischen und thermischen Gunstzeiten reagieren sowie b) welche sozioökonomische Bedeutung die Pflanzen haben.*

M 1: *„Plastic City" in der Nähe von Motril, Spanien*

in die Produktion von Phytomasse umgesetzt und die überdurchschnittliche pflanzliche Primärproduktion durch mehrere Ernten ausgenutzt. Mit Hilfe der Bewässerung konnten auch fremdländische Pflanzen, deren Hauptvegetationszeit der Sommer ist, im Mittelmeerraum heimisch werden. Dazu zählen in erster Linie die Agrumen (Zitrusfrüchte), die aus dem immerfeuchten und sehr warmen Klima Südchinas stammen. Ähnlich wie die aus dem nördlichen China „importierten" Pfirsich- und Aprikosenbäume können sie nur im Bewässerungsfeldbau angebaut werden. Wegen ihrer wirtschaftlichen Bedeutung haben sich die Agrumen zu einer weiteren, für den Mittelmeerraum charakteristischen Kultur entwickelt.

Auf der Grundlage der künstlichen Bewässerung hat sich in dem kleingekammerten mediterranen Raum eine sehr intensive, häufig im Stockwerkbau betriebene, gartenähnliche Intensivlandwirtschaft mit Obst-, Gemüse- und Sonderkulturanbau herausgebildet, die, je nach Region, als Vega (arab.), Huerta (span.) oder Giardino (ital.) bezeichnet wird. Hier wachsen zahlreiche Früchte, die aufgrund des früheren Reifetermins von bis zu zwei Monaten gegenüber weiter nördlich gelegenen Produktionsgebieten von großer wirtschaftlicher Bedeutung sind. Sie werden in großen Mengen in die übrigen europäischen Länder exportiert. Die ursprüngliche Polykultur der Huertas mit mehreren, aufeinander folgenden Anbaukulturen pro Jahr wird seit einer Reihe von Jahren durch einen großflächigen Anbau bei steigendem Maschinen-, Dünger- und Kapitaleinsatz abgelöst. Außerdem hat die verstärkte Nachfrage nach Gemüse im Winter und Frühjahr (z. B. Paprika, Tomaten, Gurken) zu der Installation von Plastiküberdachungen geführt (M 1). Diese reichen von einfach auf dem Boden aufliegenden Plastikplanen mit einer Öffnung je Pflanze bis zu begehbaren und in der Regel unbeheizten Gewächshäusern.Die bei der Bewässerung eingesetzten Wassermengen sind sehr hoch (M 2). Obstbaumkulturen zum Beispiel brauchen pro Jahr und Hektar durchschnittlich 7 000 m³. Seit Beginn des 20. Jahrhunderts hat sich der Wasserverbrauch in der Landwirtschaft verdoppelt. Hinzu kommen eine geringe Effizienz der Bewässerungstechnik und ein illegaler Brunnenbau für die künstliche Bewässerung Tausender Hektar Ackerfläche. Allein in Spanien wird eine Fläche so groß wie Brandenburg künstlich bewässert.

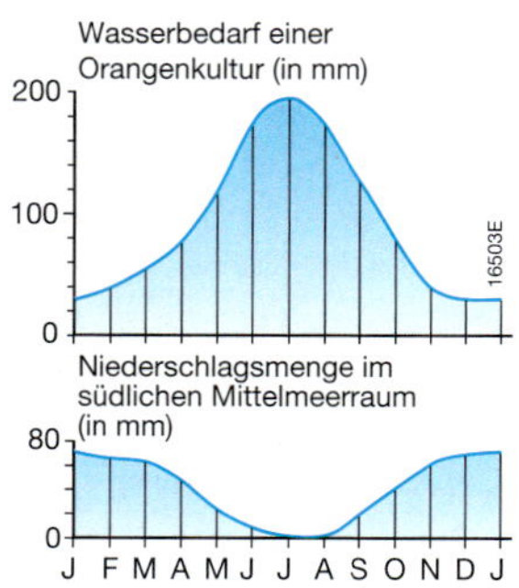

M 2: *Wasserbedarf einer Orangenkultur im Vergleich zur Niederschlagsmenge im südlichen Mittelmeerraum*

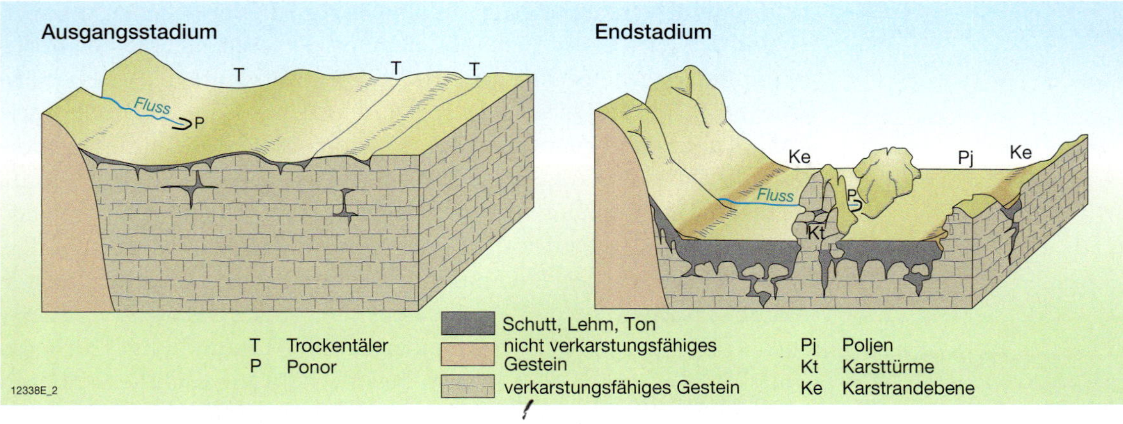

M 3: *Karst – typisch für die Winterfeuchten Tropen*

Eine ortsfeste Viehwirtschaft war im Mittelmeergebiet wegen des sommerlichen Futtermangels kaum ausgeprägt. Sie war gebietsweise ersetzt durch eine Art der Wanderviehwirtschaft, die bis in die Römerzeit zurückreicht und bei der im Sommer die feuchten Gebirgs- und Bergländer, im Winter die tiefer gelegenen Regionen bis hin zu den Küstenebenen mit ihren zahlreichen Stoppelfeldern von den Schaft- und Ziegenherden aufgesucht wurden. Diese Form der Weidewirtschaft (Transhumanz) erstreckte sich über große Distanzen, bei der das Vieh von einem Hirten geführt wird. Heute tritt die Transhumanz immer stärker zurück.

Jahrtausende alte Land- und Viehwirtschaft im Zusammenhang mit einem erosionsfördernden Klima und einem Pachtsystem, bei dem die Nutzer wenig Interesse an bodenverbessernden Maßnahmen hatten, führten zu einer steten Degradierung des Bodens. Ausgangspunkt ist häufig eine Schädigung der Vegetation durch Rodung oder Beweidung. Diese führt zu einer Erosion des seines Schutzes beraubten Bodens. Beispiel für Bodendegradierung und -zerstörung finden sich in den Badlands, großflächigen Erosionslandschaften, und den nackten Karstgebieten (M3). So bestehen etwa zehn Prozent der Fläche Griechenlands, Albaniens und der mediterranen Regionen Sloweniens und Kroatiens aus kahlem Fels.

Die traditionellen Betriebsformen im Mittelmeerraum gehen auf historische und sozioökonomische Gegebenheiten zurück. Kennzeichnend ist der Unterschied zwischen Groß- und Kleinbetrieb. Das Großeigentum

Transhumanz
Wanderviehwirtschaft mit jahreszeitlichem Wechsel der Weidegebiete zwischen Vorland und Gebirge. Das Vieh gehört ansässigen Bauern, deren abgeerntete Felder sie während der Wintersaison, in der die Tiere eingestallt sind, beweiden.

1. *Beschreiben und erklären Sie M 3 und M 4. Beziehen Sie den Rentenkapitalismus in Ihre Erklärung ein.*
2. *Nennen Sie jeweils zwei Merkmale, die die Winterfeuchten Subtropen von den Tropisch / Subtropischen Trockengebieten hinsichtlich Temperatur, Niederschlag, Böden, Vegetation und landwirtschaftlicher Nutzung unterscheiden.*

M 4: *Hirte mit Schafherde in der Nähe von Jericho, Westjordanland*

(Latifundium) geht auf die Zeit der Römer zurück. Der Bodeneigentümer lebte in der Regel in der Stadt (Absentismus). Er verpachtete seinen Besitz an zahlreiche Einzelpächter. Die Erträge, „Renten", wurden für die persönliche Lebensführung verbraucht. Sie wurden nicht wieder in den landwirtschaftlichen Betrieb reinvestiert (Rentenkapitalismus). Über viele Jahrhunderte hat dieses Wirtschaftssystem nicht nur die menschliche Arbeitskraft der Kleinpächter, sondern vor allem auch die natürlichen Grundlagen des Latifundiums ausgebeutet: Der Eigentümer wollte sein Geld nicht für den Erhalt der natürlichen Produktionsgrundlagen verwenden, der Pächter konnte es nicht.

M 1: *Wasser und Wassernutzer in Spanien*

Das Kleineigentum (Minifundium) ist in Form des selbst bewirtschafteten Familienbetriebes weit verbreitet. Etwa die Hälfte bis drei Viertel der Betriebe im südlichen Mittelmeergebiet ist unter fünf Hektar groß. Sie sind bis in die Gegenwart geprägt von einem flächen- und arbeitsintensiven Anbau mit mehreren Ernten pro Jahr und einer immer stärker auf den Markt ausgerichteten Produktion. Bewässerungsfeldbau mit europaweit nachgefragten Erzeugnissen garantiert ein gutes und geregeltes Einkommen.

Sonne und Trockenheit im Sommer bereiten Landwirten zwar Sorgen und Probleme, sind aber für Millionen von Touristen ein Hauptgrund, die Region um das Mittelmeer aufzusuchen. Mit Einsetzen des Massentourismus seit den 1950er-Jahren hat sich die „europäische Badewanne" zu dem weltweit beliebtesten Touristenziel entwickelt. Jährlich über 150 Millionen Urlauber bringen Devisen und schaffen Beschäftigungs- und Entwicklungsmöglichkeiten. Auf der andren Seite führt der Tourismus zu einem Verlust an intakten natürlichen Lebensräumen (z. B. Überbauung natürlicher Sanddünen) und ökologischen Problemen (z. B. Wasserbedarf) sowie zu einer Konkurrenzsituation mit der Landwirtschaft.

M 2: Quellentext zu den ökologischen Folgen des Tourismus

Wagner, H.-G.: Mittelmeerraum (2001)

Die touristische Bebauung belastet grundlegend und dauerhaft die ökologischen Grundlagen der Küstenlandschaften. Entscheidende Vorraussetzung für den uneingeschränkten Betrieb aller Fremdenverkehrsgebiete im Mittelmeerraum ist die Verfügbarkeit von Wasser. Der steigende Bedarf stößt aber sowohl in einigen nördlichen, vor allem aber in den südlichen und östlichen Tourismuszentren, an ein immer knapper werdendes Angebot. [Dafür sind] *geringe Niederschläge, deren große Schwankungen von Jahr zu Jahr, nur begrenzte Grundwasserneubildung und technische Probleme bei der Zuleitung aus einem größeren Einzugsgebiet verantwortlich. Außerdem greift die Entnahme von Wasser für touristische Zwecke in immer größere Tiefen vor. In Südtunesien wurden nach Übernutzung und Erschöpfung oberflächennaher Grundwasserkörper, die sich durch einsickernde Niederschläge langfristig noch erneuern können, bereits auch Tiefgrundwasserhorizonte mit hohen Anteil an fossilen Wässern aus der Pluvialzeit angezapft. Ihre Entnahmedefizite können unter gegenwärtigen Klimabedingungen nicht mehr ersetzt werde. Hier konkurriert der Tourismus mit der Bewässerungslandwirtschaft.*

2.4.3 Mediterranes Rhônedelta

Flussdeltas und verlandende Küstenhöfe sind in allen Geoökozonen anzutreffen. Für die Geoökozone der Hartlaubgewächse sind sie wegen ihrer geoökologischen Ausstattung und ökonomischen Inwertsetzung ein zwar besonderer, aber doch typischer Raumbestandteil.

Das Delta der Rhône, die Camargue, gehört zusammen mit den Mündungsgebieten von Po und Nil zu den größten Deltas der Erde. Während der würmeiszeitlichen Meeresspiegelabsenkung (ca. 100 m) dürfte die Küste des Deltas über 30 km südlich ihres heutigen Verlaufs gelegen haben. Seit Ende der letzten Vereisung unterlag die Küstenzone des von Grand Rhône und Petit Rhône aufgeschütteten Schwemmlandes ständigen Veränderungen. Sie werden durch die Ost-West-gerichtete küstenparallele Meeresströmung mit erodierender und sedimentierender Wirkung verursacht. Dadurch wird das Delta aber nicht vergrößert. Vielmehr findet eine Ost-West-Verlagerung der Rhône-Sedimente statt, die sich in Anlandungszungen und Strandwällen mit hohen Dünen niederschlagen.

Küstenhöfe
Maremmen in Italien, Huertas / Vegas in Spanien; ehemalige Buchten, die zum Meer hin durch Strandwälle zu Lagunen und Sumpfgebieten abgegrenzt wurden und der Verlandung unterliegen.

Dominierender Gestaltungsfaktor des Deltas sind die breiten Uferwälle von Grand und Petit Rhône. Sie ließen im nördlichen Teil, der Haute Camargue, ein enges Nebeneinander von leicht erhöhten Ackerflächen und Resten niederer Sumpfgebiete entstehen. Südwärts heben sie sich als breiter Streifen ackerbaulicher Nutzung von den dazwischen liegenden Sumpfflächen (Marais) und Seen (Etang) der zentralen Basse Camargue ab. Im küstennahen Teil, wo sich Erosion und Anlandung abspielen, wird das Delta von Strandwällen mit Dünen eingenommen. Dahinter reihen sich mehrere ältere Strandwälle mit halophytischer Vegetation landeinwärts auf. Dazwischen sind verlandende Lagunen (Strandseen) und Sumpfgebiete eingeschaltet. Die Nordumrandung des Deltas bilden der Gebirgszug der Alpilles (Nordosten) zusammen mit der ackerbaulich intensiv genutzten Costiere (Nordwesten) und der baumlosen, weidewirtschaftlich verwerteten Le Crau (Osten), zwei von pleistozänen Schottern aufgebaute Terrassen.

Halophyten
Salz vertragende Pflanzen, die ökophysiologisch an einen hohen Salzgehalt im Bodenwasser und im Erdreich angepasst sind.

Wie in allen Deltas und Küstenhöfen der Hartlaubgewächse-Zone herrschen auch in der Camargue hohe sommerzeitliche Temperaturen (im Mittel über 23 °C, im Extrem 44 °C) und starke Winde (Mistral), die zusammen extreme Verdunstungswerte (bis 1 500 mm) verursachen. Darauf beruht eine für diese Zone typische Erscheinung, die Salzgewinnung aus Meerwasser. Salinen sind in allen Mittelmeeranrainerländern zu finden, besonders in Italien, Tunesien, Marokko und Spanien. Die größten befinden sich jedoch in Frankreichs Camargue.

In den Salinen wird im Frühjahr Meerwasser mit einem Salzgehalt von circa 29 g pro Liter in große, flache Becken gepumpt und der Verdunstung und damit der Salzanreicherung ausgesetzt. Nachdem dieser Prozess über mehrere Becken erfolgt und eine regelrechte Salzlauge entstanden ist, gelangt sie in kleine rechteckige Beete. Hier wird der Salzgehalt der Lauge auf 260 g pro Liter angereichert. In den Endbecken, wohin sie im August geleitet wird, findet die abschließende Auskristallisation und im September die Gewinnung des reinen, weißen Salzes statt. Salzgewinnung war ehemals eine reine Handarbeit, die die Existenz vieler Bewohner der Camargue sicherte. Seit den 1960er-Jahren wurden die

Salzgewinnung
Salz wird außer aus Meerwasser auch in Bergwerken als Steinsalz abgebaut, durch Einführen von Wasser in salzhaltiges Gestein als künstliche Sole zutage gefördert oder aus halophytischen Pflanzen durch Verbrennen und Herauslösen des Salzes aus der Asche gewonnen.

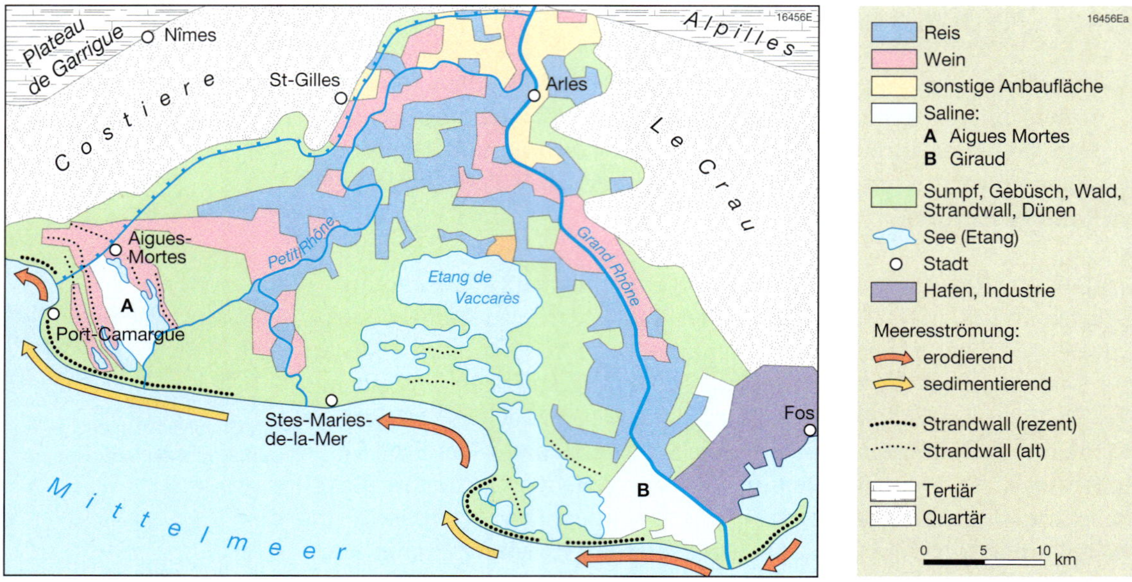

M 1: *Gegenwärtige Landnutzung der Camargue*

Sauniers (Salzbauern) durch die Mechanisierung (z. B. Planierung der Becken, Transport mit Förderbändern, Ernte und Verpackung des Salzes mit Maschinen) verdrängt.

Wenn in der Camargue die Salzgewinnung auch auf eine lange, ungebrochene Tradition zurückblicken kann, so erlebte die sonstige wirtschaftliche Nutzung des Deltas doch wiederkehrend Veränderungen, die sich bis ins Mittelalter zurückverfolgen lassen. In der Römerzeit soll in der Camargue eine „blühende Kulturlandschaft" bestanden haben, die jedoch seit dem 5. Jahrhundert durch die Überfälle der Sarazenen verfiel. Darauf wird auch der Misserfolg der seit dem 8. Jahrhundert durch mehrere Klöster (z. B. Montmajour, Psalmody) betriebene Wiedererschließung der Nutzflächen des Deltas zurückgeführt. Eine bleibende Nutzung setzte im 17. Jahrhundert ein. Vier Phasen sind dabei zu unterscheiden:

Physiokratie
Ökonomische Schule im Zeitalter der Aufklärung, die ausschließlich in der Nutzung der natürlichen Ressourcen eines Landes die Möglichkeit zu wirtschaftlichem Reichtum sah.

1. Die Weizenphase: In dem Maße, wie wohlhabende Bürger aus Arles, Montpellier und Marseille – dem physiokratischen Zeitgeist folgend – Land in der Camargue erwarben, setzte auf den Uferdämmen entlang der kleinen und großen Rhône marktorientiert der Weizenanbau und auf den Grasflächen die transhumante Schafhaltung ein. Die wegen der häufigen Überschwemmungen (nach 1850) vorgenommenen Eindeichungen hielten jedoch den fruchtbaren Überschwemmungsschlamm ab. Die Böden erschöpften sich rasch, und die Versalzung nahm zu. Der Weizenanbau wurde unmöglich, und die Produktion der Schafwolle verlor wegen der überseeischen Konkurrenz an Bedeutung.

2. Die Weinphase: Eine neue Chance eröffnete die Reblauskrise (um 1880). Da die Rebwurzel in den Sandböden der Camargue von dem Parasiten (Phylloxera) nicht befallen wurde, setzten die Eigner der großen Ländereien, wo zuvor Weizen kultiviert wurde, erfolgreich auf den Weinbau. Er ist bis heute auf allen höheren sandigen Standorten und insbesondere auch auf den Strandwällen südlich von Aigues Mortes erhalten. Wo immer es doch zur Versalzung kommt, wird mit Zufuhr von Süßwasser und mittels Drainagekanälen entgegengewirkt. In den großen Weingütern – mit fast 2 000 ha befindet sich hier die größte Kellerei Europas – ist die Mechanisierung fast vollständig und wirklich konsequent erfolgt.

M 2: *Rebanlagen auf den älteren Strandwällen von Listel*

M 3: *Salzgärten der Saline Aigues Mortes*

So gelangen zum Beispiel Maschinen zum Einsatz, die neun Rebzeilen gleichzeitig und pro Tag 70 t ernten können.

3. Die Reisphase: Der nach der Reblauskrise expandierende Weinanbau erstreckte sich aber auch auf weniger günstige Standorte, und wegen des hohen Grundwasserstandes war die Qualität des Weines gering. Als sich der französische Weinbau Anfang des 20. Jahrhunderts wieder erholte, reduzierten sich die Erwartungen der Weinphase. Doch die Landeigner der Camargue erschlossen sich mit Reis, dessen Import aus den Kolonien während des Zweiten Weltkrieges stagnierte, ein neues Anbaugewächs und sind heute mit fünf Prozent an der Reis-Produktion in Europa beteiligt. Sie konnten dabei auf die Erfahrungen in Italien (54 %), Spanien (26 %), Griechenland (9 %) und Portugal (6 %) zurückgreifen. In der Camargue ist Reis das verbreiteteste Anbaugewächs, das, bei schwankendem Erfolg in den 1970er-Jahren, heute circa 20 000 ha bedeckt. Die Feldarbeit ist ebenfalls fast vollständig mechanisiert. Der Reis wird nicht, wie gemeinhin aus Südostasien bekannt, in Einzelpflanzen ausgesetzt (Tupfanbau), sondern mit Maschinen ausgesät. Die wichtigste Arbeit besteht jedoch in der Herstellung völlig ebener und horizontaler Felder, um eine regelmäßige Wasserverteilung zu erzielen. Um rentabel zu wirtschaften, müssen die planierten, beckenartig umwallten, durch Kanäle mit dem notwendigen Süßwasser versorgten und maschinell bewirtschafteten Felder auch eine Größe von mindestens zwei ha betragen. Die Region der Reisfelder zeichnet sich daher durch große Horizontalerstreckung aus.

4. Die Tourismus-Industriephase: Seit Mitte der 1960er-Jahre wurde die Strandzone der Camargue durch den Bau mehrerer Tourismus-Städte (z.B. La Grande Motte, Port Camargue) als Ferienziel erschlossen. Zur touristischen Attraktivität tragen aber auch die berühmten römischen / mittelalterlichen Stadtanlagen (z. B. Arles, Aigues Mortes, Les St^{es} Maries, St. Gilles), die weißen Wildpferde und die schwarzen Stiere, die provençalischen Stierkämpfe, die Naturreservate mit reicher Flora und Fauna sowie die langen Sandstrände mit Campingplätzen und Ferienhauskolonien bei.

Eine ganz andere Entwicklung spielt sich östlich der Mündung der Grand Rhône ab. Um Fos sur Mer ist aus einem kleinen Fischerdorf ein Industriegebiet in enger Verbindung zu Marseille entstanden. Aluminiumschmelzen, Raffinerien und chemische Betriebe nutzen hier die günstige Hafenlage und binnenländische Verkehrsanbindung sowie das staatliche Angebot an Fördermitteln, Flächen und Infrastruktur.

Nassreisanbau

Reis wird heute weltweit zu 80 Prozent als Nassreis angebaut (Alternativen: Trocken- und Bergreisanbau). Hierbei wird der Reis zunächst auf das trockene Feld ausgesät oder heutzutage meist als im Saatbeet gezogene Jungpflanze gesetzt. Das Feld wird geflutet, wenn die Pflanzen eine Höhe von 30 cm haben. Nach vier bis sechs Monaten wird das Feld trockengelegt und geerntet. In Süd-Europa und Amerika lohnt sich der Reisanbau nur bei Einsatz von Maschinen beim Setzen und Ernten.

1. *Werten Sie die Materialien von 2.4.3 unter der Überschrift „Die Camargue, ein mediterranes Flussdelta“ aus.*
2. *Erstellen Sie eine Liste mit drei bis fünf Faktoren, die eher für a) den Individualraum und b) für die Geoökozone typisch sind.*

2.5 Geoökozone der Heißen Wüsten und Halbwüsten

Hitze, Wassermangel und fehlende Vegetation machen die Wüsten und Halbwüsten der tropischen und subtropischen Trockengebiete zu einem Extremlebensraum. Einzig hoch angepasste Tiere und Pflanzen können diesen lebensfeindlichen Orten trotzen.

Die jährliche potenzielle Verdunstung ist in den Wüsten und Halbwüsten um ein Vielfaches höher als der Niederschlag. Mit zunehmender Trockenheit nimmt die Dauervegetation ab. In den Übergangs- und Randwüsten ist sie auf die wenigen Standorte konzentriert, wo Wasser in Vertiefungen zusammenfließt. In zentralen Wüstenbereichen mit weniger als 50 mm Niederschlag gibt es sie nur noch inselhaft, in der Extremwüste (extremen Vollwüste) fehlt sie ganz. Tier und Pflanze, aber auch der Mensch, sind in einer solchen Umgebung darauf angewiesen, Strategien gegen extreme Trockenheit, Hitze und Nahrungsmangel zu entwickeln.

M 1: Quellentext zur Anpassung der Dromedare an den Lebensraum Wüste
Pfefferle, E.: Hitzeresistent. Natürlich leben 1/2009

Das Dromedar ist so perfekt an den Extremlebensraum angepasst, dass es als das Wüstentier schlechthin gilt. Ata Allah – Gottesgabe – nennen die Beduinen ihren wichtigsten Begleiter, ohne den ein Überleben in der Wüste nie möglich gewesen wäre. (...) Die langen Beine und der lange Hals des Dromedars heben die lebenswichtigen Organe über die heißeste Luftschicht am Boden, die Nüstern können bei einem Sandsturm verschlossen werden, lange Wimpern und starker Tränenfluss schützen die Augen, und dichte Behaarung verhindert, dass Staub und Sand in die Gehörgänge dringen. Die dicken Lippen des genügsamen Spezialisten sind so unempfindlich, dass selbst die langen, spitzen Dornen der Akazien ihnen nichts anhaben. Sogar bei Temperaturen von 50 Grad kann ein Dromedar zwei Wochen lange Durststrecken überstehen. Kommt es dann aber an eine Wasserstelle, die es über eine Entfernung von bis zu 30 Kilometern wittert, pumpt es in wenigen Minuten bis zu 135 Liter in sich hinein. Gespeichert wird das Wasser in den roten Blutkörperchen, die sich um das 240-fache ihres Volumens ausdehnen können.

M 2: *Dromedare in der algerischen Sahara*

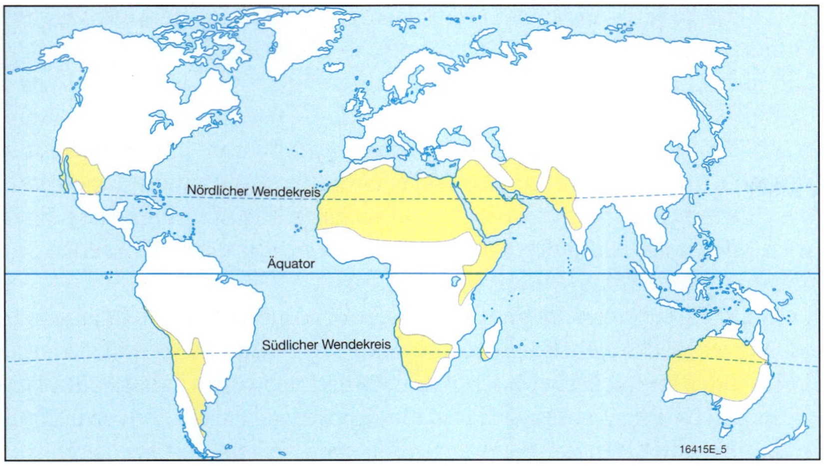

M 3: *Geoökozone der Heißen Wüsten und Halbwüsten*

2.5.1 Naturraum: heiß und trocken

In den Heißen Wüsten und Halbwüsten der Tropen und Subtropen sind Regenfälle höchst selten. Daher findet kaum Bodenbildung statt, und es kommt höchstens eine spärliche, artenarme Vegetation vor. Neben Wandertierhaltung ist nur in Oasen landwirtschaftliche Nutzung möglich.

Die Heißen Wüsten und Halbwüsten liegen etwa zwischen 15° und 35° nördlicher und südlicher Breite in den Tropen und Subtropen, während die Kalten Wüsten in den Trockenen Mittelbreiten verortet sind (vgl. 2.3). Als Wüsten (eigentlich von wüst = siedlungsleer) werden Gebiete bezeichnet, die aufgrund von Wärme, Trockenheit oder Kälte (polare Wüste) keine oder nur eine geringe Vegetation aufweisen. Das Wüstenklima zeichnet sich durch hohe Temperaturen mit extremen Tagesamplituden (nachts erheblicher Temperaturrückgang) und vor allem geringste Niederschlagsmengen bei hoher Verdunstung aus.

Der Definition nach beginnen Wüsten dort, wo Flächen auftreten, die keine Dauervegetation mehr haben. Je nach Anteil dieser Flächen spricht man von Extrem-, Kern-, Rand- und Halbwüsten (siehe M 7, S. 83). In den Extremwüsten fehlt jegliches pflanzliches Leben. Dennoch können nach Regen, die hier meist extrem heftig niedergehen, im Boden seit Jahren ruhende Pflanzensamen innerhalb kürzester Zeit keimen, wachsen, blühen und wieder keimfähige Samen für einen erneuten Regenguss produzieren. Dies ist auch darauf zurückzuführen, dass die Wüstenböden zwar sehr arm an organischer Substanz, jedoch durchaus fruchtbar sind.

In den Halbwüsten bedeckt die Dauervegetation definitionsgemäß weniger als die Hälfte des Bodens, ist insgesamt aber relativ gleichmäßig verteilt. Nach der Anpassungsfähigkeit der Pflanzen an das Wasser- und Bodenangebot treten verschiedene Halbwüstentypen auf, zum Beispiel die Sukkulenten-Halbwüste mit Wasser speichernden Pflanzen oder Halophyten-Halbwüsten mit Salzpflanzen.

Halbwüste
Übergangsraum, der zur (Voll-)Wüste hin durch zunehmenden Vegetations-, Niederschlags- und Bodenwassermangel geprägt ist

Aufgrund ihrer klimatisch bedingten Entstehungsweise (Passat-, Küsten- und Leewüsten) oder der Akkumulation bestimmter Verwitterungsrückstände (z. B. Fels-, Kies-, Geröll- oder Sandwüste) können des Weiteren verschiedene Wüstentypen unterschieden werden.

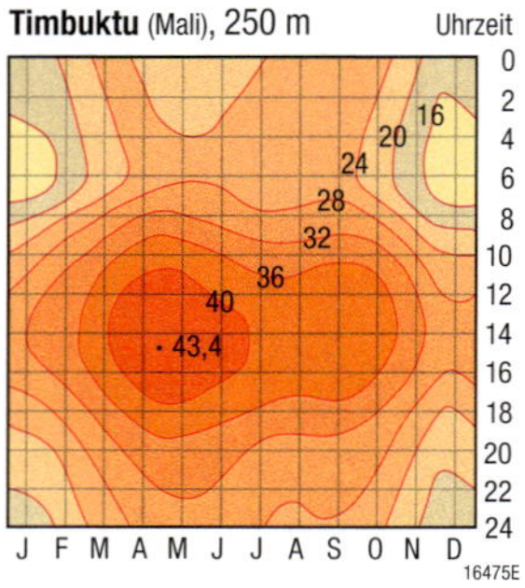

M 1: *Thermoisoplethendiagramm der tropischen Wüste (Beispiel Timbuktu, Mali)*

1. Die hohen Temperaturen in den Wüsten (M 1, M 3) lassen sich auf unterschiedliche Gründe zurückführen, so zum Beispiel die absinkenden und sich erwärmenden Luftmassen in den subtropisch-randtropischen Hochdruckzellen. Zusätzlich wird die Luft – wie etwa in der größten Wüste der Welt, der Sahara – durch die latente Wärme im Erdboden mit Temperaturen bis über 85 °C als Folge der hohen Insolation stark erhitzt. Das führt im Sommer zu den weltweit höchsten Tagestemperaturen, aber auch, wegen der fehlenden Wolkendecke, zu starker nächtlicher Auskühlung mit winterlichen Minustemperaturen.

2. Da die subtropisch-randtropischen Hochdruckzellen Ausgangspunkt der äquatorwärts wehenden Passate sind, nennt man diese Wüsten auch Passat- oder Wendekreiswüsten. Dazu zählen neben der Sahara zum Beispiel die Tharr (Indien) und die Große Sandwüste (Australien). Während in den Passatwüsten der geringe Niederschlag aus der Breitenlage resultiert, gibt es für andere Wüstentypen auch andere klimatische Gründe. So steigt an den Küstenwüsten, wie etwa der Atacama (Chile) und der Namib (Westafrika), durch ablandige Passate kaltes Meerwasser auf. Darüber kühlen die auf das Festland strömenden feuchten und warmen Luftmassen ab. Dabei kommt es zu Kondensation, bei der sich meist Nebel bildet (Nebelwüsten). Über dem warmen Festland löst sich die Feuchtigkeit des Nebels rasch auf, und es regnet nur sehr selten.

M 2: *Relative Luftfeuchtigkeit in Ghadamis, Libyen (in %)*

	Januar	April	Juli	Oktober	Jahr
5.30 Uhr	72	51	37	59	54
11.30 Uhr	45	26	17	30	28

Die seltenen und höchst variablen Niederschläge und die geringen Niederschlagsmengen sind der limitierende Faktor in den Wüsten und Halbwüsten. Dass selbst bei starker thermischer Konvektion wegen der hohen Sonneneinstrahlung und Erwärmung kaum Niederschläge fallen, ist auf die geringe Feuchte der Luft zurückzuführen: In den zentralen Bereichen der Wüsten ist sie extrem gering (< 40 %). Charakteristisch sind mittlere jährliche Regensummen von unter 150 mm und eine potenzielle Verdunstungsmenge von mehr als 2 000 mm. Derartige Mittelwerte sind aber relativ wenig aussagekräftig, weil sich aride Gebiete vor allem durch ihre große Niederschlagsvariabilität auszeichnen (> 40 % Abweichung vom Mittelwert). Die Schwankungen im Tageslauf sind ausschließlich thermisch bedingt (M 2). Kommen dennoch Niederschläge vor, sind sie in der Regel auf die Zufuhr feuchter Luftmassen zurückzuführen.

Der Bodenwasserhaushalt von Khartum (M 6) verdeutlicht die typische Situation des Wüstenklimas in der Sahara: Der jährliche Wasserbedarf ist

1. Begründen Sie die Existenz der sogenannten Passatwüsten im tropisch-randtropischen Bereich (vgl. auch Kapitel 1.3.1).

2. Nennen Sie die charakteristischen Merkmale der unterschiedlichen Wüstenklimate (M 3)

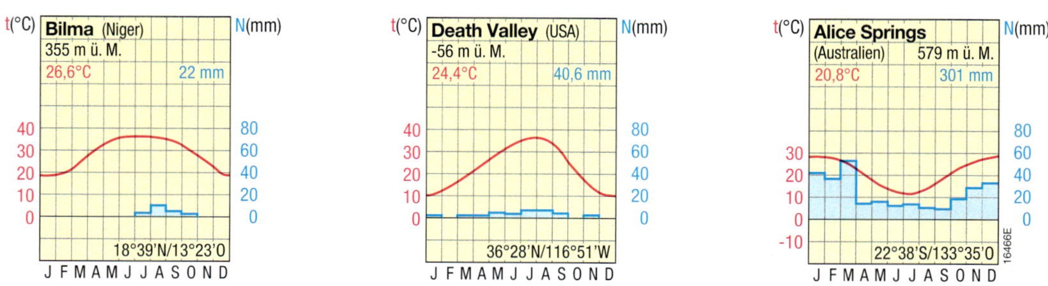

M 3: *Klimadiagramme der Heißen Wüsten und Halbwüsten*

M 4: *Hammada in Marokko*

M 5: *Randwüste in Nord-Niger*

bei einem deutlichen Jahreszyklus extrem hoch. Die Wassernutzung ist in jedem Monat so hoch wie der Niederschlag, weil bei der nicht vorhandenen Bodenwasserspeicherung kein Speicherentzug aus dem Boden stattfinden kann. Das Wasserdefizit ist so jeden Monat extrem hoch. Die geringen Regenmengen im Juli und August befeuchten nur für kurze Zeit die oberste Bodenschicht und erlauben nur wenigen Pflanzen das Überleben.

3. Aufgrund der extremen Trockenheit finden in Wüsten kaum chemische Verwitterung und Bodenbildung statt. Mit der Temperatur- und Salzverwitterung herrschen physikalische Verwitterungsformen vor, die zu Rohböden aus dem Schutt der anstehenden Gesteine führen. Nur in windgeschützten Gebieten und dort, wo sich kleinste Wassermengen sammeln, haben sich flachgründige und grobkörnige Böden entwickelt. Ihr Humusgehalt beträgt in der Regel weniger als 0,1 Prozent; in der Kernwüste lediglich 0,05 Prozent. Wegen der hohen Verdunstung (aufsteigender Wassertransport) ist der Oberboden in der Regel mineralstoffreich, vor allem mit leicht löslichen Salzen angereichert (Salzstress für Pflanzen).

Die mannigfaltigen Erscheinungsformen der Wüsten (M 7) sind in erster Linie darauf zurückzuführen, dass die Verwitterungsprodukte unterschiedlich durch Wind und Wasser fortgetragen werden. Je nach Bodenbeschaffenheit als Folge der Akkumulation von Verwitterungsrückständen ergeben sich so unterschiedliche Wüstenformen. Die Steinwüsten nehmen etwa neun Zehntel der Wüstenfläche ein. Zu ihnen zählen die Fels- oder Schuttwüsten (Hammada) sowie die Kies- und Geröllwüsten (Serir, Reg). In den großen Beckenlandschaften, wo sich der vom Wind ausgeblasene und abtransportierte (Deflation) oder über periodische

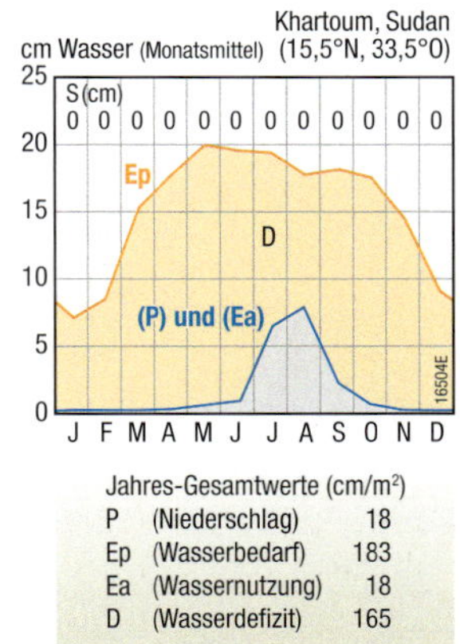

M 6: *Jahresgang eines Bodenwasserhaushalts in der Sahara (Beispiel Khartum, Sudan)*

1. *Vergleichen Sie die Klimadiagramme von Bilmar und Ksyl-Orda (M 2, S. 58)*

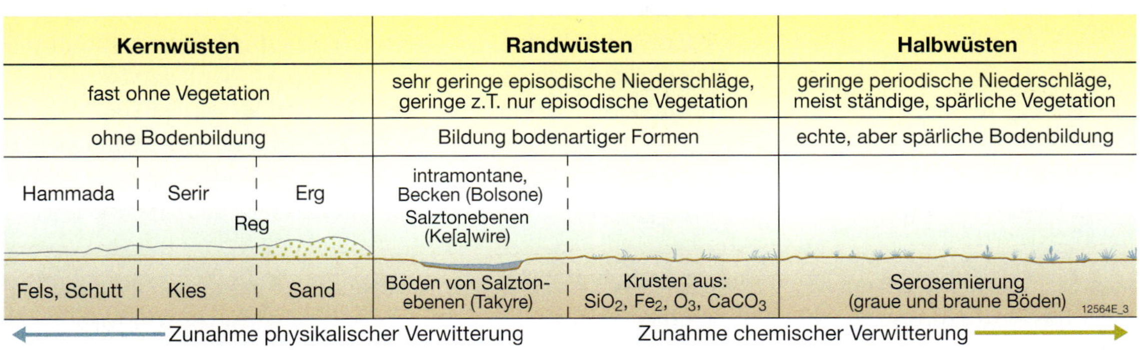

M 7: *Wandel von der Kern- zur Halbwüste*

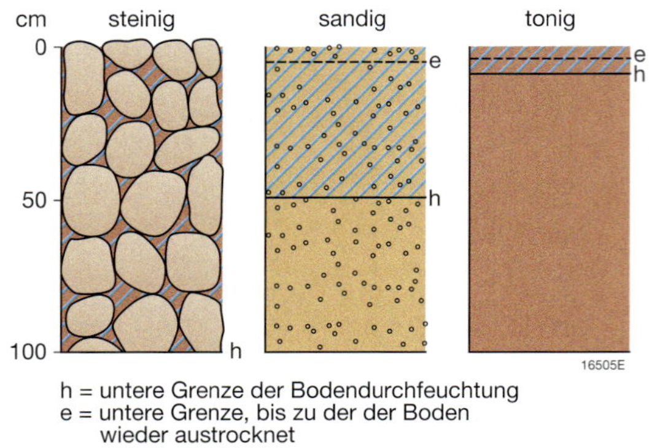

M 1: *Wasserspeichervermögen verschiedener Bodenarten nach einem Regen von 50 mm in ariden Gebieten*

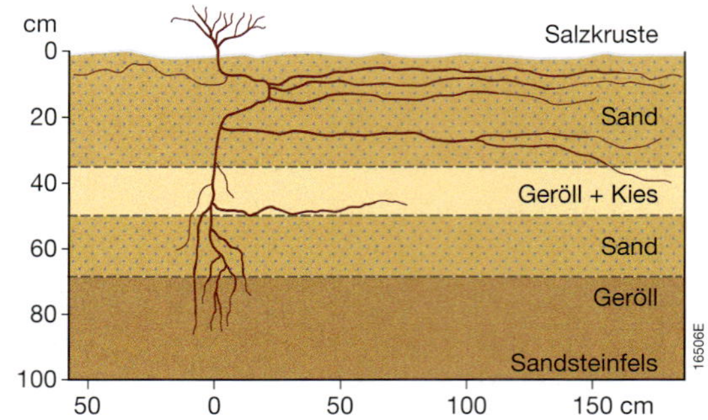

M 2: *Wüstenpflanze (Zygophyllum, Jochblatt), die ihre Wurzeln nach der Bodenschicht ausbildet*

Flüsse herantransportierte Sand (fluviatile Erosion) ablagert, entstehen die Sandwüsten (Erg) mit ihren typischen Dünen und Sandfeldern.

Die fluviatile Erosion ist aufgrund der nur spärlich vorhandenen Vegetation in der Wüste äußerst wirksam.So kann nach heftigen Niederschlägen Wasser flutartig von randlichen Gebirgen abfließen. Es sammelt sich in den jahrelang trockenen, kastenförmigen und meist aus vergangenen Pluvialzeiten stammenden Trockentälern und kann große Mengen an Sand, Kies und Gerölle transportieren. Häufig bauen solche nur episodisch mit Wasser gefüllten Wadis am Ausgang eines Tals oder einer Schlucht Schwemmfächer auf. Verdunstet das Wasser der Wadis in abflusslosen Becken, so bilden sich dort feste Salzkrusten. Daneben durchziehen auch Fremdlingsflüsse die Wüste, die aus fremden, niederschlagsreichen Gebieten kommen und das ganze Jahr über Wasser führen.

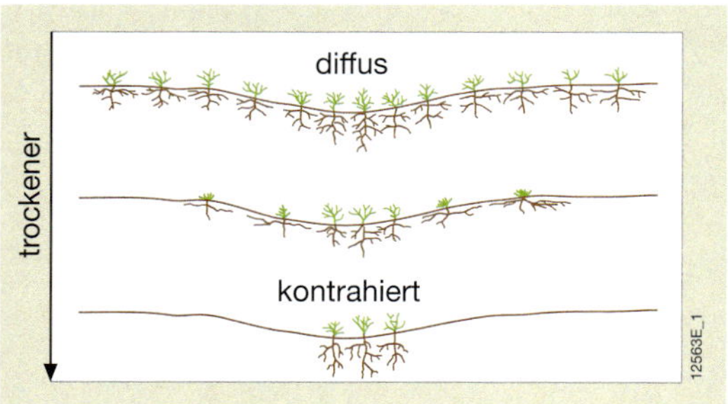

M 3: *Übergang von einer diffusen in eine kontrahierte Vegetation bei abnehmendem Niederschlag in ariden Gebieten*

4. Halbwüsten und Wüsten haben nur eine geringe oder keine Vegetation. Dieses hat neben dem Salzstress der Pflanzen in erster Linie mit der Dürre zu tun. Dabei ist weniger die absolute Höhe des Niederschlags als vielmehr das in den Boden eindringende und dort verbleibende Wasser von Bedeutung. Dieses Haftwasser ist abhängig vom Substrat. Dabei sind aufgrund des aufwärts gerichteten Bodenwassers und anders als in den humiden Regionen zum Beispiel der Steinboden vollständig und der Tonboden nur bis in eine geringe Tiefe durchfeuchtet (M 1).

Generell gilt, dass die Wüstenpflanzen die spärlichen Wassermengen über die Vegetationsdichte und das Wurzelsystem optimal ausnutzen. Mit abnehmendem Niederschlag konzentrieren sich die weit gestreut auftretenden Pflanzen an bestimmten Stellen wie Mulden, Senken oder Abflussrinnen (kontrahierte Vegetation), weil sich hier die wenige Feuchtigkeit sammelt (M 3). Um den Dürrestress zu bewältigen, haben die Pflanzen zudem unterschiedliche Anpassungsstrategien entwickelt. Dazu zählen die Entwicklung eines spezifischen Wurzelsystems (M 2), das Überwiegen des unterirdischen Teils der Phytomasse (Wurzelkonkurrenz um das Wasser in ariden an Stelle von Sprosskonkurrenz um das Licht in humiden Klimaregionen), ein sparsamer Verbrauch in Dürrezeiten (Sukkulenten), das Schließung der Spalten (Drosselung auf bis zu ein Prozent der maximalen Transpiration) und Salzverträglichkeit.

1. *Vergleichen Sie die Anpassungsstrategien zwischen Wüsten- und mediterranen Hartlaubpflanzen. Zeigen Sie auf, wo diesbezüglich der Unterschied zwischen einem Kaktus und einer Korkeiche ist.*

2.5.2 Kulturraum: Unter Extrembedingungen

Die traditionellen Formen des Lebens und Wirtschaftens in den Heißen Wüsten und Halbwüsten sind an Naturraum angepasst. (Halb)-Nomaden durchstreifen mit ihren Herden Trockengebiete auf der Suche nach Futter. In den Wüsten bilden einzig die Oasen punktuell Möglichkeiten für Sesshaftigkeit und einen intensiv praktizierten landwirtschaftlichen Anbau. Neuere Nutzungsformen befinden sich noch in einem Anfangsstadium.

Trotz der unwirtlichen Bedingungen haben Menschen die Geoökozone der Heißen Wüsten und Halbwüsten seit langer Zeit für sich erschlossen. Die traditionellen Lebens- und Wirtschaftsformen der Halb- und Randwüsten waren das Jagen und Sammeln. Sie waren an die Umwelt angepasst, und die Anzahl der Jäger und Sammler in den Kleingruppen ergab sich aus der Nahrungsgrundlage des durchstreiften Raumes. Heute sind diese traditionellen Formen, wie zum Beispiel bei den Nama in der Namib, den Buschleuten in der Kalahari (M4), den Aborigines in Australien oder einigen Indianerstämmen in den USA, kaum noch anzutreffen.

Eine weitere, weltweit und auch heute noch verbreitete Wirtschaftsform in den Halb- und Randwüsten ist die extensive Wanderweidewirtschaft. Sie findet auf unterschiedlichen, immer wieder benutzten Wanderrouten zwischen einzelnen Weidegebieten statt. Die Herden bestehen aus Kamelen, Ziegen und Schafen, in der Dornsavanne aus Rindern. Die nomadische Wirtschaftsform ist optimal an die naturräumlichen Bedingungen angepasst ist, vor allem an die jahreszeitlich stark wechselnden und regional unterschiedlich fallenden Niederschläge mit jahreszeitlichem Pflanzenwuchs. Die riesigen Flächen der Trockengebiete brauchen die Hirten zum einen wegen der geringen Produktion der Futtergräser, der spärlichen Pflanzendichte und der Variabilität der Niederschläge, zum anderen wegen der nötigen Ausweichgebiete in Trockenzeiten. Die Weideplätze befinden sich durchweg jenseits der agronomischen Trockengrenze. Dies ist ein Grenzsaum mit Niederschlägen zwischen 250 und 1 000 mm bei sehr hoher Verdunstung, bis zu dem Regenfeldbau

M 4: *Buschleute in der Kalahari auf der Jagd*

1. *Bewerten Sie die extensive Wanderweidewirtschaft hinsichtlich ihres Belastungspotenzials für den Naturraum.*

M 1: *Flächenbedarf pro Weidetier auf ariden und semiariden Naturweiden der Tropen*

Jahresniederschlag (in mm)	Erforderliche Fläche je GVE[1] (in ha)	Zahl der Rinder (pro 100 ha)
50 - 100	> 50	< 2
200 - 400	15 - 10	7 - 10
400 - 600	12 - 6	8 - 17

[1] GVE = Großvieheinheit = ein Rind oder fünf Schafe / Ziegen

gerade noch möglich ist, aber sehr hohe Risiken beinhaltet (Menge und Variabilität der Niederschläge, Erosion).

Die ökologisch sinnvolle extensive Wanderweidewirtschaft auf Naturweiden ist allerdings stark rückläufig. Zunehmende Flächenkonkurrenz, zum Beispiel mit dem auch in die Halbwüsten vordringenden Ackerbau auf künstlich bewässerten Flächen, sowie leichtere Lebensbedingungen in den dichter besiedelten Räumen lassen die Wanderbereitschaft sinken und führen zur Abwanderung vor allem jüngerer Männer. Zudem ergibt sich dort, wo die Bestockungsdichte (M 1) zum Beispiel wegen der reduzierten Weidegebiete oder der aufgrund erhöhter Fleischnachfrage angewachsenen Herden zu groß ist, die Gefahr der Überweidung mit anschließender Bodendegradation.

In den Halbwüsten Australiens, Patagoniens und Südafrikas ist das Großranching mit Wollschafen weit verbreitet. Bei etwa 100 mm Jahresniederschlag braucht man für 2 500 Schafe zwischen 25 000 und 50 000 ha Land. In Australiens Halbwüsten gibt es sogar Rinderhaltung. Um den regional sehr unterschiedlich fallenden Regen optimal zu nutzen, transportiert man auf riesigen Viehtransportern Rinderherden jeweils dorthin, wo Futter wächst. Diese sehr kapitalaufwändige Form der Wanderwirtschaft benötigt je Ranch Flächen bis zu 500 000 ha.

M 2: *Stockwerkanbau (unter den Dattelpalmen Mais, Zwiebeln, Luzerne und Paprika) in einer Oase am Wadi Sahtan, Oman*

Eine sesshafte Lebensweise ist in den Wüsten nur dort möglich, wo Wasser in ausreichendem Maße zur Verfügung steht. In den Oasen (griechisch-lateinisch „oasis" – „bewohnter Ort"), erreicht die pflanzliche Primärproduktion weltweit die höchsten Werte. Sie übertreffen diejenigen der tropischen Regenwälder um das Zwei- bis Dreifache. Im Bewässerungsfeldbau wird der begrenzte Boden der Oasen oft noch traditionell stockwerkartig und bei mehreren Ernten pro Jahr genutzt: Dattelpalmen bilden das oberste Stockwerk. Unter ihrem schützenden Blätterdach gedeihen häufig Obstbäume wie Zitrusfrüchte, Feigen, Aprikosen, Granatäpfel und besonders Oliven. Das unterste Stockwerk bilden Gemüsepflanzen wie Kartoffeln, Zwiebeln, Bohnen oder Möhren. Das kostbare Wasser gelangt von Brunnen oder Flüssen mit Hilfe menschlicher, tierischer oder elektrischer Kraft in weit verzweigte Kanäle. Wasserwächter sorgen dann für eine ordnungsgemäße und gerechte Verteilung auf die einzelnen Felder.

Je nach Herkunft des Wassers unterscheidet man verschiedene Oasentypen. Am größten und bedeutendsten sind die Flussoasen an Fremdlingsflüssen, also Flüssen, deren Quelle in fremden, feuchten Regionen liegen (z. B. beim Colorado, Indus oder Nil). An diesen allochthonen (griechisch = „von fremdem Boden") Flüssen sind die ersten

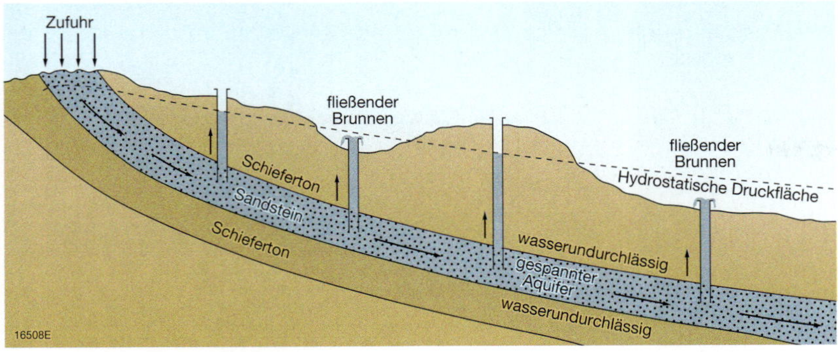

M 3: *Querschnitt durch ein artesisches Wassersystem*

Die hydrostatische Druckfläche ist die Höhe, bis zu der das Wasser des gespannten Aquifers aufsteigen kann. Sie nimmt mit steigender Entfernung vom Zufuhrgebiet ab, weil die Fließbewegung des Wassers durch den Aquifer Energie verbraucht.

Hochkulturen der Menschheit entstanden: die ägyptische Zivilisation am Nil und die mesopotamische Zivilisation an Euphrat und Tigris. Mit Hilfe des Bewässerungswassers ermöglichten hier hohe landwirtschaftliche Erträge schon früh eine Arbeitsteilung und die Ausbildung nicht bäuerlicher Spezialisten (z.B. Priester, Gelehrte, Handwerker oder Händler).

Quelloasen und artesische Brunnenoasen (M2) sind relativ selten. Erstere liegen am Fuß regenreicher Gebirge, Letztere dort, wo sich Wasser in Schichten sammelt, die muldenartig angelegt und nach oben wie unten von wasserundurchlässigen Schichten abgedichtet sind. Das Wasser steht unter hydrostatischem Druck, es kann folglich in Brunnen weit über die wasserführende Schicht hinaus gelangen.

Relativ häufig sind Grundwasseroasen, überwiegend am Rand von Hamadas und Ergs anzutreffen. In ihnen wird das Wasser mittels elektrischer, vor allem aber mensch- und tierbetriebener Hebevorrichtungen aus Brunnen entnommen, die den nahe an der Erdoberfläche gelegenen Grundwasserspiegel erreichen. Liegt dieser tiefer – bis zu mehreren hundert Metern –, dann bildet er in der Regel den Horizont fossilen, vor vielen Jahrtausenden in einer Feuchtzeit entstandenen Grundwassers. Dieses wird durch Tiefbrunnen erschlossen und mit Hilfe starker Motorpumpen hoch geholt. Eine Sonderform sind die Foggara-Oasen (M4). Sie

M 4: *Foggara-Oase*

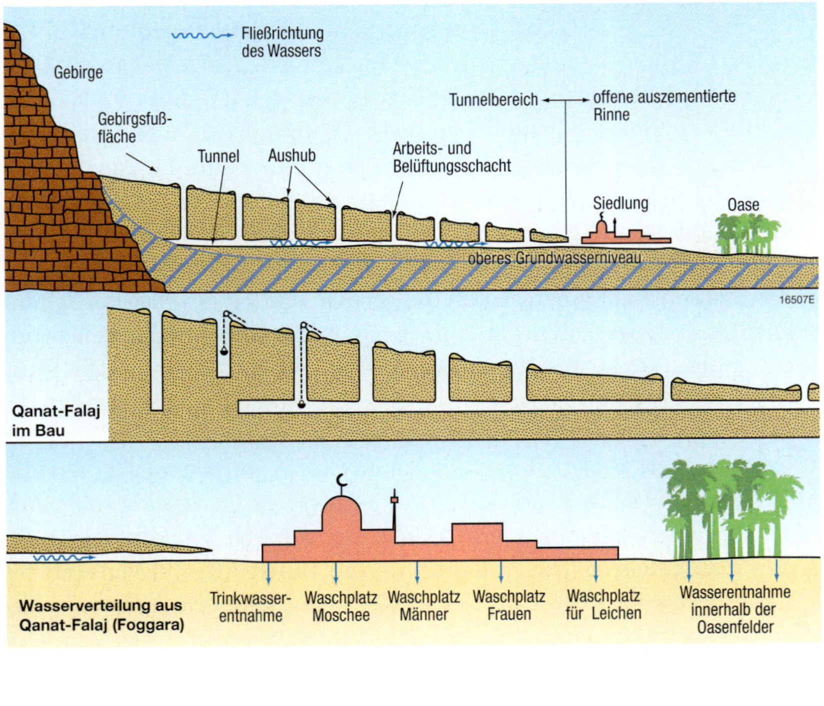

M 5: *Foggara-Oase im Norden von Oman mit einem kilometerlangen unterirdischen Kanalsystem*

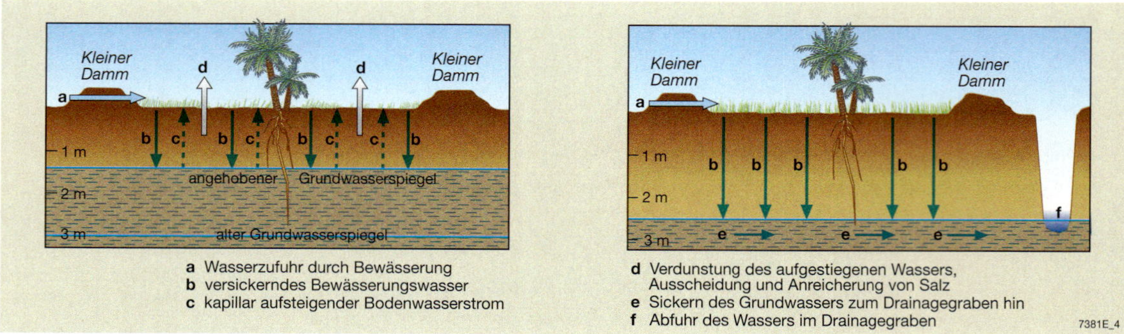

M 1: *Entstehen und Verhinderung der Versalzung bei der Bewässerung in ariden Regionen*

verwenden das Grundwasser naher Gebirge, das über stollenartige, bis zu 25 km lange Tunnel mit zahlreichen Lüftungsschächten geleitet wird. Die Installation und Erhalt der Stollen sind extrem aufwändig und wurden früher durch Sklaven geleistet.

Die größten Gefahren drohen den Oasen durch Sanddünen (M2) und Versalzung (M1). Durch die starke Evapotranspiration der bewässerten Gebiete – der Verdunstungssog wirkt bis in zwei Meter Tiefe – reichern sich die in dem herangeführten Wasser und im Boden selbst gelösten Salze auf der Bodenoberfläche an. Übersteigt die Konzentration die Salztoleranz der Pflanzen, muss der Anbau aufgegeben werden. So gehen im Einzugsbereich des unteren Indus jährlich über 30 000 ha landwirtschaftlicher Anbaufläche verloren. Abhilfe kann Drainage schaffen. Solche Maßnahmen scheitern allerdings häufig an den Kosten und an den hohen benötigten Wassermengen.

M 2: *Wanderdüne bedroht Oase (Vereinigte Arabische Emirate)*

Neben der Wanderweidewirtschaft, dem trotz großer Bewässerungsprojekte (z. B. Staudämme, Tiefbrunnen) nur an wenigen Orten betriebenen Ackerbau oder auch dem Wüstentourismus sind es weiterhin die reichen Rohstoffvorkommen (neben Erdöl auch Eisenerz, Uran, Kupfer, Salpeter etc.), die wenigstens einigen Gebieten der Geoökozone eine Entwicklungsperspektive geben (vgl. 2.5.3). Es finden sich aber auch andere mögliche Nutzungen. So sind Wüsten und Halbwüsten heute – theoretisch jedenfalls – die größte technisch zugängliche Quelle für die Versorgung der Menschheit mit Energie. Wissenschaftliche Studien, unter anderem von der TREC (Trans Mediterranean Renewable Energy Cooperation, gegründet 2003 vom Club of Rome), haben nachgewiesen, dass die auf einem Quadratkilometer Wüstengebiet in der Sahara solarthermisch „geerntete" Energie pro Jahr 250 Gigawattstunden betragen könnte und dabei 200 000 Tonnen CO_2 einsparen würde. Die Wüstengebiete sind für die solarthermische Energiegewinnung so vorteilhaft, weil dort die Globalstrahlung extrem hoch ist. Lediglich 0,3 Prozent der Wüstenfläche Nordafrikas und des Nahen Ostens würden ausreichen, die MENA-Staaten (Middle East and North Africa) und Europa komplett mit Sonnenstrom zu versorgen; eine Fläche von 500 mal 500 km könnte die ganze Welt beliefern. Die Produktions- und Transporttechniken sind bekannt und erprobt. Erste Kraftwerksprojekte sind bereits in Ägypten, Algerien und Marokko in Planung.

1. *Erklären Sie den Prozess der Versalzung und inwieweit Drainage Abhilfe schaffen kann.*
2. *Fertigen sie eine Mindmap zu den Wüsten und Halbwüsten an. Finden Sie dazu ein passendes Thema für das Zentrum der Mindmap.*

2.5.3 Südostarabische Wüste

Die Wüsten der Erde galten wegen ihrer kargen Naturausstattung in der Vergangenheit als arm. Das trifft zwar auch heute noch zu. Doch davon gibt es inzwischen bemerkenswerte Abweichungen wie den Wüstenstaat der Vereinigten Arabischen Emirate.

Der Südosten der Arabischen Halbinsel wird von einer vielgestaltigen Wüste eingenommen: An den von Salztonebenen und Sandinseln bedeckten flachen Küstensaum im Norden schließen ausgedehnte vegetationslose Flächen an. Sie werden von Salztonpfannen, unterschiedlich hohen Strandterrassen, von schichtartigen Kalkkrusten, von scharfkantigem Verwitterungsschutt und stellenweise von markant aufragenden Gesteinsschichten aufgebaut. Dazwischen lagern stellenweise Sanddecken und Dünen. Sie schließen sich südwärts zu flächendeckenden Längs- und Sicheldünen (Barchane) zusammen. Lokal türmen sie sich zu regelrechten Gebirgszügen auf. Sand, Dünen und dazwischen lagernde Salztonebenen nehmen den gesamten inneren Süden der Arabischen Halbinsel ein (M3).

In diesem ausgedehnten „Meer des Sandes“ Südarabiens traten (Dattelpalmen-)Oasen wie in allen Trockengebieten nur punkthaft auf. Sie bezogen ihr Wasser aus spärlich rinnenden Quellen oder künstlich angelegten (Zieh-)Brunnen. Bis in die Mitte der 1970er-Jahre bildeten sie (im Sommer) zusammen mit der umgebenden Wüste den Lebensraum nomadischer Kamelhalter, der Beduinen. Hier nutzten sie das spärliche Gras und die Datteln, ihr wichtigstes pflanzliches Nahrungsmittel. Nach der Dattelernte zogen die Beduinen an die Küste, wo sie sich der Fischerei und vor allem dem Perlentauchen widmeten (Winter). Denn in den warmen flachen Gewässern am Südrand des Arabischen Golfes fand die Perlmuschel ideale Lebensbedingungen und war weit verbreitet (M1). Für

Der südliche Teil der Arabischen Halbinsel wird von der größten geschlossenen Sandwüste der Erde, Rub al Khali, eingenommen. Zu ihr gehört auch der größte Teil der Vereinigten Arabischen Emirate.

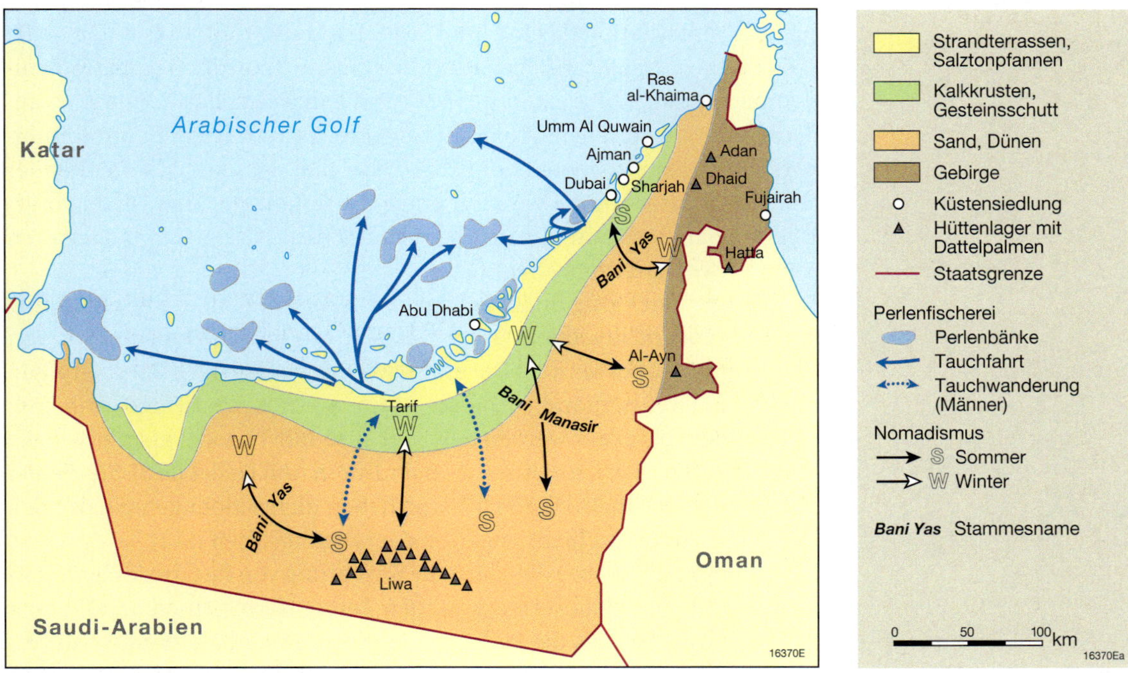

M 3: *Vereinigte Arabische Emirate vor 1970: Siedlungen und Landnutzung*

Die Perlentaucher entdeckten eine ökologische Besonderheit. Sie fanden am Meeresgrund Quellen, aus denen Süßwasser ausströmte. Dieses kostbare Wasser fassten sie in Schläuchen (gegerbte Tierhäute / Bälge), um es an Land selbst zu nutzten oder zu verkaufen. Noch in den 1960er-Jahren wurde dieses „Water-Catching“ betrieben.

die Menschen bildeten somit neben Tierhaltung und Dattelpalmenanbau noch Fischerei und Perlentauchen die natürlichen Lebensgrundlagen. Bei großer lokaler Unterschiedlichkeit wurden in allen Teilen der Wüstenzone ähnlich vielseitige existenzsichernde Strategien entwickelt.

Ihre karge natürliche Ausstattung trug den Wüsten den Ruf ein, menschenfeindlich zu sein. An diesem Image hat sich zwar grundlegend auch heute nichts geändert. Doch in einigen Regionen haben sich in den vergangenen vier Jahrzehnten derart tiefgreifende Veränderungen vollzogen, dass die Wüste geradezu als Gunstraum erscheinen mag. Grundlage dafür sind ungeahnte natürliche Ressourcen: Erdöl, Erdgas, Grundwasser, Mineraldünger, Diamanten und Erze. Dazu kommen noch riesige, unberührte Flächen, die der Erschließung harren. Ein besonders eindrückliches Beispiel für die Entfaltungsmöglichkeiten in dieser einstmals als unrettbar arm geltenden Wüstenzone sind die Vereinigten Arabischen Emirate (VAE).

Vertragsstaaten

(Trucial States, Piratenküste) Abu Dhabi, Dubai, Sharjah, Ajman, Umm Al Qaiwain, Ras Al Khaimah, Fujairah

Als sich im August 1971 die bislang von Großbritannien kontrollierten sieben Vertragsstaaten zu den VAE zusammenschlossen, lebten hier gerade einmal 180 000 Menschen (2004 = 4,2 Mio). Nur 39 Prozent waren Einheimische. Die Mehrzahl zählte zu den ausländischen Arbeitskräften, vor allem aus Süd- und Südostasien. Sie waren nach der Entdeckung abbauwürdiger Erdöllagerstätten im Jahre 1958 und ihrer Förderung seit 1960 verstärkt ins Land geholt worden.

Erdölreserven der VAE 2005: Neun Prozent der Welterdölvorkommen von 173,3 Mrd. t

Einnahmen aus dem Erdölexport:

1970:	*0,43 Mrd. US$*
1980:	*26,85 Mrd. US$*
2004:	*104,20 Mrd. US$*

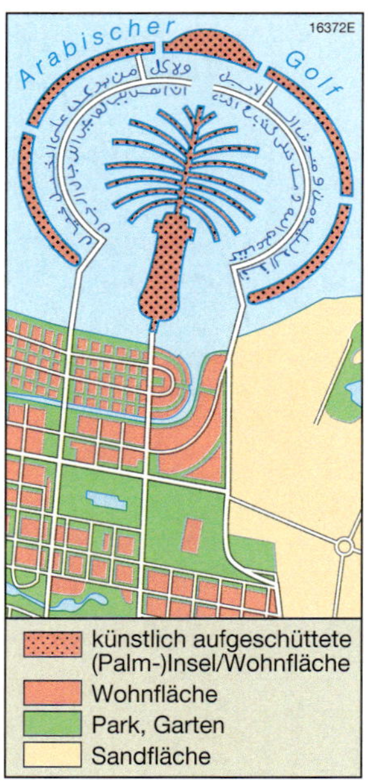

M 1: *Palm Island: Künstliche Insel vor Mina Ali*

Diese Arbeitskräfte, kühne Visionen der Emire und ihrer (ausländischen) Berater sowie die riesigen Einnahmen aus dem Erdölexport bilden die Grundlage für eine atemberaubende Entwicklung. Sie ist zwar als Fürsorge für eine Nacherdölzeit gedacht. Doch äußert sie sich heute in spektakulär und einzigartig zu nennenden Bauwerken, wie zum Beispiel dem höchsten Gebäude der Welt, Burj Dubai (über 1 000 m), oder den künstlichen Inseln mit Villen und Palästen (z. B. Palm Island, The World; M 1). Dazu gehören global agierend die Internet-, Media- und Knowledge-City, riesige Shopping Malls, modernste Hotels, leistungsstarke Fluggesellschaften, internationale Flug- und Seehäfen sowie Highways und globale IT-Vernetzung. Nicht weniger auffällig sind die luxuriösen Appartementkomplexe oder „The greatest inside skirun and ice-stadion“. Eine ganz andere Intention verfolgen Projekte in neuerer Zeit. So entsteht unter internationaler Expertenbeteiligung die Öko-Stadt Masdar. Mit beratender Hilfe des Pariser Louvre wird auf einer der Hauptstadt Abu Dhabi vorgelagerten Sandinsel ein Kunstmuseum aufgebaut, das zu den modernsten und weltweit größten zählen soll.

Diese Entwicklung findet aber auch Niederschlag in der Erschließung von fossilem und juvenilem Grundwasser in großer Tiefe sowie im Bau von Wasserentsalzungswerken. Die großflächigen waldartigen Baumanpflanzungen auf Wüstensand sowie die Blumen-, Gras- und Palmenrabatten entlang der Highways werden davon ebenso mit Wasser versorgt wie die ausgedehnten Gewächshäuser, Aquakulturen und Felder (M 3). Sie ziehen sich über eingeebnete Dünen hin und haben nichts mehr gemein mit den kümmerlichen Dattelpalmengärten der Vergangenheit (M 2).

Anfangs erfolgte parallel dazu die Errichtung von fast unzähligen Dörfern in schlichten Häusern aus grauen Zementformsteinen an all jenen Plätzen, wo einstmals die Beduinen lagerten. Doch bald wurden auf exponierten Dünen entlang der Highways großzügig geplante und modern ausgestattete Siedlungen errichtet. Die Grundrissanlagen sind stets regel-

M 2: *Oase in der Liwa, 1976*

M 3: *Oase in der Liwa, 2005*

mäßig. Die von Mauern umgebenen Gebäude sind geräumig, mehrgeschossig und von der Regierung komplett ausgestattet. Eigentümer sind einzig Emiraties. Die Familien verfügen meist über mehrere solcher Behausungen an verschiedenen Örtlichkeiten. Vielen gehören zusätzlich sogar noch Hochhäuser in den Städten an der Küste. Parallel zu diesen baulich-infrastrukturellen Veränderungen haben sich die Herrscher und die einheimische Bevölkerung – bei aller Wahrung der sozialen und kulturellen Traditionen – doch den Forderungen einer globalisierten Welt geöffnet. Es ist keineswegs überzogen festzustellen, dass die armen, wüstenhaften Vertragsstaaten von einst heute nicht nur zu den reichsten Ländern der Erde zählen, sondern selbst global erfolgreich agieren.

Vergleichbare Entwicklungen finden auch in den benachbarten Wüstenstaaten am Golf statt. Zwar bescheidener, aber keineswegs weniger bemerkenswert vollziehen sich moderner Wandel und wirtschaftliche Inwertsetzung auch in den übrigen Wüsten der Erde. Verwiesen sei unter anderem auf Libyen, Namibia, Ägypten, Algerien, Peru, Kalifornien, Arizona, Kasachstan oder Turkmenistan.

Masdar-City

Mit Masdar-City, 30 km östlich von Abu Dhabi, entsteht seit 2008 (Fertigstellung 2016) inmitten von Sandwüste die erste, nach rein ökologischen Maßstäben geplante Stadt der Welt für 40000 Bewohner. In ihr wird es keine umweltbelastenden Abgase und Abfälle geben, und es kommen nur regenerierbare Energie und umweltschonende Baumaterialien zum Einsatz.

Pro-Kopf-Einkommen (BIP / Ew., 2007): Bahrein: 32 064 US-$, Kuwait: 39 751 US-$, Oman: 23 967 US-$, VAE: 37 293 US-$, zum Vergleich BRD: 34 181 US-$

1. *Werten Sie die Materialien von 2.5.3 unter der Überschrift „Die Vereinigten Arabischen Emirate – Wandel in der globalisierten Welt“ aus.*
2. *Erstellen Sie eine Liste mit drei bis fünf Faktoren, die eher für a) den Individualraum und b) für die Geoökozone typisch sind.*

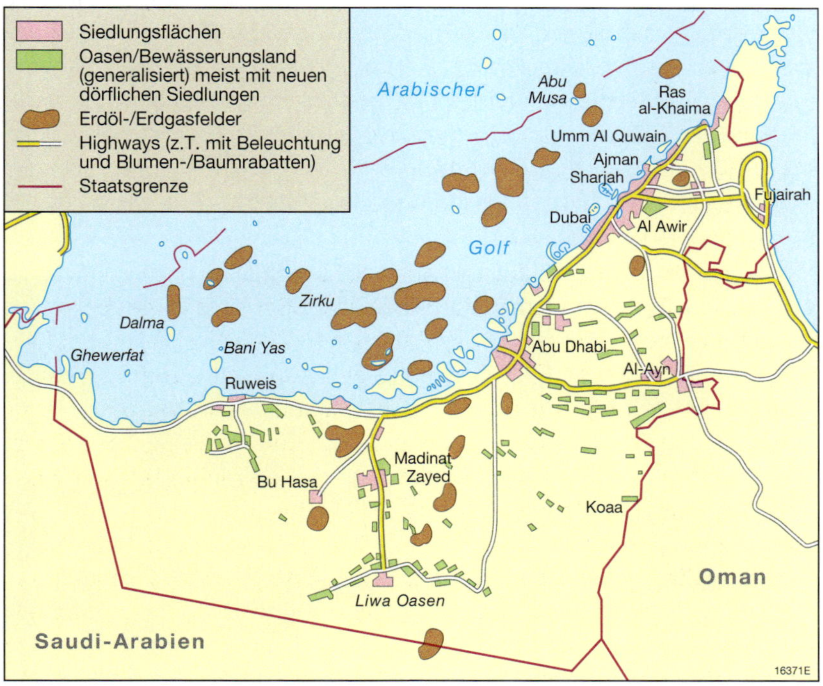

M 4: *Vereinigte Arabische Emirate 2005: Siedlungen und Landnutzung*

2.6 Geoökozone der Savannen

Die Geoökozone der Savannen ist geprägt durch einen Wechsel von sommerlichen Regen- und winterlichen Trockenzeiten. Je nach Dauer und Ergiebigkeit der Regenperiode wird zwischen Feucht- und Trockensavanne unterschieden.

M 1: Quellentext über Feucht- und Trockensavannen
Schultz, J.: Handbuch der Ökozonen (2000)

Gewöhnlich wird die Savannenzone nach den Merkmalen Dauer und Ergiebigkeit der Regenperioden, die im Jahresmittel zu erwarten sind, in Trockensavannen(-zonen) und Feuchtsavannen (-zonen) unterteilt. (...) Die primär klimatisch begründete Unterteilung in Trockensavannen- und Feuchtsavannenzonen wird durch kongruente Differenzierungen der Vegetation, Böden und Landnutzung unterstützt. So ist beispielsweise der Graswuchs in den Trockensavannen deutlich niedriger als in den Feuchtsavannen (...). Hinsichtlich der Merkmale Bodenfruchtbarkeit und – daran gekoppelt – Landnutzung drückt sich die Differenzierung darin aus, dass die Böden der Trockensavannen meistens höhere Austauschkapazitäten und Basensättigungen aufweisen und humusreicher sind (...) und eine Tendenz zum permanenten Feldbau besteht. Die meisten Böden der Feuchtsavannen sind hingegen infolge tiefgründiger Verwitterung des anstehenden Gesteins, höherer Zersetzungsraten der organischen Abfälle und fortgeschrittener Auslaugung ärmer an Nährstoffen und an Humus, und beim Feldbau besteht eine Tendenz zur Einschaltung von Bracheperioden oder gar zum Wanderfeldbau.(...) In den Trockensavannen ist das Wasserangebot, in den Feuchtsavannen die Bodenfruchtbarkeit wichtigster begrenzender Faktor für das Wachstum von Vegetation und Nutzpflanzen.

M 2: Quellentext zu Dürre und Landdegradation in Savannen
Strahler, H., Strahler, A. N.: Physische Geographie (2002)

In den tropischen Savannenregionen gibt es sowohl Jahre verheerender Dürre als auch Jahre abnormal hoher Regenfälle, die zu schlimmen Überschwemmungen führen können. (...) Wegen der erhöhten Bevölkerungszahl wurden Vegetation und Boden mit jeder neuen Dürre stärker geschädigt. Schließlich wurde die Landdegradation zu schwerwiegend und zu dauerhaft, um in der Regenzeit oder über eine mehrjährige Periode von reichlich Niederschlag bringenden Regenzeiten eine Erholung der Vegetationsdecke zu erreichen. Solange der Bevölkerungsdruck bestehen bleibt, wird auch die Desertifikation bestehen bleiben und das äußere Erscheinungsbild einer Änderung in Richtung auf ein Wüstenklima annehmen.

M 3: *Feuchtsavanne: Masai Mara Nationalpark, Kenia*

M 4: *Trockensavanne: Strauchsavanne in Inneraustralien*

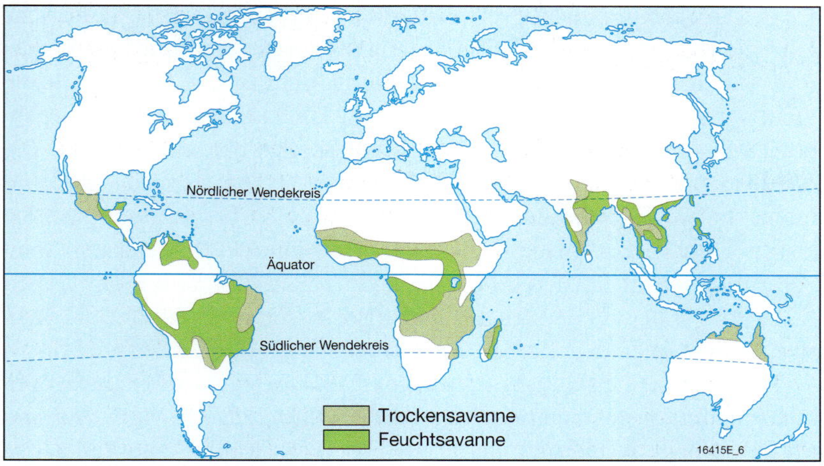

M 5: *Geoökozone der Savannen*

2.6.1 Naturraum: vom Grasland zum Trockenwald

Die Geoökozone der Savannen (Sommerfeuchte Tropen) hat ein wechselfeuchtes Klima mit ganzjährig hohen Temperaturen. Die polwärts abnehmende Feuchtigkeit hat Auswirkungen auf Böden, Vegetation und Nutzungsformen durch den Menschen. Je nach Dauer der Trockenzeit überwiegen Laub abwerfende, parkartige, lichte Wälder oder Gras-, Dorn- und Sukkulentenfluren.

Von den Tropischen Regenwäldern des Äquators bis zu den Heißen Wüsten und Halbwüsten im tropisch-randtropischen Hochdruckgürtel an den Wendekreisen erstreckt sich die Geoökozone der Savannen. Hier herrscht ein vergleichsweise dichter Gras- und Krautbewuchs vor, der zusammen mit mehr oder weniger großen Baum- und Strauchgruppen einen parkartig lichten Wald bildet. Je nach Dauer der Regenzeit und Höhe des Niederschlags können in der Savannenzone die Subzonen der Feucht- und Trockensavanne unterschieden werden. Die Vegetation verändert sich mit der polwärtigen Abnahme der Niederschläge in Dichte und Habitus und geht von der Baum- und Strauch- in die Gras- und Dorn-/Sukkulentensavanne über. Äquatorwärts beginnen die Savannen dort, wo winterzeitlich Trockenheit und infolgedessen Blattabwurf der Bäume einsetzt. Die polwärtige Grenze kann unterschiedlich festgelegt werden, je nachdem ob man thermische, hygrische, vegetations- oder nutzungsorientierte Abgrenzungskriterien anwendet, sodass die tropischen/subtropischen Dornsavannen/steppen entweder der Savanne oder den heißen Wüsten und Halbwüsten (wie in diesem Buch) zugeordnet werden können.

Wie in den gesamten Tropen treten in der Savannenzone bei einem Tageszeitenklima im Jahresverlauf nur geringe Temperaturänderungen auf. Ein charakteristisches Merkmal der Savannen ist aber das hygrische Jahreszeitenklima mit einem sommerzeitlichen Regenmaximum bei hoher Niederschlagsvariabilität und einer Winterzeitliche Trockenperiode. Sie wird durch die polwärtige Verschiebung der Innertropischen Konvergenzzone hervorgerufen. Die Ursachen dafür wiederum liegen an dem kontinentalen Hitzetief, das während des Sommers auf der jeweiligen Halbkugel entsteht. In Südasien treten die Regenzeiten mit den Monsunen auf.

Geoökozone der Savannen
auch Sommerfeuchte (Regenzeit im Sommer) oder Wechselfeuchte (Wechsel von Regen- und Trockenzeiten) Tropen

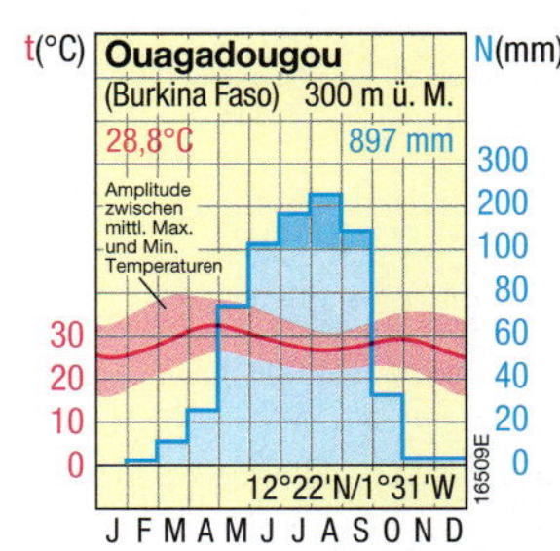

M 6: *Jahresgang der Lufttemperatur und der Niederschläge in der Trockensavanne (Beispiel Ouadgadougou, Burkina Faso)*

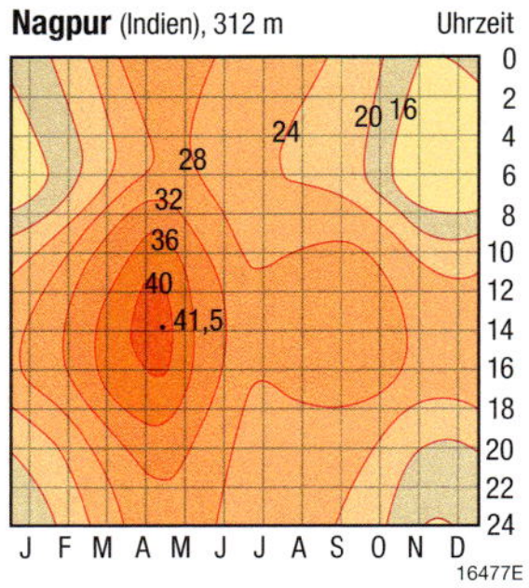

M 1: *Thermoisoplethendiagramm Sommerfeuchte Tropen (Beispiel Nagpur, Indien)*

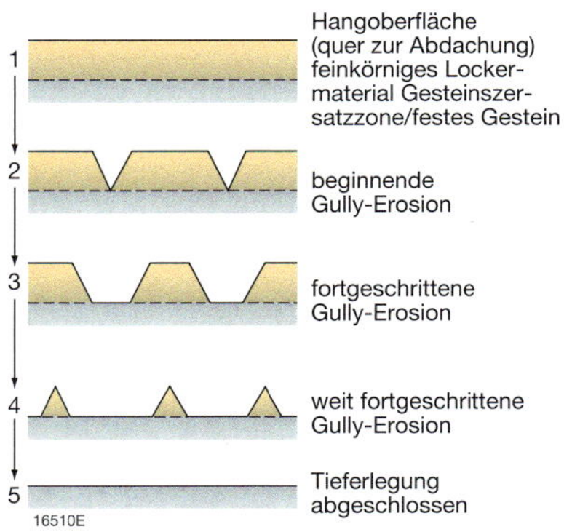

M 2: *Tieferlegung einer Fläche durch fortschreitende Gully-Erosion*

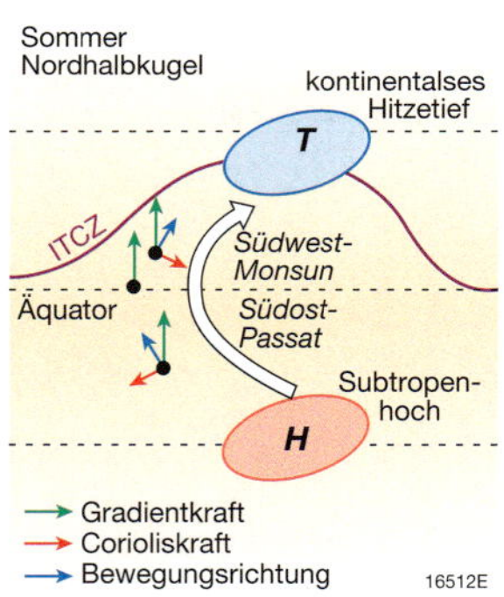

M 3: *Sommerliche Monsunzirkulation (Schema)*

1. Die Sommerfeuchten Tropen sind ohne ausgeprägte thermische Jahreszeiten (M 1, M 3) und haben einen hohen Strahlungsüberschuss und eine relativ gleichmäßige Einstrahlung. Der mittlere Temperaturgradient beträgt hier auf eine Entfernung von 1 000 km lediglich 1 °C gegenüber 5 bis 10 °C auf derselben Strecke im Bereich der Außertropen. Die Temperaturen in dieser Geoökozone betragen im Monatsmittel 18 °C und mehr. Sie weisen eine polwärts zunehmende Jahresamplitude auf, die aber noch immer geringer ist als die Tagesamplitude. Die höchsten Temperaturwerte mit mittleren Monatsmaxima von 40 °C und mehr stellen sich kurz vor Beginn der Regenzeit ein (Höchststand der Sonne), die niedrigsten werden etwa in der Mitte der Trockenzeit („Winter") erreicht.

2. Während die Temperaturen für das Pflanzenwachstum nahezu optimale Bedingungen bieten, bringen die Niederschläge in ihrer Art und Menge sowie ihrer jahreszeitlichen Verteilung eine Reihe von Problemen mit sich. Da ist zunächst der hohe Anteil an Starkregen. Die heftigen Niederschläge können nicht in den häufig feinkörnigen und rasch verschlämmten Boden eindringen und fließen so oberirdisch ab. Die Starkregenfluten transportieren flächig oder linienhaft (M 2) chemisch intensiv verwittertes Material. Von daher ist das Relief der Sommerfeuchten Tropen durch große, relativ ebene Flächen gekennzeichnet.

Des Weiteren kommt es zur Ausprägung von Trocken- und Regenzeiten. Mit der scheinbaren Sonnenbewegung in Richtung Wendekreise verdichten sich die in Äquatornähe noch doppelten Niederschlagsmaxima der Regenzeiten zu einem einzigen. Allerdings folgen sie dem Zenitstand der Sonne gegenüber zeitlich (etwa ein bis zwei Monate) und räumlich (etwa fünf bis acht Breitengrade) versetzt. Sie resultieren aus heftigen Konvektionsniederschlägen der sich im Sommer nach Norden und im Winter nach Süden verlagernden ITCZ (vgl. 1.3.1) infolge maximaler Sonneneinstrahlung.

Für die Ausprägung der Regen- und Trockenzeiten sind unter anderem die Passate verantwortlich. Sie bilden im Winter mit den durch die Erhitzung der Bodenschicht thermisch aufsteigenden Luftmassen eine deutliche Passatinversion (Temperaturzunahme von 1,15 °C/100m), in den Randtropen in etwa 1 000 m Höhe und in Äquatornähe in 2 000 m Höhe. Ein Aufsteigen der Luftmassen über diese Inversionsschicht hinaus mit (mehr) Kondensation und (mehr) Niederschlag wird verhindert: Es entstehen die regenarmen bis regenlosen winterlichen Trockenzeiten. Sie dauern im Bereich der Sommerfeuchten Tropen zwischen zweieinhalb und siebeneinhalb Monaten an. Im Sommer werden die Passate schwächer. Es entstehen hoch reichende und konvektive thermische Luftbewegungen

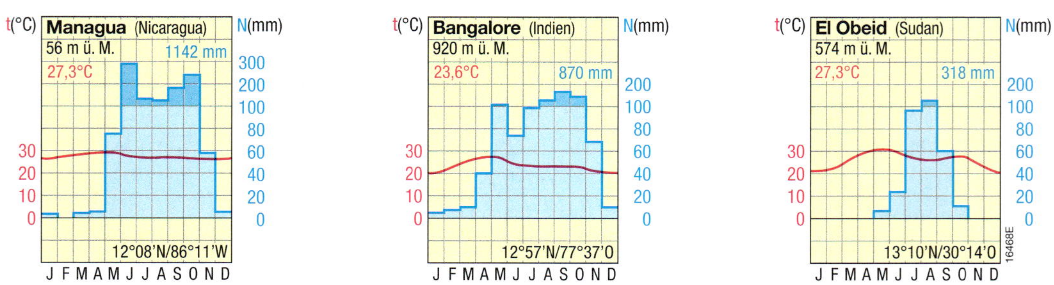

M 4: *Klimadiagramme aus der Feucht-, Trocken- und Dornsavanne*

infolge der Nordverlagerung der ITCZ mit kräftigen Schauern und Gewittern (Zenitalregen). Die mittleren Jahresniederschläge erreichen Werte zwischen 400 und 1 000 mm.

Eine Besonderheit der passatischen Zirkulation sind die Monsune, die besonders in Südostasien ausgeprägt sind. Ein gut ausgebildetes Hitzetief über den ausgedehnten Hochflächen des Himalaya bewirkt eine Verlagerung der ITCZ weit nach Norden (M 3). Dadurch strömen die Südostpassate des Subtropenhochs weit über den Äquator hinaus. Es entsteht eine südwestliche Monsunwindströmung. In Vorderindien (M 5) erreicht diese ihre größte vertikale Mächtigkeit. Mit der Verlagerung der ITCZ wandert auch die den Monsun kennzeichnende Regenfront nach Norden. Im Herbst und Winter wandert die ITCZ wieder nach Süden, und Indien gerät unter den Einfluss kalter, trockener Festlandsluft aus dem asiatischen Kontinent (Wintermonsun). Nur die Luftmassen, die über den Golf von Bengalen strömen, bringen dem Osten Südindiens und Sri Lanka noch relativ hohe Niederschlagsmengen.

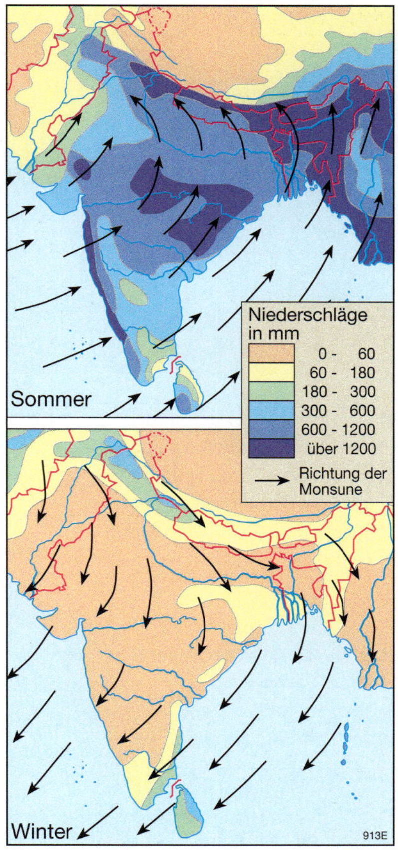

M 5: *Monsun: Winde und Niederschlagsverteilung in Südasien*

Der jahreszeitliche Wechsel von Regen- und Trockenzeit führt auch zu einem charakteristischen Bodenwasserhaushalt (M 6). In der kurzen, stark ausgeprägten Regenzeit im indischen Raipur fallen fast 90 Prozent des gesamten Jahresniederschlags von 1 340 mm. Aufgrund des hohen Wasserbedarfs zwischen März und Mai und gleichzeitig sehr geringer Niederschläge entsteht in der heißen Jahreszeit ein Wasserdefizit von über 400 mm. Mit Beginn der Regenzeit kann das Bodenwasser erneuert werden, so dass im August ein beachtlicher Bodenwasserüberschuss vorhanden ist. Auf das ganze Jahr gesehen, beträgt der Überschuss jedoch nur etwa die Hälfte des Defizits. Die Bodenwasserspeicherung ist in der Vegetationszeit am größten. In der langen Trockenzeit müssen die (holzartigen) Pflanzen nicht nur Überlebensstrategien entwickeln, sondern dem Boden auch noch so viel Wasser entziehen können, dass sie die langen Dürreperioden überstehen.

3. Die Böden der Sommerfeuchten Tropen unterschieden sich durch die etwas geringere chemischen Verwitterung aufgrund geringerer Niederschläge nur leicht von denjenigen der Immerfeuchten Tropen. Generell zeichnen sich die Böden der Sommerfeuchten Tropen durch einen geringeren Anteil austauschbarer Pflanzennährstoffe, Tonverlagerung, harte Lateritkrusten, hohe Konzentrationen von Eisen-, Aluminium- und Manganoxiden (Sesquioxiden) sowie eine gegenüber den polwärtigen Geoökozonen intensivere chemische Verwitterung aus. Diese führt dazu, dass Zweischichttonminerale überwiegen, eine Rotfärbung durch Oxidation des Eisens weit verbreitet ist und nur noch ein geringer Vorrat an verwitterbaren Silikaten als Reservoir für mineralische Nährstoffe vorliegt.

Bei der raschen Zersetzung der organischen Substanz sind auch maßgeblich Termiten beteiligt. Neben holzfressenden gibt es auch eine Reihe von humusfressenden Arten. Für ihre Bauten holen die Tiere Feinstmaterial (Tone und Feinsande) aus Tiefen von bis zu 1,50 Metern und lockern und vermischen dabei den Boden intensiv. Ihre Bauten haben durchweg hohe Kationenaustauschkapazitäten, Humus- und Stickstoffgehalte und stellen nach ihrem Verfall bevorzugte Pflanzenstandorte dar.

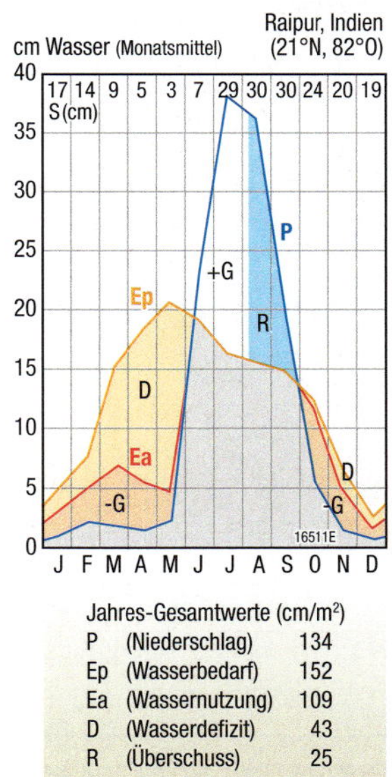

M 6: *Jahresgang eines Bodenwasserhaushalts in den Sommerfeuchten Tropen, tropisches Monsunklima (Beispiel Raipur, Indien)*

4. Mit der polwärtigen Abnahme des Niederschlags ändern sich in den Savannenzonen neben den Böden auch die Pflanzen. So wandelt sich die regengrüne Vegetation von der Baumsavanne – Waldungen mit einem lichten Kronenschluss des Baumbestandes und einer durchgehenden Grasflur von bis zu über zwei Metern Höhe – zu einer Grassavanne – hohe bis kurze Grasfluren mit eingestreuten Gehölzgruppen aus kleindornigen Bäumen und großen Sträuchern. Eine große zonale Waldvegetation fehlt allerdings, vor allem, weil wasserundurchlässige Lateritkrusten weit verbreitet für Staunässe sorgen und so nur Graswuchs mit Waldinseln zulassen. Die Pflanzen haben sich auf das wechselfeuchte Klima und die periodische Trockenheit eingestellt. So können sie über ihr dichtes Wurzelwerk oder als sukkulente Pflanzen eine unterschiedlich lange Dürrezeit überstehen.

M 1: *Baobab (Affenbrotbaum) in der afrikanischen Savanne, Somalia. Die Stämme der Bäume können ein Speichervermögen von mehr als 100 000 l Wasser haben.*

M 2: Quellentext zur Vegetation der Savanne
Walter, H., Breckle, S.-W.: Vegetation und Klimazonen (1999)

Wenn der Niederschlag nur 100 mm beträgt (a), wird das Wasser nicht sehr tief in den Boden eindringen. In den durchfeuchteten Bodenschichten wurzeln die kleinen Horstgräser, die alles gespeicherte Wasser verbrauchen und dann nach der Regenzeit vertrocknen (...) Holzpflanzen können sich nicht halten, weil während der Dürrezeit kein für die Pflanzen aufnehmbares Wasser im Boden vorhanden ist (Halbwüste). Bei einer Regenmenge von 200 mm sind die Verhältnisse ähnlich (b); der Boden wird tiefer durchfeuchtet, die Horstgräser sind größer, aber auch sie verbrauchen alles Wasser (Grasland). Erst wenn die Niederschlagsmenge auf 300 mm ansteigt (c), werden die Gräser am Ende der Regenzeit etwas Wasser im Boden übriglassen; die kleine Wassermenge genügt nicht, um die Grasschicht grün zu erhalten, sie ermöglicht es jedoch kleinen Holzpflanzen die Dürrezeit zu überstehen, es bildet sich eine Strauchsavanne. Beträgt der Jahresniederschlag 400 mm (d), dann sind die am Ende der Sommerregenzeit im Boden verbleibenden Wassermengen größer, sodass sich einzelne Bäume einstellen und eine Baumsavanne zustande kommt. Aber auch in dieser sind die Gräser noch der überlegene Partner. Von ihnen hängt es ab, wie viel Wasser für die Holzpflanzen übrig bleibt.

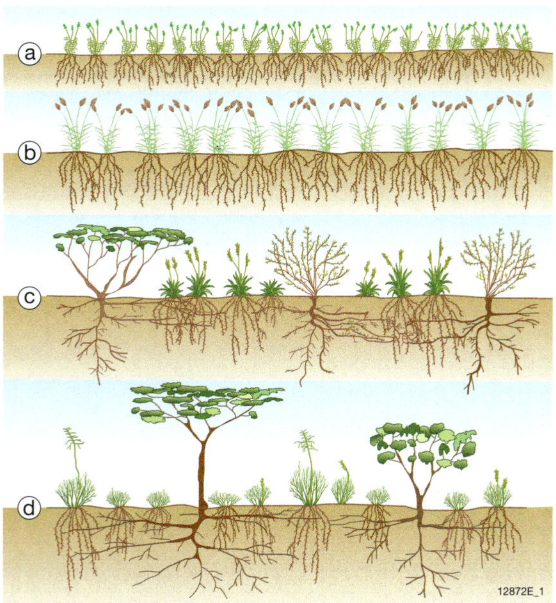

M 3: *Schema des Übergangs von Halbwüste (a) und Grasland (b) über die Strauchsavanne (c) zur Baumsavanne (d)*

Sowohl Artenvielfalt und Menge der Gehölz- und Grasformationen als auch deren räumliche Ausdehnung sind in den Savannengebieten häufig das Ergebnis anthropogener Überformung (z.B. durch Viehhirten und Ackerbauern). Eine besondere Rolle spielt dabei das Feuer. Die Brände werden zu Beginn der Regenzeit durch Gewitter ausgelöst, viel häufiger jedoch durch Menschen gelegt. Durch das Feuer wird der Artenreichtum reduziert, sind viele Waldformationen zu Grasfluren degradiert und wird die natürliche Ausbreitung des Waldes verhindert.

2.6.2 Kulturraum: viel genutzt, oft übernutzt

Die Sommerfeuchten Tropen sind der am dichtesten besiedelte und am intensivsten landwirtschaftlich genutzte Teil der Tropen. Dabei geht die ackerbauliche Nutzung der eher feuchteren Regionen in eine viehwirtschaftliche Nutzung der eher trockeneren Savannengebiete über.

Aufgrund der weiten, ebenen Flächen waren in den Sommerfeuchten Tropen die Voraussetzungen für die Jagd, aber auch für eine landwirtschaftliche Nutzung besser als in den benachbarten Geoökozonen, sodass es zu einer frühen und heute relativ dichten Besiedlung der Savannenräume kam. Die insgesamt relativ günstigen Bedingungen sind nicht nur auf die wegen der offenen Landschaften leichter zu handhabende Brandrodung, sondern auch auf die mit abnehmendem Niederschlag zunehmende Austauschkapazität der Savannenböden, auf weite Grasfluren für die Viehweide und eine starke Sonneneinstrahlung gegen Ende der Regenzeit zurückzuführen. Es entstanden vielfältige Muster agrarer Nutzung mit einer breiten Palette einjähriger (annueller) Kulturpflanzen, wie zum Beispiel Weizen, Mais, Zuckerrohr, Baumwolle (M 4), Erdnuss, Sorghum, Hirse, Tabak, Maniok, Yams, Bohnen.

Ertragslimitierend ist der zeitlich und mengenmäßig extrem variable Niederschlag. Deswegen haben sich schon früh Methoden des sogenannten Rainwater Harvesting herausgebildet. Dazu zählen zum Beispiel die Anlage von Dämmen, Terrassen oder das hangparallele Pflügen mit der Anlage höhenlinienparalleler Wälle aus Boden oder Stein, um die geringen Niederschläge in den Trockenzeiten aufzufangen und für die Pflanzen zur Verfügung zu stellen. Hiermit konnten in den traditionellen Nutzungssystemen Wasserdefizite ausgeglichen, eine ausreichend lange Vegetationszeit erreicht und so die meisten Nutzpflanzen im Regenfeldbau angebaut werden.

Der Nomadismus ist eine Folge der begrenzten Tragfähigkeit der Grasvegetation der Trockensavannen (M 1, folgende Seite). Die Jahrtausende alte Lebens- und Wirtschaftsweise in Trockengebieten beruhte in ihrer ursprünglichen Form überwiegend auf den jährlichen Wanderungen der Nomaden zwischen den verstreut liegenden Weideplätzen (M 5). In der Gegenwart setzt sich neben verschiedenen Formen mobiler auch immer

M 4: *Baumwollanbau in Burkina Faso*

M 5: *Kenia: Massai mit Rinderherde*

M 1: *Tragfähigkeit tropischer Naturweiden in Abhängigkeit von den Feuchteverhältnissen*

	Oberirdische Gras-/Krautproduktion (in t pro ha und Jahr)	Mindestweidefläche (in ha pro GVE[1])
Feuchtsavanne > 1200 mm / Jahr	6 – 20	3,3
Trockensavanne 500 – 1200 mm / Jahr	1 – 8	4 – 6
Dornsavanne< 500 mm / Jahr	0,2 – 5	10

[1] GVE = Großvieheinheit = 500 kg Lebendgewicht

mehr eine stationäre Tierhaltung durch. Viele Nomaden suchen nur noch gelegentlich die traditionellen Weideplätze auf, und die Viehhaltung dient verstärkt der Produktion für den wachsenden heimischen Fleischmarkt.

Grüne Revolution
Agrarpolitische Initiative der Industriestaaten (beginnend in den 1960er-Jahren) zur Entwicklung innovativer Techniken und Methoden (ertragsreiche Saatgutsorten, Anbau in Monokulturen, mineralischer Dünger, Schädlingsbekämpfungsmittel, Bau von Bewässerungsanlagen, Vermittlung Know-how) für die Entwicklungsländer mit dem Ziel der Steigerung der Nahrungsmittelproduktion

Der saisonale Feldbau und die Tierhaltung finden vorwiegend in kleinbäuerlichen Familienbetrieben statt. Dabei gibt es große Unterschiede zwischen den afrikanischen und süd-/südostasiatischen Savannenregionen. Während die traditionelle Landwirtschaft in Asien auch dank der Grünen Revolution und einer völlig anderen Agrarpolitik sehr flächenintensiv und hoch ertragreich wirtschaftet, ist die Landwirtschaft in Afrika mit überwiegend traditionellen Arbeitsgeräten nur wenig arbeits- und flächenproduktiv und dient immer noch hauptsächlich der Selbstversorgung (Subsistenz).

Die vorherrschende afrikanische Landnutzungsform ist die Landwechselwirtschaft. Sie ist im Gegensatz zum Brandrodungs-Wanderfeldbau (vgl. 2.7.2), bei dem eine durch hohe Ertragsrückgänge erzwungene Verlegung der Felder und Siedlungen stattfindet, ein stationäres System, wird also vom Wohnsitz aus betrieben. Bei dieser an die Sommerfeuchten Tropen angepassten Form der Nutzung spielt die Dauer der Brache eine große Rolle. Bei der Zunahme der Bevölkerung und der Abnahme der Anbaufläche je Person muss diese so gewählt werden, dass auf dem zur Verfügung stehenden Land maximale Erträge erzielt werden (M2). Eine Verbesserung ist der Einsatz von Mineraldünger, der das flächenintensive Brachesystem überflüssig macht und somit vielerorts zu einem permanenten und, soweit möglich, marktorientierten Regenfeldbau führt. Die höheren Kosten werden zum Teil durch den (welt)marktorientierten Anbau von Cash Crops in Monokultur (z. B. Erdnüssen, Baumwolle, Bananen, Tee oder Kaffee) ausgeglichen. Auch die Ausweitung der Bewässerung kann die Produktivität der Landwirtschaft nachhaltig verbessern. Sie ermöglicht Dauerkulturen und erweitert das Anbauspektrum um Obst-, Gemüse- und Spezialkulturen. Allerdings ist die Bewässerung wegen der hohen Kosten, des oft fehlenden Know-hows und der Belastung von Wasser und Boden (vor allem bei Versalzung) nicht unproblematisch.

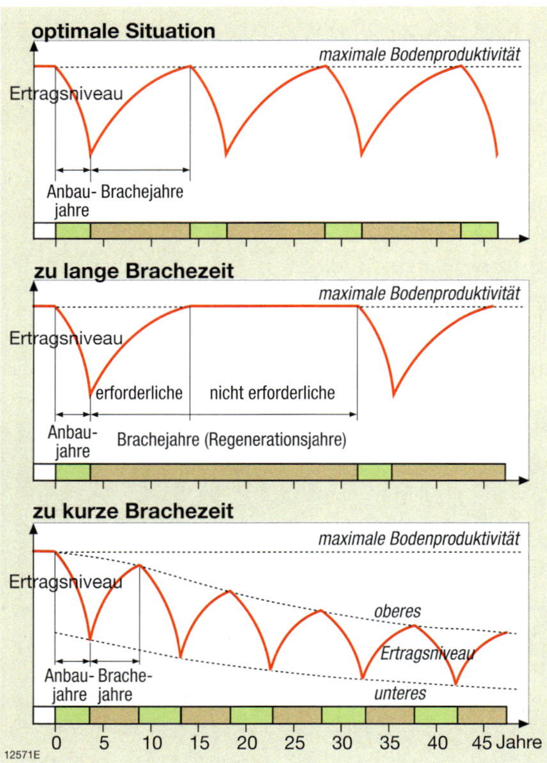

M 2: *Bodenfruchtbarkeit in Abhängigkeit von Brache- und Anbauzeiten beim Wanderfeldbau*

In den Sommerfeuchten Tropen Asiens werden fast 90 Prozent der Welternte an Nassreis

	1961		2005	
	Reisproduktion (in 1000 t)	Produktivität (in t/ha)	Reisproduktion (in 1000 t)	Produktivität (in t/ha)
Costa Rica	60	1,25	214	3,96
Mexiko	333	2,28	192	4,17
Venezuela	81	1,38	950	5,00
Nigeria	133	0,89	3 542	0,96
Senegal	83	1,15	251	2,92
Sambia	–	–	12	1,20
Indien	53 500	1,54	130 513	3,01
Indonesien	12 100	1,76	53 985	4,57
China	56 200	2,08	183 354	6,26

M 3: *Reisproduktion in ausgewählten Ländern*

produziert. Diese Anbaufrucht gehört neben Mais und Weizen zu den weltweit am meisten geernteten und verzehrten Getreidearten. Intensive Agrarforschungen hatten vor allem in Asien mit der Hochleistungssorte IR64 („Wunderreis") die sogenannte „Grüne Revolution" in den 1960er-Jahren eingeleitet. Als ein „Technologiepaket aus Saatgut, Dünger und Wasser, zusätzlich Boden und Arbeit" erreichte sie bei den Kulturpflanzen Weizen und Mais, vor allem aber bei Reis, Flächenerträge, die zum Teil um mehrere hundert Prozent höher lagen als diejenigen, die man mit traditionellen Produktionsverfahren und Pflanzen erreicht hatte.

Doch mittlerweile ist der Produktionsanstieg deutlich zurückgegangen, die Reiserträge stagnieren sogar. Der Reis wird knapp, weil die Überproduktion und der massive Einsatz von Düngemitteln und Pestiziden den Boden erschöpft haben, zusätzlich Wassermangel die Erträge einschränkt und weil die Bevölkerung weiterhin wächst: Um die Menschen im Jahre 2030 so mit Reis zu versorgen wie im Jahre 1995, müssen die Ernten um 70 Prozent gesteigert werden.

Ein Teil der Lösung dieses Problems könnte kurzfristig über einen effizienteren Anbau und besseres Saatgut, langfristig über neue, leistungsfähigere Sorten erreicht werden. Am International Rice Research Institute bei Manila erprobt ein internationales Forscherteam neue Reissorten. Darunter sind solche, die den bisherigen Maximalertrag um weitere 15 bis 20 Prozent anheben, die mit der Hälfte des üblichen Wassers für Nassreis auskommen, die salztolerant und schädlingsresistent sind oder auf phosphorarmen Böden gedeihen. Viele dieser neuen Sorten sind genmanipulierte Hybridpflanzen. Sie haben es schwer, sich bei den asiatischen Bauern durchzusetzen. Dies ist nicht nur darauf zurückzuführen, dass bisher lediglich zehn Prozent der Reisernte von Hybridpflanzen stammt, sondern auch, weil zahlreiche Mängel bei den weltweit operierenden Saatgut-Herstellern aufgetreten sind, den Kleinbauern Know-how und Kapital fehlen und sie durch jährlich neue Käufe von Saatgut in die Abhängigkeit von Industrie und Kreditgebern gebracht werden.

Die ackerbauliche und viehwirtschaftliche Nutzung der Savannen führt häufig zu Schäden des sensiblen Ökosystems der Sommerfeuchten Tropen. Die Empfindlichkeit rührt vor allem von der Trockenheit, der Art und Weise der Niederschläge und von der zum Teil hohen Erosionsanfälligkeit der Böden bei oft spärlicher Vegetation her. Aufgrund des starken Anstiegs der Bevölkerung und der zunehmenden Landverknappung wurden die traditionellen Nutzungssysteme der Ackerbau- und Weide-

„Goldener Reis"

Zwei deutsche Forscher haben im Jahr 2000 eine neue, genmanipulierte Reispflanze vorgestellt. Sie ist so manipuliert, dass sie dem Körper Vitamin A zuführen kann. Heute leiden mehrere hundert Millionen Menschen weltweit an Vitamin-A-Mangel, vor allem in den ärmsten Ländern. In der Folge erblinden viele; jedes Jahr sterben rund zwei Millionen. Erste Feldversuche mit dem Einkreuzen des veränderten Reis in lokale Sorten laufen. Kritiker befürchten, dass auch andere Sorten ungewollt verändert werden.

1. *Informieren Sie sich zusätzlich (Atlas, Internet) und notieren Sie stichpunktartig die wesentlichen Probleme, mit denen sich ein kleinbäuerlicher Betrieb in der afrikanischen Trockensavanne konfrontiert sieht.*

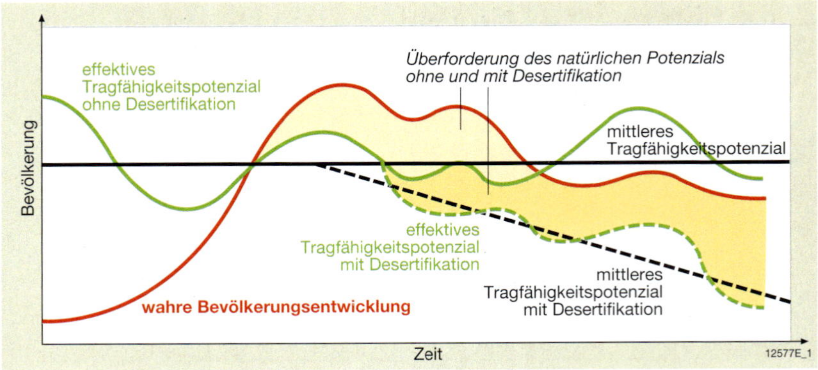

M 1: *Mögliche Entwicklung der Tragfähigkeit in der Sahel*

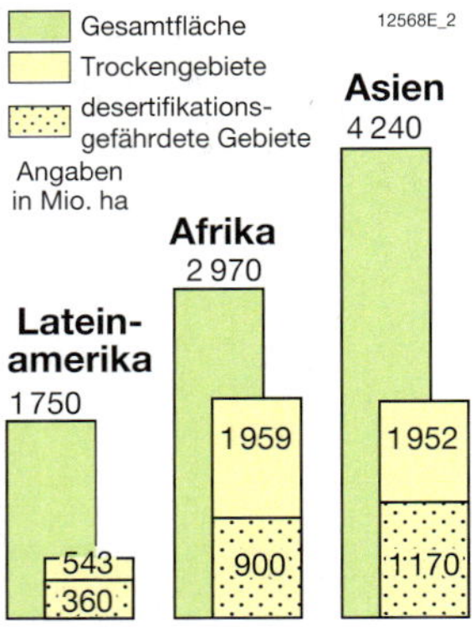

M 2: *Desertifikationsgefährdete Gebiete weltweit (ohne Wüsten)*

regionen verändert und die landwirtschaftliche Produktion vergrößert: In Afrika weiten die Bauern die permanenten Feldbausysteme aus, vergrößern das Areal der Böden, die für Landwirtschaft wenig geeignet sind und sich häufig jenseits der Trockengrenze befinden, und intensivieren die Produktion, ohne dabei jedoch den Boden nachhaltig zu schützen, etwa durch Erosionsschutz oder durch angepasste Formen der Bewässerung. Die Viehhirten vergrößern ihre Herden und nehmen zusätzliche marginale, wenig geeigneter Standorte in Anspruch. Die Maßnahmen führen häufig dazu, dass die Tragfähigkeit des Bodens überschritten wird und es zu Überweidung mit Zerstörung der Grasnarbe, großflächiger Erosion und letztlich Desertifikation kommt (M1, M2). Diese Überbeanspruchung marginaler Standorte durch die Landwirtschaft ist ausschließlich eine Folge der unangepassten Nutzung von Naturressourcen durch den Menschen.

M 3: Quellentext zur weltweiten Desertifikation
Desertifikationsbekämpfung 2005. Bericht des Bundesministeriums für wirtschaftliche Zusammenarbeit und Entwicklung (2005)

Man spricht von Desertifikation, wenn in Gebieten mit relativ trockenem Klima die natürlichen Ressourcen (Boden, Vegetation, Wasser) als Folge einer zu intensiven Nutzung durch den Menschen beeinträchtigt oder zerstört werden. Eine solche Zerstörung hat dramatische Folgen: Die Vegetation geht zurück oder verschwindet vollständig; Wasser wird zum Mangelgut; die Böden erodieren, versalzen oder versanden; Sand wird vom Wind verfrachtet und zerstört die Infrastruktur. Kurz: Das Land wird unfruchtbar und verödet. Man spricht dann häufig auch von Landschafts-Degradierung. Die Internationale Konvention zur Bekämpfung der Desertifikation definiert diese als „Landverödung in ariden, semiariden und trockenen subhumiden Gebieten infolge verschiedener Faktoren, einschließlich Klimaschwankungen und menschlicher Tätigkeiten". Landverödung bedeutet, dass biologische oder wirtschaftliche Produktivität und Vielfalt, Anbauflächen, Wiesen, Weideland und Wälder abnehmen oder verloren gehen. Als arid, semiarid und trocken subhumid werden Gebiete bezeichnet, „in denen das Verhältnis der jährlichen Niederschlagsmenge zur möglichen Verdunstung im Bereich von 0,05 bis 0,65 liegt, außer polare und subpolare Regionen". (...)

Desertifikation löst in den betroffenen Ländern vielfältige gesellschaftliche Probleme und Konflikte aus: Wenn die Fruchtbarkeit der Böden zurückgeht und Wasser zur Mangelware wird, ist die Versorgung der Bevölkerung mit Nahrungsmitteln und Trinkwasser gefährdet. (...) Die volkswirtschaftlichen Schäden und sozialen Kosten, die durch Desertifikation entstehen, sind enorm: Weltweit werden die ökonomischen Verluste in den betroffenen Regionen auf rund 42 Milliarden US-Dollar pro Jahr geschätzt.

1. *Bearbeiten Sie das Phänomen der Desertifikation.*
   a) *Erklären Sie den Begriff „Desertifikation".*
   b) *Erklären Sie die Verteilung desertifikationsgefährdeter Gebiete auf der Erde.*
   c) *Erklären Sie die Beziehung zwischen Tragfähigkeitspotential und Desertifikation (M 1)*

2.6.3 Beninischer Sudan

Der Wanderfeldbau war eine ökologisch angepasste Anbauweise in der gesamten Savannenzone. Externe, kolonialherrliche Zwänge und wachsender Bevölkerungsdruck haben jedoch zu einer Landnutzung geführt, die einen dauerhaften Anbau gefährdet.

In der gesamten Savannenzone mit sommerzeitlichen Niederschlägen herrschte traditionell Wanderfeldbau. Angebaut wurden Knollengewächse (Yams, Maniok, Taro, Patate) sowie Hirse (Afrika) und Mais (Amerika). Die Felder wurden nach ein- oder zweimaliger Nutzung aufgegeben und in entfernteren Orten neue angelegt. Damit war auch jeweils eine Verlagerung der Siedlungen verbunden. Voraussetzung für diese Anbauweise waren geringe Bevölkerungsdichte und Freizügigkeit. Für die Knollengewächse bedurfte es einer aufwändigen Bodenbearbeitung und arbeitsintensiven Feldgestaltung (M2), denn um das voluminöse Wachstum der Knollen zu ermöglichen, muss das Erdreich locker und verdrängbar sein.

In Benin, an der westafrikanischen Küste gelegen, stellten Yams und Maniok ehemals die wichtigste pflanzliche Nahrung dar. Zwar werden sie auch heute noch kultiviert. Doch inzwischen sind diesen Basisnahrungsmitteln Konkurrenten um die Anbaufläche erwachsen. Dazu gehören keineswegs Getreide – wie vielleicht zu erwarten –, sondern Erd- und Cashewnuss, Kokospalme, Ananas und vor allem Baumwolle. Weizen zur Herstellung der von den französischen Kolonialherren eingeführten und beliebten Baguettes wird importiert.

Der Übergang zu diesen neuen Anbaugewächsen, der nicht aus dem Bedürfnis der lokalen Bevölkerung erwuchs, war mit vielfältigen Veränderungen verbunden: Kokos-, Erd- und Cashewnuss wurden wie die Ananas in der Kolonialzeit eingeführt und in Plantagen für den Export produziert. Die Anbaugebiete für Kokospalme und Ananas erstrecken sich von der Küste bis nördlich von Abomey (M1). Nordwärts davon bis Parakou, ehemals Verbreitungsgebiet von Yams und Maniok sowie heute Weidegebiet der Fulbe-Nomaden, herrschen Cashewbaum- und Erdnusskulturen vor. Dazwischen liegen Baumwollfelder. Sie nehmen immer größere Flä-

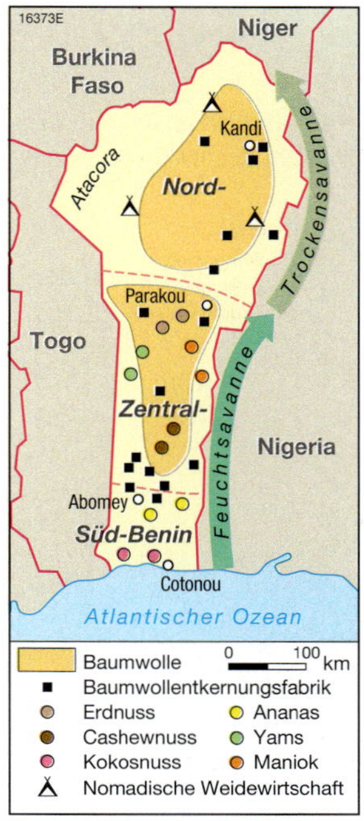

M4: *Benin: Anbaugebiete und Fabriken für Baumwolle*

M5: *Yamsfeld in der dafür typischen Hügelkultur von Zentral-Benin*

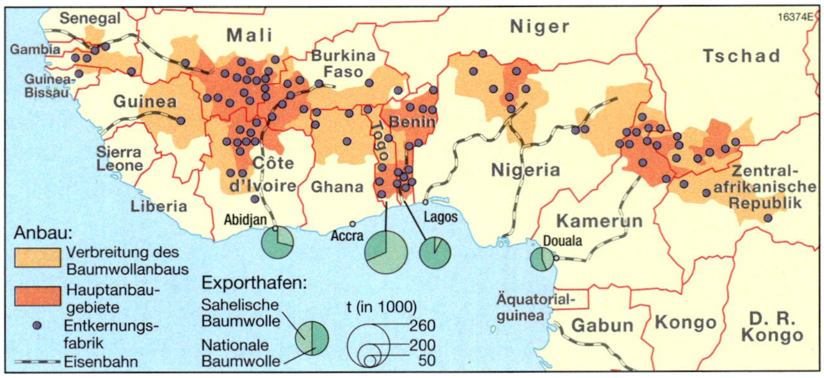

M 1: *Westafrika: Baumwollanbau und Baumvollverarbeitung*

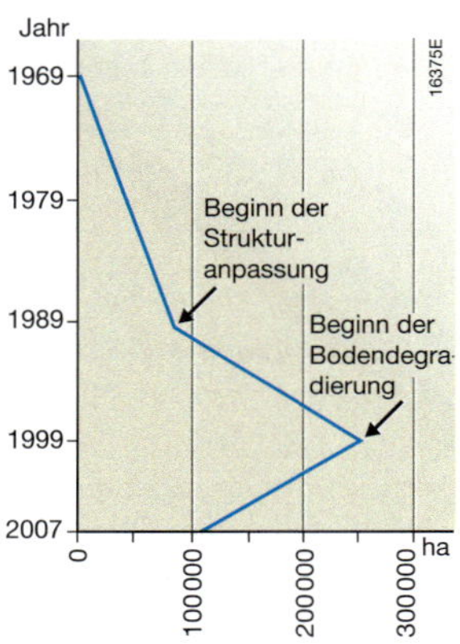

M 2: *Benin: Entwicklung der Baumwollanbaufläche 1969–2007 in ha*

chen ein. Im gesamten Norden Benins bildet Baumwolle heute – wie auch in den Nachbarländern (M 1) und weltweit in dieser Geoökozone – das vorherrschende Anbau- und Exportgewächs. Darauf sei ausführlicher eingegangen:

Der Baumwollanbau wurde in Westafrika durch die Kolonialmächte gefördert und verbreitet. In Mali, Burkina Faso, Elfenbeinküste und insbesondere in Benin stellt Baumwolle gegenwärtig das wichtigste Exportprodukt dar. Nach der Unabhängigkeit Benins (1960) wurde zwar von der sozialistischen Regierung auf Selbstversorgung mit Nahrungsmitteln gesetzt. Doch Baumwolle blieb weiterhin wichtigster Devisenbringer. Als sich Benin 1990 politisch liberalisierte, war es zahlungsunfähig und musste sich den Strukturanpassungsmaßnahmen von Weltbank (WB) und Internationalem Währungsfond (IWF) beugen. Wichtigste Maßnahmen waren Liberalisierung des Handels und Schaffung von Deviseneinnahmen. Dazu bot einzig die Landwirtschaft Perspektiven. Neben der Ausdehnung des Erdnuss- (1997 = 24 % der landwirtschaftlichen Nutzfläche) und Cashewnussanbaus (12 %) erfuhr Baumwolle die größte Aufmerksamkeit. Im Jahr 1997 betrug ihr Anteil an der landwirtschaftlichen Nutzfläche Benins 76 Prozent (M 2). Die Produktion war von 1990 bis 1997 von 149 406 t auf 386 402 t gestiegen. Über 90 Prozent der Produktion werden exportiert. Die Zahl der Entkernungsfabriken hatte sich im gleichen Zeitraum von sechs – ehemals staatlichen – auf insgesamt sechzehn – alle privat – erhöht.

An der Ausdehnung des Baumwollanbaus waren vor allem Kleinbauern sowie ehemalige Nomaden der Fulbe und auch Migranten aus den Städten an der Küste und aus dem extrem kargen Nordwesten des Landes (Atacora) beteiligt. Sie versuchten sich eine neue Existenz zu schaffen.

Die Erweiterung des Baumwollanbaus stellt eine regelrechte Landnahme dar, die sich auf gesamt Zentral- und Nord-Benin erstreckt. Dieser Landnahme fallen weite Teile der hier verbreiteten Feucht-/Baum- und Trocken-/Busch-und Grassavanne durch (traditionelle) Brandrodung zum Opfer (M 3). Auf derart gewonnenen Feldflächen findet für mehrere Jahre raubbauartig der Anbau von Baumwolle statt (M 4). Denn Düngung erfolgt in Ermanglung finanzieller Mittel für Kunstdünger nicht oder einzig durch Verbrennen der Baumwollsträucher nach der Ernte. Da wegen fehlender Niederschläge nur ein Anbau pro Jahr möglich ist, bleiben die Felder brach liegen. Sie sind während des Winterhalbjahres dem heftigen, heißen und ständig von Norden wehenden Harmattan quasi schutzlos ausgesetzt. Das ausgetrocknete und durch die harten Hufe der weidenden

1. Werten Sie die Materialien von 2.6.3 unter der Überschrift „Benin: Anbau von Cash Crops – Belastung des zonalen Ökosystems“ aus.
2. Erstellen Sie eine Liste mit drei bis fünf Faktoren, die eher für a) den Individualraum und b) für die Geoökozone typisch sind.

M 3: *Brandrodung für ein Baumwollfeld*

Ziegen aufgelockerte Erdreich unterliegt der Winderosion. Der Boden verschwindet. Brocken von Laterit treten an die Oberfläche (M 5). Anbau lohnt nicht mehr oder ist ganz unmöglich. Die rasche Flächenerweiterung für den Baumwollanbau hat sich binnen weniger Jahre ins Gegenteil verkehrt.

Eine Regeneration der Bodenfruchtbarkeit findet nicht oder einzig in langen Zeiträumen statt. Der wilde Bewuchs erfolgt meist nur durch Dornsträucher oder Wolfsmilchgewächse (Euphorbien). Sie sind selbst für das genügsame Kamel ungenießbar. Der Anbau der traditionellen Nahrungsmittel Yams und Maniok ist auf diesen Flächen ganz unmöglich. Ein wie beim Wanderfeldbau übliches Ausweichen auf ungenutzte Savannenflächen ist wegen der inzwischen dichten Besiedlung und des staatlichen Landanspruchs nicht mehr möglich. Immer mehr bäuerliche Familien verlieren ihre Existenz und sind zur Abwanderung gezwungen.

Ähnlich wie beim raubbauartigen Anbau von Baumwolle sind die Folgen der Erdnussproduktion, die einer „Walze“ gleich die westafrikanischen Länder überrollt hat. Der großflächige Anbau von Exportprodukten, in allen Ländern der Region letztlich den Forderungen von WB und IWF geschuldet, wirkt sich nicht nur auf die agrarsozialen Verhältnisse nachteilig aus. Er stellt nicht weniger einen Eingriff in ein zonales Ökosystem dar, dessen negative Folgen auf unabsehbare Zeit wirken.

Yams

Traditionelle Grundnahrung in ganz Westafrika. Yams ist ein gurkenförmiges Knollengewächs, das in großen Mörsern zerkleinert und so lange gestampft wird, bis eine weiße, breiig-teigige Masse entsteht. Sie wird als solche erhitzt oder zu kloßartigen Ballen geformt und in Wasser gegart.

M 4: *Baumwollfeld nach der Ernte, seit circa sieben Jahren genutzt*

M 5: *Baumwollfeld nach circa zwölf Jahren Nutzung, nicht mehr nutzbar wegen Erschöpfung der Bodenfruchtbarkeit*

2.7 Geoökozone der Tropischen Regenwälder

Seine naturräumliche Ausstattung und ein Artenreichtum ohnegleichen machen den Tropischen Regenwald zu einer besonders beeindruckenden Geoökozone. Das fast ganzjährig feuchte und warme Klima ohne Trockenheit und Aspektwechsel fördert die Aktivität und das Wachstum der Pflanzen.

M 1: Quellentext zur Biodiversität des Tropischen Regenwalds
Müller-Hohenstein, K., Franz-Dieter Miotke, F.-D.: Die geoökologischen Zonen der Erde (1997)

Als erstes und wichtigstes Merkmal muss der Artenreichtum genannt werden. So sind z.B. im Amazonasbecken auf wenigen Hektar mehr Pflanzen- und Insektenarten gefunden worden, als bisher in der gesamten europäischen Fauna und Fora bekannt sind. 70 Prozent aller Regenwaldarten unter den Pflanzen gehören zu den Bäumen. Die Schätzungen für Baumarten belaufen sich auf 10 000 bis über 30 000 Arten. Eine Kraut- oder Strauchschicht ist in den Wäldern wegen des Lichtmangels am Boden kaum ausgebildet. Bis zu 100 verschiedene Baumarten sind auf einem Hektar gezählt worden. Von einer für die Tropen besonders charakteristischen Pflanzenfamilie, den Palmen, sind heute über 3 500 Arten bekannt. Viele Wissenschaftler gehen davon aus, dass etwa die Hälfte aller Pflanzen- und Tierarten in der Immerfeuchten Tropischen Regenwaldzone lebt. Viele davon sind noch gar nicht erfasst und beschrieben. (...)
Trotz der floristischen Vielfalt gibt es jedoch einige übereinstimmende strukturelle und morphologische Merkmale von Regenwaldarten. Überdurchschnittliches Längenwachstum und deutlich ausgeprägter Stockwerkbau durch unterschiedlich hohe Baumschichten gehören dazu. Diese Gliederung in Etagen wirkt wie ein Filtersystem. Der Regen und auch die von ihm herangeführten Nährstoffe werden nur allmählich zum Boden geführt.

M 2: *Tropischer Regenwald*

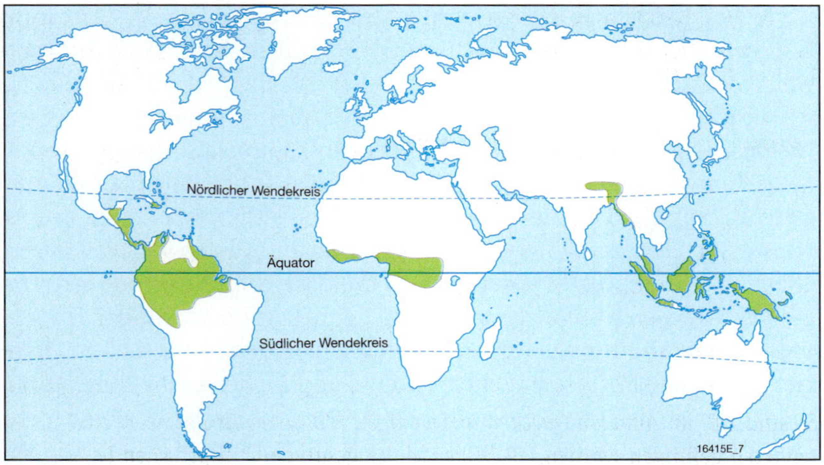

M 3: *Geoökozone der Tropischen Regenwälder*

2.7.1 Naturraum: extrem produktiv

Die Geoökozone der Tropischen Regenwälder (Immerfeuchte Tropen) erstreckt sich beiderseits des Äquators. Sie ist gekennzeichnet durch ganzjährig optimale Wachstumsbedingungen mit hoher Sonneneinstrahlung und Niederschlagsmenge. Die Vegetation ist üppig, obgleich die Böden nährstoffarm sind.

Die Geoökozone der Tropischen Regenwälder bildet den zentralen, äquatorialen Teil der Gesamttropen, die sich zwischen dem nördlichen und südlichen Wendekreis (10 °n. und s. Breite) erstrecken. Die Klimazone der Immerfeuchten Tropen deckt sich weitgehend mit dem Verbreitungsgebiet der Tropischen Regenwälder. An den Ostseiten von Südamerika und Afrika fehlen die Regenwälder aufgrund trockener kontinentaler Passatwinde. Dort, wo zusätzlich zu den Zenitalregen auch Niederschläge durch auflandige Monsun- und Passatwinde erfolgen, dehnen sich die Immerfeuchten Tropen hingegen weiter polwärts aus.

Geoökozone der Tropischen Regenwälder
Auch Immerfeuchte (Dauerfeuchte) Tropen, Immergrüne Tropen oder Zentrale Tropen

Die Abgrenzung zu den Feuchtsavannen erfolgt hygrisch, das heißt nach der Zahl der humiden Monate. In Regionen mit mehr als neun humiden Monaten beginnt der Regenwald. Aufgrund ihrer Höhenlage lassen sich Tieflandregenwälder (bis 800 m über dem Meeresspiegel), Bergregenwälder (bis 2 100 m) sowie Bergnebelwälder und Wolkenwälder (bis 3 200 m) differenzieren. Da Feuchtsavanne und Tropischer Regenwald gemeinsame Eigenschaften bezüglich Böden, Vegetation und Landnutzung besitzen, werden sie auch als Feuchte Tropen zusammengefasst.

Niederschlag in großen Mengen und über das ganze Jahr verteilt ist ein wesentliches Kennzeichen der Immerfeuchten Tropen. Ein Hauptgrund für die hohen Niederschlagsmengen ist die Innertropische Konvergenzzone (vgl. 1.3.1), ein relativ schmales, nur etwa 500 km breites Band. Hier treffen die Nordost- und Südostpassate zusammen und steigen mit den riesigen Wasserdampfmengen, die sie auf dem Weg über die Ozeane aufgenommen haben, auf. Diese Konvektion ist eine Folge starker Erwärmung durch den hohen Einfallswinkel der Sonnenstrahlen (Zenitstand, „thermischer Äquator") sowie der feuchtlabilen Luftmassen mit ihrer großen Neigung zu Vertikalaustausch. Er führt zu ausgiebigen, heftigen und täglich fast zur gleichen Zeit auftretenden Niederschlägen.

Für die Witterungsabläufe der Tropen ist die scheinbare Wanderung der Sonne von großer Bedeutung. Aufgrund der Neigung der Erdachse gegenüber der Ekliptik (vgl. 1.3.1) steht sie an einem Tag im Zenit über den Wendekreisen (21. 06. nördlicher, 21. 12. südlicher Wendekreis), über jedem anderen Ort in den Tropen an zwei Tagen. Über dem Äquator geschieht dies genau am 21. 03. und 23. 09.

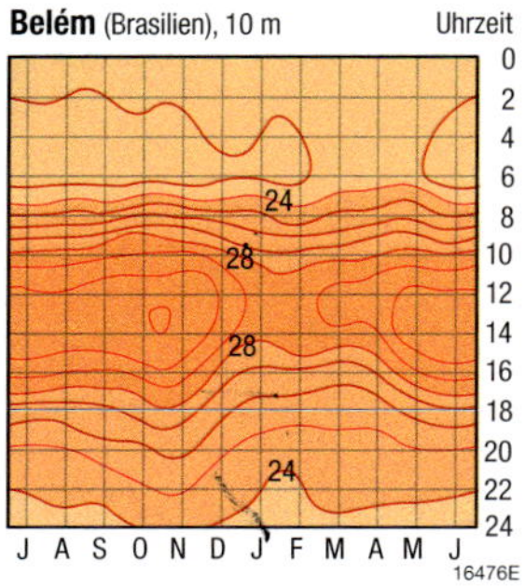

M 1: *Thermoisoplethendiagramm der Immerfeuchten Tropen (Beispiel Belém, Brasilien)*

1. Der ganzjährig hohe Sonnenstand mit einem großen Einstrahlungswinkel (nie <43°) macht die Tropen zu dem Gebiet mit der weltweit höchsten Insolation. Dabei ist die kurzwellige Strahlung über sowie unmittelbar nördlich und südlich des Äquators wegen der häufigen Niederschlagswolken geringer als in den wolkenfreien Rand-/Subtropen beiderseits der Wendekreise. Die intensive, das ganze Jahr über nahezu gleichmäßige Sonneneinstrahlung in den Tropen führt zu hohen Durchschnittstemperaturen (25–30 °C im Tiefland) und zu den weltweit ausgeglichensten Temperaturverhältnissen. Die daraus resultierende (extrem) geringe Jahresamplitude (Isothermie) ist ein Hauptmerkmal der Tropenzone und Grund für das Fehlen thermischer Jahreszeiten (Nacht = Winter der Tropen). Mit selten mehr als 3 °C ist sie geringer als die Tagesamplitude (thermisches Tageszeitenklima), obwohl diese auch nur selten mehr als 10 °C beträgt. Das ist im Wesentlichen auf die hohe Luftfeuchtigkeit und die starke Wolkenbildung zurückzuführen. Dadurch wird unter anderem die Ausstrahlung reduziert, vor allem die nächtliche Abkühlung. Zu den Wendekreisen hin wird die Jahresamplitude stärker. Eine Schwankung von 12 °C im Jahresverlauf ist der Grenzwert zu den Subtropen.

2. Neben den Temperaturen sind auch die Niederschläge in den Inneren Tropen sehr hoch (<1 500 mm/Jahr). Rund die Hälfte der weltweiten Niederschläge geht allein in den Feuchten Tropen nieder. Sie fallen fast ausschließlich als Zenitalregen und folgen zeitlich mit einiger Verzögerung der maximalen Einstrahlung des höchsten Sonnenstandes. Die konvektiven Niederschläge resultieren aus Quell- und Cumuluswolken über der Innertropischen Konvergenzzone. Da die Zenitstände jeweils im März und September erreicht werden, führt das bei der jahreszeitlichen Verteilung der Niederschläge idealerweise zu zwei Maxima, etwa im April und Oktober. Der in den Sommerfeuchten Tropen und in den Winterfeuchten Subtropen anzutreffende Wechsel zwischen Regenzeit und Trockenzeit ist auch in den Immerfeuchten Tropen festzustellen, bei weitem aber zeitlich und mengenmäßig deutlich weniger ausgeprägt (M3). Zwischen den beiden Regenmaxima gehen die Niederschlagsmengen zurück. Selten entsteht dabei jedoch eine echte Trockenzeit (M2), also ein Zeitraum mit negativer Wasserbilanz, in dem die Verdunstung – die jährliche Evapotranspiration liegt immerhin bei über 1 000 mm – höher ist als die Niederschläge. Die Verdunstung „verbraucht" weit über die Hälfte der Strahlungsenergie. Diese fließt als latente Wärme (Verdunstungswärme) in die globale atmosphärische Zirkulation. Auch der Jahresgang des Bodenwasserhaushalts (M5) zeigt den ganzjährig hohen Niederschlag, der fast

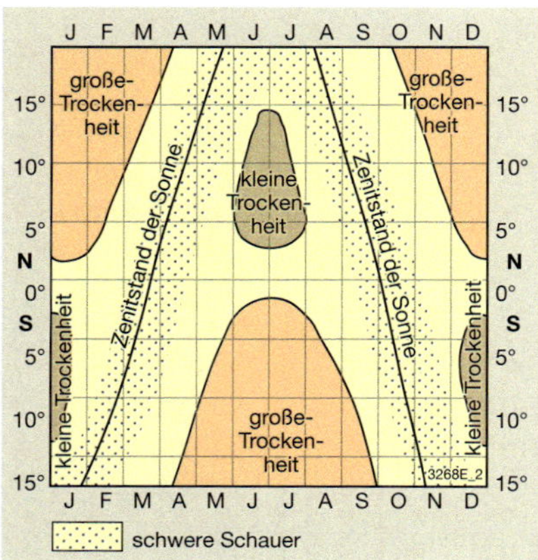

M 2: *Niederschlag in den Tropen*

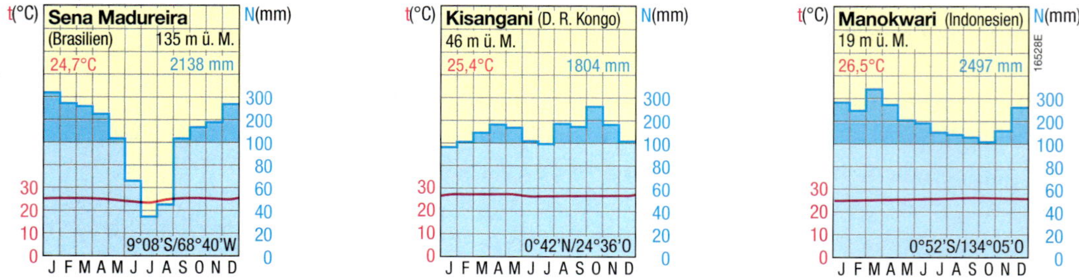

M 3: *Klimadiagramme der Immerfeuchten Tropen*

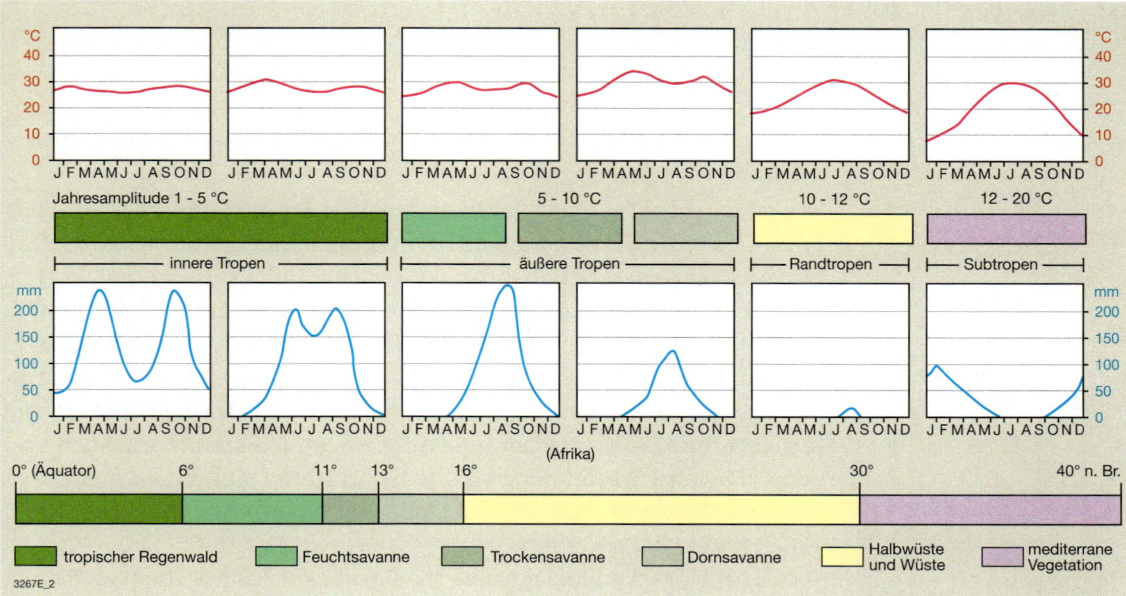

M 4: *Modellhafte Abfolge von Temperatur, Niederschlag und Vegetation in den Tropen*

immer den Wasserbedarf übersteigt und somit Wasserüberschuss sowie hohe Bodenwasserspeicherwerte produziert.

Die gleichbleibend hohen Temperaturen und Niederschläge führen zu einem hohen Wasserdampfgehalt der Luft (tropische Schwüle). Die meisten Niederschläge in den Inneren Tropen (etwa 60 %) sind kurz und intensiv. Sie dauern höchstens eine Stunde und ergeben im Durchschnitt eine Regenmenge von 20 mm. Dabei handelt es sich vorwiegend um nachmittägliche Gewitterschauer. Ihre hohe Erosionsleistung kommt nur dort zum Tragen, wo das schützende Walddach fehlt, etwa bei den durch Brandrodung ihrer ursprünglichen Vegetation beraubten Waldböden.

Tropische Wirbelstürme und Orkane, die in der Geoökozone verheerende Schäden anrichten können, treten erst im Randbereich der Inneren Tropen auf. Diese Hurrikans (Nordamerika) oder Taifune (Ostasien) sind im Wesentlichen extrem starke thermische Tiefdruckgebiete. Sie entstehen über warmen, tropischen Meeren, deren Wassertemperaturen wenigstens 26 °C betragen müssen – also nicht im Südatlantik –, damit ausreichend Energie und Wasserdampf zur Verfügung stehen. Außerdem bedarf es einer entsprechenden Coriolisbeschleunigung, um die stark konvektiven Luftmassen zur Rotation (Geschwindigkeiten von 120 – 200 km) zu bringen, also erst ab 8° bis 10° nördlicher und südlicher Breite. Die Wirbelstürme entstehen vorrangig am Ende des Sommers der betreffenden Halbkugel. Ihre zerstörerische Kraft mit extrem starken Niederschlägen kann über Land nur kurze Zeit aufrecht erhalten werden.

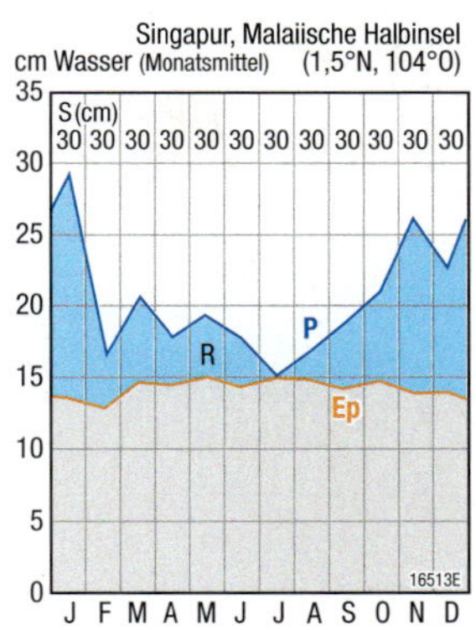

M 5: *Jahresgang eines Bodenwasserhaushalts in den Immerfeuchten Tropen (Beispiel Singapur)*

3. Gegenüber den günstigen klimatischen Bedingungen ist die große Vielfalt der Bodentypen der Geoökozone geprägt von einer mäßigen bis sehr geringen Fruchtbarkeit. Bis auf junge vulkanische (z. B. auf Java) und Alluvialböden (z. B. Varzea-Wälder am Amazonas) sind die Böden sehr alt. Sie waren einer Jahrmillionen dauernden, aufgrund von Wärme und Feuchtigkeit extrem hohen chemischen Verwitterung ausgesetzt. Dies hat zu zwei negativen Ergebnissen geführt: Zum einen ist das Ausgangsgestein sehr tiefgründig zersetzt. Dadurch ist der Bestand an Restmineralen und damit ein natürliches Reservoir für Pflanzennährstoffe fast

Alluvialboden
durch Überschwemmungen geprägte Schwemmlandböden an Meeresküsten, Fluss- und Seeufern

M 1: *Veränderung chemischer und physikalischer Faktoren*

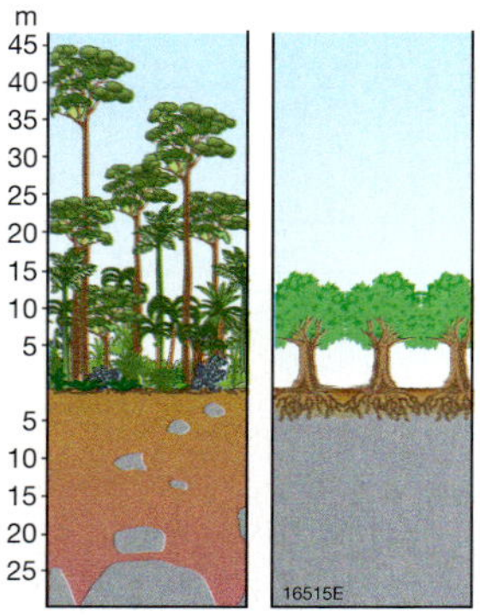

M 2: *Mitteleuropäischer Wald und Tropischer Regenwald im Vergleich*

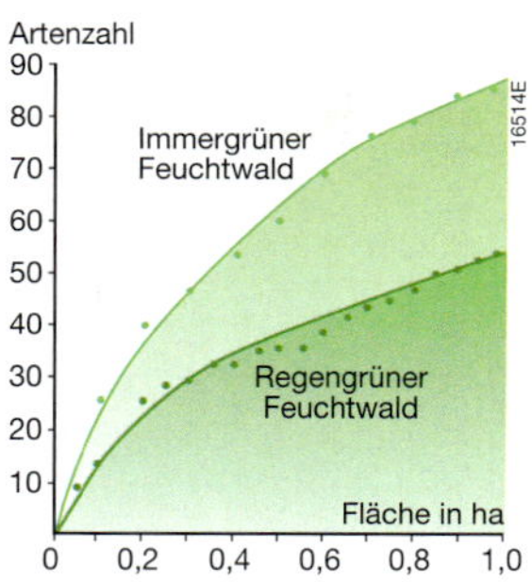

M 3: *Durchschnittliche Anzahl der Baumarten in immerfeuchte und sommerfeuchte Regenwäldern*

1. *Erläutern Sie, inwieweit sich Temperatur, Niederschlag und Bodenverhältnisse auf die Vegetation auswirken.*
2. *Beurteilen Sie den Stellenwert der Geoökofaktoren Klima und Boden für eine landwirtschaftliche Nutzung in den Feuchten Tropen.*

aufgebraucht (M 1). Zum anderen bestehen die mineralischen Kolloide überwiegend aus dem Zweischichttonmineral Kaolinit mit einer sehr geringen Kationenaustauschkapazität. Darüber hinaus bewirkt die Verwitterung die in den Tropen typische Anreicherung von Eisen-, Mangan- und Aluminiumoxiden (Sesquioxiden, überwiegend im A-Horizont). Erstere verleihen den Böden ihre charakteristische Farbe (orange-gelb bis rostbraun). Der zonale Bodentyp der Immerfeuchten Tropen ist der Ferralsol mit einer starken Anreicherung von Eisen- und Aluminiumoxiden und einer teilweisen Verbreitung von Lateritkrusten. Trotz der Nachteile können diese Böden bei entsprechenden Maßnahmen, etwa Mulchen, Kalken oder Fruchtwechsel, agrarwirtschaftlich genutzt werden.

Die geringe Kationenaustauschkapazität und damit die Unfähigkeit des Bodens, Nährstoffe für eine bestimmte Zeit zu speichern, könnte zu einem Teil durch die Humusauflage ausgeglichen werden. Denn der Humus liefert nicht nur Nährstoffe, sondern besitzt auch eine hohe Kationenaustauschkapazität. In der Regel ist die Humusschicht jedoch sehr dünn (1 bis 3 cm), weil die organische Substanz in den Immerfeuchten Tropen rund fünf- bis zehnmal so schnell abgebaut wird wie in den Gemäßigten Breiten. Die bei dieser Mineralisierung entstehenden Nährstoffe werden den Pflanzen sofort wieder zur Verfügung gestellt. Nachteilig ist außerdem eine hohe Bodenacidität (geringer pH-Wert). Sie führt dazu, dass sich große Mengen an Wasserstoff- und Aluminiumionen an die Kationenaustauscher anlagern und damit den Pflanzennährstoffen quasi den Platz wegnehmen.

4. Während die mitteleuropäischen Wälder sehr artenarm (nur rund zehn Baumarten) und monostrukturiert sind (ein bis zwei Arten machen über 90 % des jeweiligen Baumbestandes aus), reicht die Zahl der Holzarten in den Tropischen Regenwäldern bis zu 300 Stämmen je Hektar (M2, M3). Bei über einem Drittel der Arten gibt es je Hektar nur ein Exemplar. Der Tieflandregenwald, die differenzierteste Regenwaldformation, ist in drei bis fünf Stockwerke gegliedert, in denen jeweils typische, extrem spezialisierte Pflanzen leben. Bäume erreichen Wuchshöhen von bis zu 60 m.

Die hohe Pflanzenproduktivität ist ein weiteres auffälliges Merkmal des Tropischen Regenwaldes und letztlich der Existenz der Mykorrhiza (Wurzelpilze) zuzuschreiben, die mit ihren Wirtspflanzen in Symbiose leben. Zum einen mineralisieren sie selbst die organische Streu, zum anderen filtern sie aus der durchsickernden Bodenlösung die Nährstoffe heraus („Nährstofffallen") und geben diese an die Pflanzenwurzeln weiter. Sie verhindern somit zum einen Nährstoffverluste durch Auswaschung als Folge der hohen Niederschläge und ermöglichen zum anderen einen kurzen und sehr effektiven geschlossenen Nährstoffkreislauf, sodass Tropische Regenwälder Jahrtausende lang auf demselben Boden existieren können. Fast der gesamte Nährstoffvorrat des Waldes ist in der oberirdischen Phytomasse gebunden.

2.7.2 Kulturraum: problematische Landnutzung

Der Tropische Regenwald hat ein sehr sensibles Ökosystem, das mit moderner intensiver Landwirtschaft nur an wenigen Gunstorten vereinbar ist. Landwirtschaftliche Nutzung kommt dort zu angemessenen Erträgen, wo man nachhaltig wirtschaftet. Das setzt voraus, dass der vorhandene Naturhaushalt intakt bleibt.

Obwohl die Länder der tropischen Regenwaldgebiete in ihrer Entwicklung sehr unterschiedlich sind, nimmt die Landwirtschaft sowohl hinsichtlich der Bindung der nationalen Arbeitskräfte als auch bezüglich ihres wirtschaftlichen Stellenwertes eine Schlüsselposition ein. Die überwiegend kleinbäuerlichen Familienbetriebe versorgen sich selbst und über lokale und regionale Märkte auch eine wachsende Bevölkerung. Zusätzlich tragen sie über Cash Crops wie Bananen, Ananas, Tee oder Kaffee zur Verbesserung der nationalen Haushalte bei.

Der Wanderfeldbau (Shifting Cultivation) ist die ursprüngliche Form der ackerbaulichen Nutzung der Feuchten Tropen. Auch wenn diese Wirtschaftsform noch heute in Lateinamerika und Afrika große Gebiete einnimmt, liegt der Anteil der Wanderfeldbau betreibenden Bauern bei maximal zehn Prozent der Gesamtbevölkerung, ihr Anteil an der Agrarproduktion bei kaum mehr als drei Prozent. Bei dieser Form des Ackerbaus wird zunächst ein relativ kleines Stück Land, etwa ein Hektar groß, von Hand unvollständig gerodet (M4). Gegen Ende der Trockenzeit wird die abgestorbene und noch vorhandene (Baum)Vegetation verbrannt (Brandrodung), zu Beginn der Regenzeit wird mithilfe eines Pflanzstocks gepflanzt. Die mineralreiche Asche steht aber nur kurzfristig zur Verfügung. Da der Boden die Nährstoffe nicht adsorbieren kann, werden sie zusammen mit der dünnen Humusauflage von den heftigen Niederschlägen ausgewaschen und in die Vorfluter abtransportiert. Deswegen dauern die Anbauphasen in der Regel nur ein bis zwei Jahre. Danach ist der Bauer gezwungen, ein neues Terrain für den Anbau vorzubereiten. Das wegen Ertragsrückgang aufgegebene Feld bleibt ungenutzt. Hier entwickelt sich ein artenarmer niedriger Sekundärwald. Häufig ist die Biomasse auf dieser Fläche nach zehn bis zwölf Jahren wieder so angereichert, dass ausreichend Humus erzeugt werden kann, um die Fläche erneut ackerbaulich zu nutzen.

M 4: *Abholzung von Regenwald auf Sulawesi, Indonesien*

Der Wanderfeldbau ist bei ausreichender Brachezeit nachhaltig, aber wenig produktiv. Aus mehreren Gründen ist er weltweit rückläufig:

- hoher Flächen- und Ressourcenverbrauch: ein Hektar kultiviertes Land erfordert etwa zehn Hektar Brachland; für die Produktion von einer Tonne Getreide werden 300 Tonnen Biomasse vernichtet;
- rasches Bevölkerungswachstum: die durchschnittliche Bevölkerungsdichte der Inneren Tropen liegt heute etwa bei der doppelten Tragfähigkeit des Wanderfeldbaus;
- Ersatz durch Bewässerungs- (z.B. Reis in Asien) sowie durch permanenten Trockenfeldbau.

Obwohl große Anstrengungen unternommen werden, die landwirtschaftliche Produktion zu verbessern, bleibt die Produktivität des Trockenfeldbaus gering. Auch Düngung, Pflanzenschutz, verbesserte Brache, Kompostierung oder Einbeziehung von Viehwirtschaft können die nachteilige Bodensituation der Dauerfeuchten Tropen und die oft schlechten sozioökonomischen Bedingungen kaum ausgleichen.

Eine deutliche Erhöhung der Flächenproduktivität wird unter anderem durch den extrem arbeits- und zeitaufwändigen Bewässerungsfeldbau erreicht. Während beim Wanderfeldbau von einem Quadratkilometer etwa 30 Personen ernährt werden können, steigt die Zahl beim Bewässerungsfeldbau von Reis auf bis zu 2 000 Personen (Java) an, nicht zuletzt durch die Erfolge der Grünen Revolution (vgl. 2.6.2). Der Bewässerungsfeldbau ist in den tropischen Ländern Asiens stark verbreitet und mit der Reisanbaufläche fast identisch. In den tropischen Ländern Afrikas und Südamerikas macht er hingegen nur rund drei Prozent aus.

Dauerkulturen, die in den tropischen Regenwaldregionen eine relativ hohe Produktivität erreichen, sind weit verbreitet und aufgrund der Verdienstmöglichkeiten durch den Verkauf der hochwertigen Rohstoffe auch von steigender Bedeutung. Zu ihnen zählen zum Beispiel Kautschuk, Öl-/Kokospalmen, Kaffee, Kakao, Bananen, Zuckerrohr, Vanille oder Pfeffer. Häufig wird dabei der Wald in die landwirtschaftliche Nutzung integriert, zum einen um (Brenn)Holz und andere Baumerzeugnisse zu produzieren, zum anderen um ökologisch nachhaltig zu wirtschaften (Agroforstwirtschaft). So wird zum Beispiel über Allee- oder Stockwerksanbau der geschlossene Nährstoffkreislauf im tropischen Regenwald unter Mithilfe der Mykorrhiza beibehalten, ein vor starken Witterungseinflüssen schützendes Laubdach geschaffen und einjährige Feld- sowie mehrjährige Dauerkulturen als Unterpflanzung integriert.

Dauerkultur
nicht in die Fruchtfolge einbezogene Kulturen, die mehrjährig auf den Flächen verbleiben und wiederkehrende Erträge liefern, in den Tropen meist Baum- und Strauchkulturen

Die Dauerkulturen werden zum Teil von kleinen bis mittelgroßen Familienbetrieben bewirtschaftet. Die weltmarktabhängige Produktion bedeutet für sie häufig, dass sie sich bei Missernten verschulden und den wechselnden Preisen und dem sich wandelnden Geschmack der Verbraucher ausgeliefert sind. Die Marktfrüchte werden aber auch von großbetrieblichen Plantagen (M 1) angebaut. Diese wurden durch kapitalkräftige Ausländer infolge einer verstärkten Nachfrage seitens der Industrieländer nach (nahrungs)industriellen Rohstoffen (z. B. Palmöl, Kautschuk, Zucker oder Kakao) errichtet. Sie stellen eine bodenkonservierende und den natürlichen Bedingungen in den Feuchten Tropen weitgehend angepasste Nutzungsform dar. In den oft hoch flächenproduktiven, auf ein oder wenige Produkte spezialisierten landwirtschaftlichen Großbetrieben werden auf riesigen Flächen und unter Einsatz billiger Arbeitskräfte (früher Sklaven, heute verarmte Unterschicht) Produkte für den Weltmarkt erzeugt.

Neben den wirtschaftlichen Vorteilen ergeben sich eine Reihe gesellschaftlicher und ökologischer Probleme. Die Spezialisierung führt zu Monokulturen und zu starker Anfälligkeit durch Schädlinge und Krankheiten. Viele neu angelegte Plantagen, etwa Palmölplantagen in Kamerun oder Malaysia, vernichten großer Waldareale. Die intensive Nutzung führt langfristig zu Bodenerschöpfung und -degradation. Außerdem sind die Plantagen nur begrenzt auf die Bedürfnisse der einheimischen Bevölkerung ausgerichtet, und ein Großteil der erwirtschafteten Gewinne fließt in die Länder des Nordens ab.

1. *Ordnen Sie den Wanderfeldbau als landwirtschaftliches Nutzungssystem ein. Fertigen Sie dazu eine Mindmap an mit dem Thema „Wanderfeldbau".*
2. *Vergleichen Sie die Nutzungssysteme des Wanderfeldbaus und der Agrarkolonisation.*

M 1: *Palmölplantage mit Palmölfabrik auf Sumatra*

Die Tierhaltung und Fleischproduktion sind in der Geoökozone deutlich weniger ausgeprägt als Agrarwirtschaft und Pflanzenproduktion. Auf den kleinbäuerlichen Höfen werden Tiere nur nebenbei gehalten. Aber trotz der relativ ungünstigen Bedingungen (Klima, Parasiten, Seuchen, wenig gehaltvolle Naturgräser) gibt es in Amazonien große Viehranches, die brandgerodete Flächen weidewirtschaftlich nutzen.

Zudem haben die Tropischen Regenwälder ein enormes forstwirtschaftliches Potenzial und sind für eine Reihe von Entwicklungs- und Schwellenländern eine scheinbar unerschöpfliche Rohstoffquelle. Neben den landwirtschaftlichen Erzeugnissen ist Holz daher ein wichtiges Produkt, obwohl sein Anteil am weltweiten Gesamtholzertrag kaum mehr als zehn Prozent beträgt. Doch auch für die Forstwirtschaft gilt, dass das Regenwald-Ökosystem extrem anfällig ist und jeder unsachgemäße Eingriff des Menschen nachhaltig stört. Ein großer Teil des Rohstoffs Holz, überwiegend als Brennholz für die lokale Bevölkerung, fließt in die Gewinnung von Energie; ein weiterer Teil bildet in einigen Ländern die Grundlage einer oft bedeutenden Holzexportwirtschaft. Die forstliche Nutzung wird in der Regel von kapitalkräftigen ausländischen Unternehmen auf riesigen Konzessionsgebieten durchgeführt. Sie geschieht überwiegend durch selektiven Holzeinschlag (Creaming). Dabei werden nur wenige wertvolle und somit wirtschaftlich interessante Einzelstämme aus dem Bestand entnommen,

Holzanteil der Energiegewinnung 2004 (laut FAO):

Demokratische Republik Kongo 95 %, Gabun 17 %, Indonesien 68 %, Malaysia 10 %

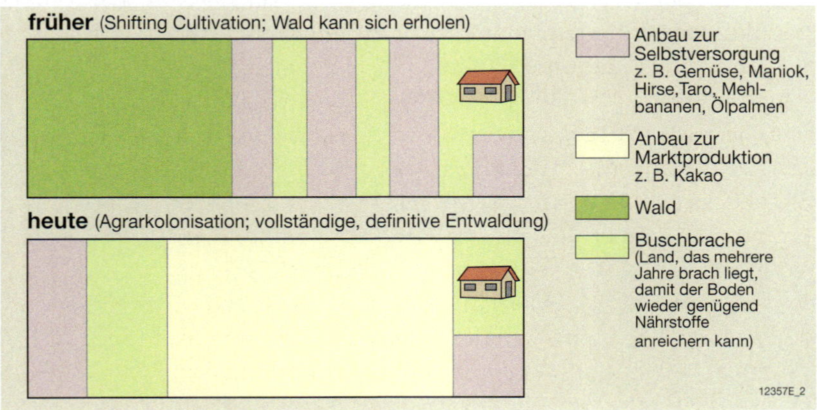

M 2: *Wechsel von Shifting Cultivation zur Agrarkolonisation mit Dauerfeldbau*

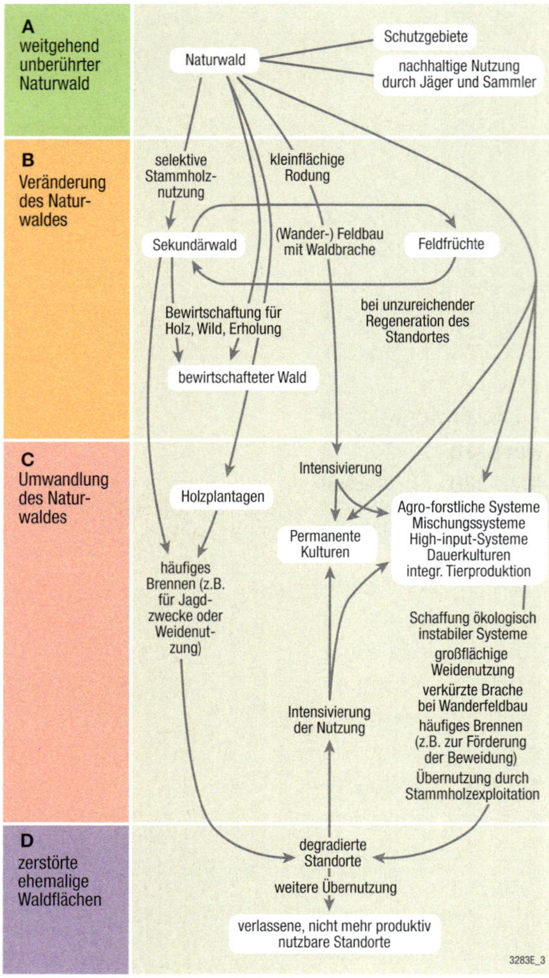

M 1: *Etappen bei der Zerstörung des Tropischen Regenwalds*

in Zentralafrika häufig etwa zwei große Stämme pro Hektar, in Südostasien bis zu zwölf.

Diese selektive Exploitation, für die zahlreiche Verkehrswege gebaut werden müssen, richtet neben anderen unangepassten Nutzungen erhebliche Schäden in den tropischen Regenwäldern an. Obwohl sich 1992 die Regierungen von 178 Ländern auf dem „Erdgipfel" zur Umwelt und Entwicklung in Rio de Janeiro auf das Leitbild der „nachhaltigen Entwicklung" verständigt und Maßnahmen zum Schutz der Wälder eingeleitet haben, sind seitdem über 200 Millionen ha an Tropenwäldern zerstört worden. Die Gründe sind vielfältig, wobei die häufige Schuldzuweisung an den traditionellen Wanderfeldbau nicht gerechtfertigt ist. Die weitaus höchsten Verluste erfuhren die tropischen Wälder durch die Agrarkolonisation durch landlose Kleinbauern, staatliche Umsiedlungs- und Erschließungsprogramme (z.B. Indonesien, Brasilien) und landwirtschaftliche Großbetriebe (Ranches, Plantagen). Seit einigen Jahren wird der tropische Regenwald in asiatischen und südamerikanischen Ländern zerstört, um Biokraftstoffe, Futtermittel oder nachwachsende Rohstoffe zu gewinnen.

Die Vernichtung der tropischen Regenwälder hat dramatische Folgen, nicht zuletzt weil dadurch nicht erforschtes, für die Zukunft der Menschheit wichtiges genetisches Material unwiederbringlich verloren geht. Auch laufen zahlreiche Völker, die im und vom Regenwald leben, Gefahr, mit dessen Verlust zugrunde zu gehen und mit ihnen ihr oft einzigartiges, Jahrhunderte altes Wissen um die Vorgänge in der Natur. Ferner beeinträchtigt der Verlust von Regenwäldern deren Funktion im globalen Klima- und Wasserhaushalt.

1. *Erklären Sie an einem Beispiel die Entstehung nicht mehr nutzbarer Standorte (M 1).*
2. *Informieren Sie sich zusätzlich und erstellen Sie ein Wirkungsgeflecht zu Ursachen und Folgen des Tropenwaldverlustes.*

M 2: *Abholzung von tropischem Regenwald in Kolumbien*

2.7.3 Brasilianischer Urwald

Der Urwald des Amazonasbeckens ist das größte geschlossene Waldgebiet der Tropen. Es zeichnet sich durch höchste Biodiversität aus und wirkt auf das globale Klima steuernd ein.

Der Urwald des Amazonasbeckens ist zentraler Teil der Geoökozone der Tropischen Regenwälder. Doch er ist kein homogenes Geoökosystem, sondern setzt sich aus mehreren geoökologischen Teilregionen zusammen:

1. Die größte Ausdehnung erreichen die Wälder auf den nicht überschwemmbaren Lagen des brasilianischen Berglandes und des Berglandes von Guayana (Floresta da Terra Firme). Da hier seit dem Tertiär keine einschneidende Klimaveränderung stattfand, hat sich eine Flora mit größtem Artenreichtum bei dichtester Biomasse entwickelt. Es wachsen die mächtigsten Holzgewächse in größter Vielfalt (140 – 280 Baumarten pro ha; z. B. Mahagoni).

2. Aus diesen Wäldern nördlich des Amazonas kommen die Schwarzwasser-Flüsse (Agua prêta) wie der Rio Negro. Sie durchfließen ausgedehnte Sumpfgebiete, wo sie sich mit Huminsäure anreichern. Sie führen keine Schwebestoffe mit und sind arm an Sauerstoff, Nährstoffen und tierischem Leben, weshalb die Uferwälle flach, unfruchtbar und fast siedlungslos sind. Die hier verbreiteten Igapó-Wälder bestehen aus Bäumen mit Stelz-(Luft-,' Atmungs-)Wurzeln, Baumfarnen und Palmen, die von Epiphyten, Lianen und Moosen überwuchert werden. Mit etwa 130 Baumspezies pro ha sind die Igapó jedoch weniger artenreich als die Wälder der Terra firme.

3. Die südlichen Zuflüsse des Amazonas heißen wegen ihres fast transparenten und trinkbaren Wassers Klarwasser-Flüsse (Agua clara). Sie zeichnen sich ebenfalls durch geringe Sedimentfracht und extremen Mangel an Nährstoffen aus. Dennoch – und die Wissenschaft weiß darauf noch keine allseits befriedigende Antwort – besitzen sie überraschenderweise eine vielfältige und artenreiche Lebenswelt.

4. Die von den Anden im Westen des Amazonasbeckens abgehenden Gewässer weisen ein extremes Gefälle mit hoher Erosionstätigkeit und infolgedessen reicher Schwebefracht auf. Sie gibt den Flüssen ihre weiße bis gelbliche Farbe. Diese sedimentreichen Weißwasser-Flüsse (Agua branca) schütten in dem weiten Bett des Amazonas – dem vermuteten Lauf des Uramazonas – ausgedehnte Inseln und Uferdämme mit zwischengelagerten Seen (Várzea-See) auf. Dieses verzweigte Schwemmland ist als Várzea bekannt (M 1, S. 114). Es wird wiederkehrend saisonal überflutet und ist daher nachhaltig fruchtbar (überschwemmbarer Campo). Die natürliche Vegetation gilt auch hier als artenreich (ca. 100 Spezies pro ha) und zeichnet sich durch niederwüchsige Palmenbestände und eine hohe Laubvegetation mit gewaltigen Baumriesen aus (Havea brasiliensis – Kautschukbaum). Die verzweigten Gewässer sind uferseits von „schwimmenden Wiesen" begleitet, die aus aquatischen Pflanzen (z. B. Victoria Regia, Wasserhyazinthen) bestehen. Die vor Überschwemmung sicheren Uferdämme und Inseln sowie die sich regenerierende Bodenfruchtbarkeit der Campos sind Ursache für die dichte Besiedlung der Várzea und

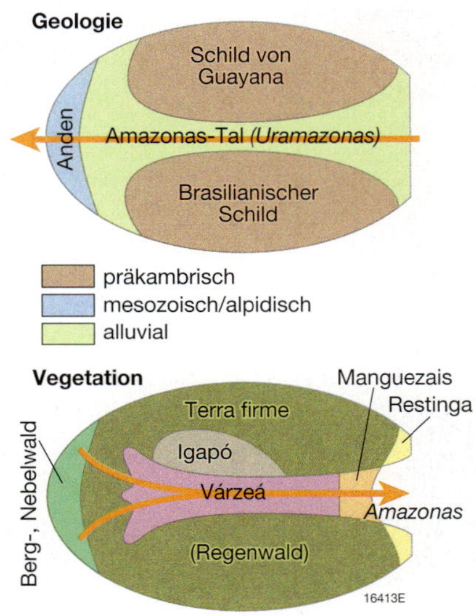

M 3: *Modell des Amazonasbeckens: Geologie und Vegetation*

Uramazonas

Auf dem Gondwana-Urkontinent verlief westwärts ein mächtiger Strom, der dem Verlauf des Amazonas folgte und in den Pazifik mündete. Mit dem Zerfall dieses Urkontinents, der Westwärtsdrift beider Amerika und der Auffaltung der Anden wurde der Lauf dieses Uramazonas blockiert. Sein ehemaliges Bett wird heute vom Amazonas genutzt.

die intensive ackerbauliche Nutzung. Reis, Mais, Knollenfrüchte (Maniok, Süßkartoffel) sowie Bananen, Zitrusfrüchte und Viehhaltung dienen der Ernährung, während Kakao, Paranüsse, Jute und Kautschuk sammelwirtschaftlich dem Markt zugeführt werden.

Das Vorkommen von Flüssen mit drei verschiedenen chemischen, physikalischen und farblichen Wasserqualitäten stellt eine Besonderheit des Amazonas dar und ist Ausdruck der regional verschiedenen Geoökosysteme. Dabei sei auf eine optische Besonderheit hingewiesen: Wegen der unterschiedlichen Temperatur (Weißwasser = 29 °C; Schwarzwasser = 31 °C) und Dichte der verschieden gefärbten Wassermassen vermischen sie sich beim Ineinandermünden nur langsam, sodass ein farblich geteilter Flusslauf entsteht. So fließen beim Zusammentreffen von Rio Negro und Amazonas unterhalb von Manaus die schwarzen Wassermassen des Rio Negro über vierzig Kilometer neben den gelbbraunen des Amazonas unvermischt nebeneinander.

5. Im mündungsnahen Bereich wird ein breiter Küstensaum von Mangroven-Buschwerk (Manguezais) eingenommen. Aufgrund der Salzwasser-Toleranz und der tief reichenden Stelzwurzeln der Mangrove erstreckt sich ihre Verbreitung über den gesamten Gezeitenbereich der Amazonas- Mündung.

6. Die Vegetation des anschließenden sandigen Küstenstreifens (Restinga) beiderseits des weiten Mündungstrichters entspricht zwar nicht physiognomisch, wohl aber vom Artenreichtum (über 250 Pflanzenarten pro ha) her der des tropischen Regenwaldes. Die Bedeutung dieses Reichtums für die menschliche Ernährung und Medizin kann vorerst nur erahnt werden.

Die Vegetationsüppigkeit des Amazonas-Urwaldes hat wiederholt zu Spekulationen über die Erschließung dieser Region für die Nahrungsmittelproduktion und die Produktion von industriellen Rohstoffen veranlasst. Inzwischen ist bekannt, dass die Urwaldböden, einmal ihrer natürlichen Walddecke beraubt, ihre scheinbare Fruchtbarkeit rasch verlieren und ihre frühere Vegetationsfülle nie mehr erreichen. Dauerhafte Nutzung durch Ackerbau und Plantagen ist nur auf den Überschwemmungsflächen der Várzea (Campos) möglich. Versuche, auf der Terra firme Plantagenanbau zu betreiben, sind bislang fehlgeschlagen. Ein eindrückliches Beispiel da-

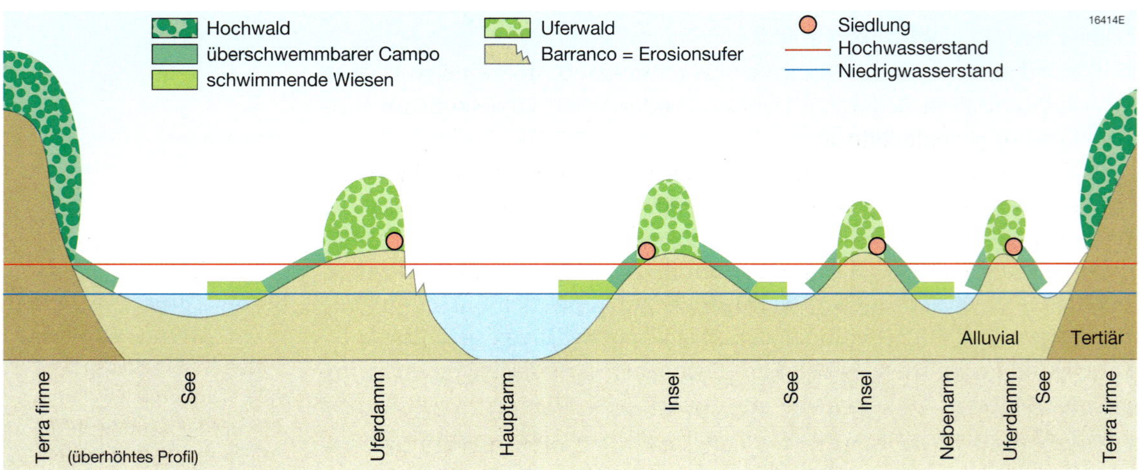

M 1: *Schematisches, überhöhtes Profil durch das Tal des unteren Amazonas (Várzea)*

M 2: *Bergbauprojekt Jarí, Serra Norte, Serra dos Carajás*

M 3: *Illegal für den Sojaanbau abgeholzte Flächen, Para*

für ist das Bemühen der Ford Motor Company, den für die Reifen ihrer Automobile notwendigen Kautschuk in Großplantagen am Amazonas zu produzieren. Die für diesen Zweck in den 1920er-Jahren gegründete Siedlung und Plantage (von 10 000 km²), Fordlândia, stieß rasch an die ökologischen Grenzen. Sie war nie erfolgreich und unterliegt heute dem Verfall.

Doch ungeachtet dieses Misserfolges ist der Bestand des Amazonas-Urwaldes durch gezielte und wilde Rodung bedroht. Von der gesamten Urwaldfläche, die etwa der Größe Australiens entspricht, wurden seit 1970 über 700 000 km² (= 2 x die Fläche der BRD) oder allein im Jahr 2003 Areale von der Größe des Landes Hessen (ca. 26 000 km²) vernichtet. Auch wenn die brasilianische Regierung mit internationaler Unterstützung versucht, dieser Entwicklung entgegen zu steuern, und in den vergangenen Jahren wiederholt von Erfolgen berichtet wurde, setzt sich die Urwaldzerstörung und damit die Bedrohung des Artenreichtums und der indigenen Bevölkerung (Indios) doch ungebrochen fort. Die Ursachen liegen im Flächenbedarf für den Bau von Straßen, Staudämmen und (wilder/geplanter) Siedlungerkolonien, für Erdölexploration, Bergbau (M 2) und legale wie illegale Holzexporte sowie vor allem für die verschiedenen Plantagen und Viehfarmen. Direkt stehen dahinter agroindustrielle, national und global agierende Unternehmen mit riesigem Landbedarf für den Anbau von Soja (M 3), (Nass-)Reis, Mais und Eukalyptus. Indirekte Triebfeder dafür ist die nationale und internationale Nachfrage nach agraren Rohstoffen, Futtermitteln und Bio-Treibstoffen, für die Brasilien inzwischen weltweit eine führende Rolle einnimmt.

Doch das Schwinden des Amazonas-Urwaldes besitzt eine weit über den ökonomischen Bedarf und verschwenderischen Luxuskonsum hinausreichende globale Relevanz:

1. Die üppige Urwaldvegetation verbraucht und bindet riesige Mengen des Treibhausgases CO_2 und trägt damit ganz entscheidend zum globalen Klima bei.

2. Die Amazonasregion entwickelt Wärmenergie, die in die Karibik abgegeben wird und zum Aufheizen des Golfstromes beiträgt.

3. Die Evapotranspiration der Wälder setzt enorme Wassermengen in die Atmosphäre frei, die ganz entscheidend den Süßwasserkreislauf der Erde mitbestimmen.

Daher ist es leicht vorstellbar, dass eine Schrumpfung oder gar das Verschwinden der Amazonaswälder weitreichende Folgen für das globale Klima und auch für die Geoökozonierung der Erde haben würde.

Soja

Ursprünglich im südlichen Brasilien als Folgekultur des Kaffees von Kleinbauern angebaut, dringt Soja dank des Bio-Treibstoffbooms (Öko-Diesel wird außer aus Rizinusöl vor allem aus Soja gewonnen) in Brasilien in jüngerer Zeit konsequent in den tropischen Regenwald vor. Treibende Kraft ist dabei das Agrobusiness und die Nachfrage nach Soja als Tierfutter in Europa.

1. *Werten Sie die Materialien von 2.7.3 unter der Überschrift „Amazonien, eine Region des Tropischen Regenwalds in Gefahr“ aus.*
2. *Erstellen Sie eine Liste mit drei bis fünf Faktoren, die eher a) für den Individualraum oder b) für die Geoökozone typisch sind.*

2.8 Geoökozone der Hochgebirge

Den Hochgebirgen fällt innerhalb des räumlich-zonalen Ordnungsmuster der Erde aufgrund ihrer vertikalen Erstreckung und höhenabhängigen Naturausstattung eine Sonderstellung zu.

In seinem Reisetagebuch beschreibt Alexander von Humboldt detailliert die Besteigung des Vulkankegels Teïde auf Teneriffa 1799, die er auf seiner Reise in die Neue Welt durchführte. Dabei erkannte er, dass sich mit zunehmender Höhe Temperatur, Vegetation und Landnutzung verändern. Diese Beobachtungen sollte er wenig später am Chimborazo in Ecuador wiederholen. Doch schon zuvor waren dem kolumbianischen Naturforscher Francisco José de Caldas (1771 – 1816) die mit der Höhe abnehmenden (Jahresmittel-)Temperaturen und sich verändernde Landnutzung aufgefallen. Seine Beobachtung veranlasste ihn zu einer Gliederung der lateinamerikanischen Hochgebirge nach der Temperatur in die Höhenstufen Tierra caliente (warm), Tierra templada (gemäßigt), Tierra fria (kühl) und Tierra helada (kalt). Diese Begriffe wurden von v. Hum-

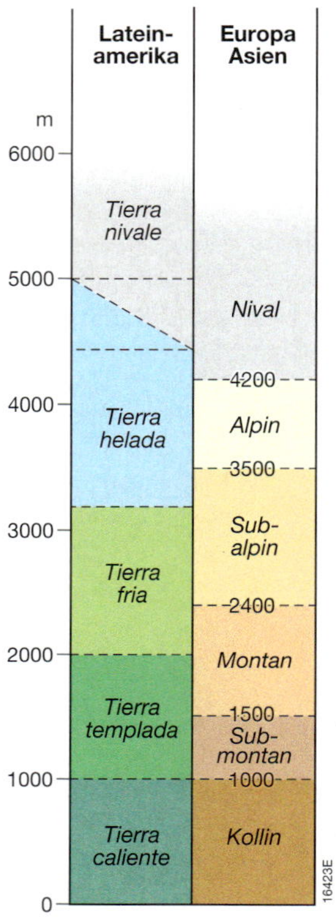

M 1: *Gebirgshöhenstufen und ihre Bezeichnungen in Lateinamerika und Europa-Asien*

M 2: *Höhendifferenzierung der Hochgebirge: Blick von Karimabad über den Hunza-Fluß auf die Feldterrassen von Nager und Gipfel von über 7 200 m*

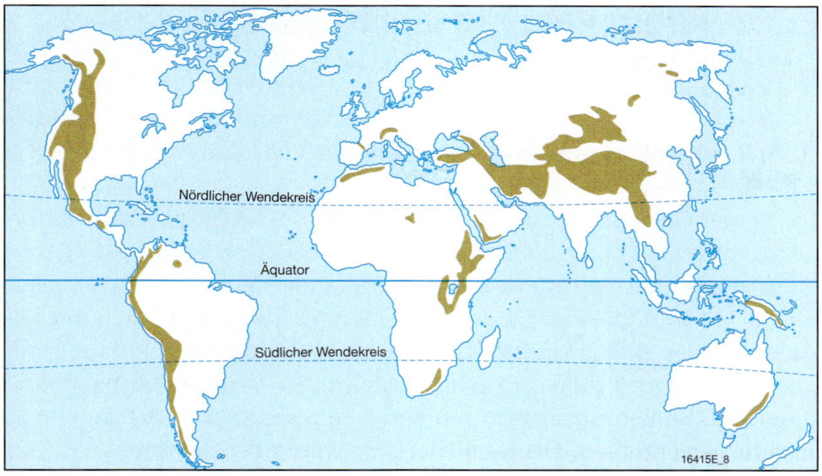

M 3: *Geoökozonen der Hochgebirge*

boldt übernommen und finden, erweitert durch Tierra nivale (frostig, eisig), heute noch Anwendung (M 1).

Inzwischen sind die Hochgebirge der Erde ein eigenes Forschungsgebiet. Dabei richtet sich das Interesse zum einen auf ihre Behandlung als eigenständiger (isolierter) Natur- und Lebensraum und zum anderen auf ihre ökologische, ökonomische und kulturelle Einbindung in die umgebenden Großräume. In jüngerer Zeit trat dazu die Frage nach dem Entwicklungspotenzial und den Entwicklungsperspektiven vor allem der Hochgebirge, die sich in peripherer oder unzugänglicher Lage befinden (vgl. 2.8.3).

Eine ‚Öffnung der Gebirge' wird über Austauschbeziehungen zwischen Vorland und Gebirge vermittelt, woran (...) moderne Verkehrserschließung, Arbeitskraftwanderungen und Tourismus vorrangig beteiligt (...) sind. Ein Aufholen des Entwicklungsrückstandes wird nicht allein durch eine bessere Zugänglichkeit ermöglicht, sondern verlangt zusätzlich eine Förderung der Abwanderung: (...) Die Entwicklung übervölkerter Berggebiete findet zunächst in den Vorländern statt, (...) Hochgebirgsregionen ‚reflektieren' als funktionale Ergänzungsräume den jeweiligen Entwicklungstand der Länder in ‚spezifischer Form'.

M 4: Quellentext zu den Entwicklungsperspektiven von Hochgebirgsräumen
Kreutzmann, H.: Hunza – Ländliche Entwicklung im Karakorum (1989)

Definitionsgemäß zeichnen sich Hochgebirge formal durch steile und hohe Aufragung (Reliefenergie) und vertikale Differenzierung (Stockwerksgliederung) aus. Der Gebirgskörper liegt mehrheitlich oberhalb der Waldgrenze und die schroffe Gipfelregion weist eine ewige Schnee- und Eisbedeckung auf. Die Hochgebirge, mehrheitlich in der alpidischen Faltung entstanden, durchziehen Nordafrika (Atlas), Europa (Pyrenäen, Alpen, Karpaten, Kaukasus), Asien (Taurus, Elburs, Hindukusch, Himalaya, Kamtschatka) und beide Amerika (Rocky Mountains, Anden). Auch die in den älteren Gebirgsbildungsphasen entstandenen Massive, wie Altai, Tien Shan und Stanowoi in Innerasien oder das äthiopische Hochland sowie die rezenten Vulkankegel Ostafrikas, Indonesiens und Lateinamerikas sind den Hochgebirgen zuzurechnen. Die inzwischen umfangreiche Hochgebirgsforschung führte zu der Einsicht, dass es sich bei den Hochgebirgen – trotz ihrer Lage innerhalb der verschiedenen Geoökozonen – um eine eigene Geoökozone handelt.

Gebirgsbildung

Im Wesentlichen werden drei Phasen der Gebirgsbildung unterschieden:

- *kaledonische Gebirgsbildung (Kambrium = Beginn 600 bis Ende 440 Mio. Jahre vor heute)*
- *variszische Gebirgsbildung (Devon, Rotliegendes = Beginn 400 bis Ende 250 Mio. Jahre vor heute)*
- *alpidische Gebirgsbildung (Jura, Oberkreide, Tertiär = Beginn vor 150 bis Ende etwa 50 Mio. Jahre vor heute)*

2.8.1 Naturraum: kalt und trocken

Hochgebirge zeichnen sich durch vertikale Ausdehnung und höhenabhängige Differenzierung aus. Damit stellen sie eine weitere Facette räumlicher Ordnung in der Vielfalt der Erde dar.

Eine höhenabhängige Differenzierung der Vegetation gibt es natürlich auch in den Mittelgebirgen, wo die Stufen der Eichen, Buchen, Edelkastanien, Nadelgehölze und der Grasweiden / Grinden ausgebildet sind und sich trotz menschlicher Eingriffe z. B. im Schwarzwald, in Vogesen, Cevennen oder Apenninen noch beobachten lassen.

Die Feststellung, dass die Nacht als der Winter der Tropen gilt, trifft auch für die daraus aufragenden Hochgebirge zu. Die Temperaturunterschiede zwischen Tag und Nacht können in den Gipfelregionen 40°C und mehr reichen.

Die ausgeprägte Gliederung in Höhenstufen auf engstem Raum ist im Hochgebirge auf eine höhenabhängige Veränderung wichtiger Gestaltungsfaktoren zurückzuführen. So sinkt mit steigender Höhe die Temperatur, die Luft wird dünner, Sauerstoffgehalt und Niederschläge nehmen ab. Zudem finden höhenparallel Veränderungen der Oberflächengestaltung sowie eine Verringerung der Artenvielfalt und der Vegetationsdichte statt.

1. Die Temperatur nimmt mit der Höhe um 0,5 bis 0,6 °C pro 100 m ab. So liegen zum Beispiel im Alpenvorland die Jahresmitteltemperaturen bei 8 bis 10 °C, in den unmittelbar benachbarten Alpen in 2 000 m Höhe schon bei etwa 0 °C und bei 3 000 m unter -6 °C. Durch die Temperaturabnahme verkürzt sich die Wachstumsperiode, die bei einer Tagesmitteltemperatur von über 5 °C beginnt, pro 100 Höhenmeter um sechs bis sieben Tage. Dieser Effekt wird überlagert durch die Exposition gegenüber der Sonne, wobei je nach Halbkugel die Süd- oder Nordhänge begünstigt werden. Abgemildert wird die Temperaturabnahme durch zwei Effekte: zum einen durch das Vorhandensein eines thermisch ausgeglichenen Jahresganges in gleicher Höhenlage bei den tropischen Hochgebirgen (keine thermischen Ruhezeiten) und zum anderen durch die Massenerhebung der Gebirge. Sie bewirkt, dass es innerhalb der Gebirge wärmer ist als auf gleichem Niveau der freien Atmosphäre. Für den bolivianischen Altiplano beträgt dieser relative Wärmeeffekt 6 bis 8 °C. Dadurch sind hier noch in etwa 3 800 m Gerste- und Kartoffelanbau möglich (M2). In den Gipfelregionen der Hochgebirge jedoch herrschen klimatische Verhältnisse wie in den Polargebieten.

Parallel zum Temperaturabfall mit zunehmender Höhe wird die Luft dünner und sinkt der Sauerstoffgehalt. Wegen der gleichlaufend auch dünner werdenden Atmosphäre steigt die Einstrahlung während des Tages und ist zum Beispiel in 2 500 m Höhe um ein Drittel intensiver

M 1: *Matterhorn*

als im benachbarten Tiefland. Nachts jedoch erreicht die Ausstrahlung höchste Werte, und es wird extrem kalt. Somit herrschen scharfe Temperaturunterschiede zwischen Tag und Nacht. Sie werden durch den sinkenden Luftdruck noch verstärkt. Er beträgt in 3 000 m zwar noch 66 Prozent, in 5 500 m jedoch nur 50 Prozent desjenigen in Meeresniveau. Dadurch erhöht sich die Verdunstung und nehmen die Austrocknung des Bodens sowie Evaporation und Transpiration zu. Die Vegetation schützt sich dagegen durch gedrungenen Wuchs (Polstergewächse) und durch wollartige Bedeckung der Pflanzenoberflächen (Wollschopf-, Wollbaumgewächse).

2. Die Niederschläge und der Wasserdampfgehalt der Luft steigen in den unteren Gebirgslagen zwar an und die Feuchtigkeit der Luft verdichte sich in circa 3 000 m in den Tropen zu stabilen Wolkennebel-Horizonten (Ceja). Doch darüber nehmen die Niederschläge rasch ab, und es stellen sich aride Verhältnisse ein. Sie werden durch die schon erwähnten Einstrahlungs- und Verdunstungsverhältnisse noch verstärkt.

3. Weiteres auffälliges Kennzeichen der Hochgebirge ist der hypsometrische (mit der Höhe erfolgende) Formenwandel der Oberfläche: a) In den älteren Hochgebirgsmassiven, die in langen geologischen Zeiträumen quasi blockartig herausgehoben wurden, herrschen ausgedehnte Verflachungen und Einebnungen, die sogenannten Rumpfflächen vor. Die darüber aufragenden Gipfel sind durch die glazigene Karverwitterung pyramidenförmig gestaltet. b) Die jungen, alpidisch gefalteten Kettengebirge hingegen sind vertikal vielfältiger gegliedert. Schlucht- oder wannenartig eingetiefte Kerb- oder Muldentäler sowie die weiten, glazial ausgeschürften Trogtäler bilden das unterste formale Stockwerk. Die steilen Talflanken können mehrfach terrassiert sein. Sie zeigen die phasenweise Heraushebung des Gebirges an und sind die Ansatzstellen für die Besiedlung. Darüber erstrecken sich im Gebirgsinneren die weiten, von Gletschern geprägten flachen Trogschultern. Sie lassen sich bergwärts bis in die von (Gletscher-)Eis erfüllten Kare verfolgen und sind dank ihres Grasreichtums begehrte Weiden. Sie werden von den scharfgratigen Gipfeln überragt. Eine Besonderheit sind die von Kettengebirgszügen eingerahmten großen Becken wie etwa Altiplano und Tibet. c) Den vorherrschend rezenten Vulkanmassiven hingegen fehlt die formale Höhendiffe-

M 2: *Kartoffelernte im Hochland von Bolivien*

1. Erläutern Sie die Faktoren, die Einfluss auf die Temperaturentwicklung in den Hochgebirgen haben.

Eindrucksvolle Anpassungen der Flora an die Hochgebirgsbedingungen findet man in den Hochgebirgsmooren des Munt Kenia (Kenia). Dort gibt es endemische Pflanzen, die wie die niedere, bodenbedeckende Senicio keniodendron für die kalten Nächte ihre fleischigen Blätter einklappt und darüber ein Frostschutzmittel ausscheidet, oder kugelförmige Moose, die wegen des täglichen Gefrierens und Auftauens keine Wurzeln ausbilden, sondern von den Nährstoffen leben, die der Auftauboden anbietet, oder die kerzenförmige Lobelia telekii, die über ein dichtes silbriges Haarkleid als wirksamen Kälteschutz verfügen.

Kare

Lehnsesselförmige Eintiefungen in der Gipfelregion von Hochgebirgen mit steiler Rückwand, flachem Boden und einem schwellenartigen Abschluss. Sie entstehen durch glazigene Erosionsprozesse an der Unterseite des Gletschers bzw. des Firns.

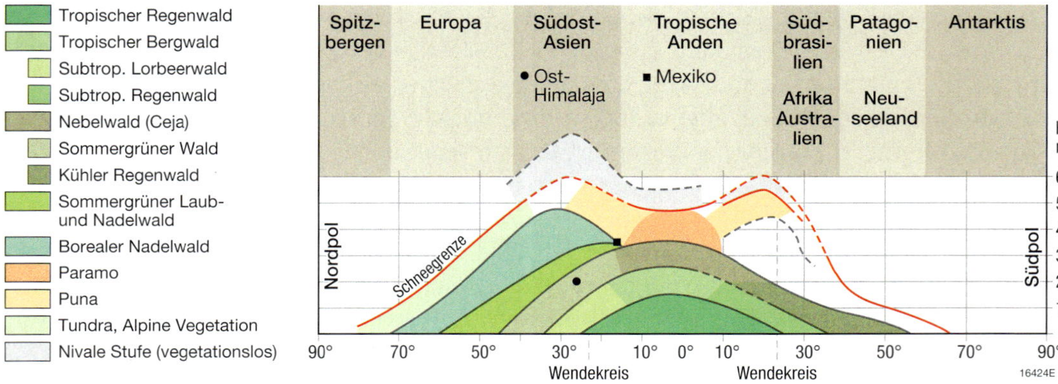

M 1: *Modell der Höhenverteilung der natürlichen Vegetation vom Nord- zum Südpol.*

renzierung; denn ihr kegelförmiger Aufbau wird durch wiederkehrende Ascheregen und Lavaergüsse immer wieder erneuert. Dagegen werden ihre Flanken durch fluviatile (linienhafte) Erosionsprozesse von radial verlaufenden, extrem steilen und engen, schluchtartigen Kerbtälern zernagt. Für die menschliche Besiedlung sind sie ungeeignet.

4. Besonders bemerkenswert ist die vertikale Differenzierung der Vegetation, zumal sie in auffälliger Weise die Beziehung zur jeweiligen Geoökozone widerspiegelt. a) So wird beispielsweise die Fußregion des Kilimandscharo geoökozonengemäß von Savanne bedeckt. Darüber folgen jedoch unvermittelt Bambusnebelwald, Erikazeenbuschwerk mit Wollschopfbäumen sowie Stauden und Horstgrasfluren. Eine ewige Eiskappe nimmt den Gipfel ein. b) Auf der Westseite der mittleren Anden herrscht Wüste (Atacama; M2) mit halophytischen, xeromorphen Gras-, Kraut-, Büschel-, Strauch- und Kakteengewächsen (Loma). Sie decken ihren Feuchtigkeitsbedarf fast ausschließlich aus Küstennebeln (Garua). c) Auf der Ost-/Binnenseite der Anden hingegen tritt auf gleichem Niveau (Tierra caliente) der tropische Regenwald mit üppigem (Höhen-) Wachstum und größter Artenvielfalt auf. Darauf folgen (z.B. innerhalb der kolumbianischen Anden) in der Tierra templada der (immergrüne) Bergregen- (Yungas) und in der Tierra fria der dichte Nebelwald (Ceja) mit Baumfarnen und Epiphyten (Moose, Flechten). Vereinzelte aufsteigende Nebelschwaden speisen auch noch die xeromorphen Wollschopf-, Wollkerzen-, Horstgras- und Polstergewächse der anschließenden baumlosen Paramo. Sie geht oberhalb 3300 m in die Höhensteppe der Puna über. Dabei handelt es sich um eine halbtrockene bis trockene Hart- und Büschelgrasvegetation. Darüber folgen in der Tierra helada/nivale Schnee- und Eisfelder mit bizarren Formen (z.B. Büßerschnee) als Folge der extremen Einstrahlung und Verdunstung bei Tag und der plötzlichen Kälte und Gefrornis bei Nacht.

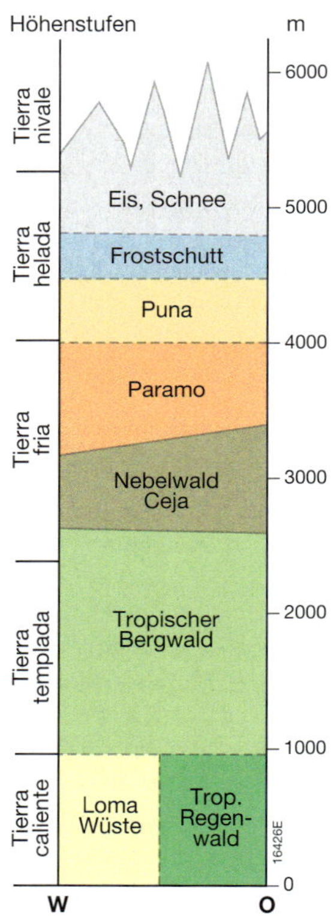

M 2: *Höhendifferenzierung der Vegetation in den Anden*

Bei aller lokalen Vielfalt zeichnet sich die vertikale Differenzierung der Vegetation in den Hochgebirgen jedoch durch eine Regelhaftigkeit aus, die am Profil von Pol zu Pol hier an zwei Aspekten verdeutlicht sei (M1): a) Alle Vegetationsstufen erreichen am Äquator und an den Wendekreisen die höchste Lage. Polwärts sinken sie bis auf Meeresniveau ab. Verwiesen sei hier nur auf die Höhenerstreckung des Borealen Nadel- und tropischen Bergwaldes. b) Bemerkenswert ist der Verlauf der Schneegrenze. Sie nimmt keineswegs am Äquator, sondern an den Wendekreisen ihre höchste Lage ein. Ursache dafür sind die hier gegebenen geringen Niederschläge und die hohe Einstrahlung infolge ganzjähriger Wolkenlosigkeit.

2.8.2 Kulturraum: isoliert und rückständig?

Nur Hochgebirge mit warmen und gemäßigten Temperaturen sind dauerhaft als Siedlungs- und Wirtschaftsräume erschlossen worden. Sie zeigen trotz lokaler Besonderheiten eine beachtenswerte formale und strukturelle Konvergenz.

Funde altsteinzeitlicher Artefakte zum Beispiel in den Alpen deuten zwar auf eine frühe Anwesenheit des Menschen in den Hochgebirgen hin. Die dauerhafte Besiedlung in den Tälern dürfte jedoch erst mit einiger Verzögerung nach dem Rückzug der Gletscher eingesetzt (um 8000 v. heute) und sich während der Völkerwanderung fortgesetzt haben. Die Erschließung der höheren Gebirgsregionen fand hingegen erst viel später im hohen Mittelalter statt:

– In den Westalpen geschah sie, von Vorarlberg ausgehend, durch die Siedlungsbewegung der alemannischen Volksgruppe der Walser.
– In den Ostalpen entstanden im 12. Jahrhundert erste Einzelhöfe (Schweighöfe), die Sennwirtschaft betrieben.
– Im Himalaya, Karakorum und Hindukusch drangen Volksgruppen vor, die sich aus den Vorländern zurückzogen oder von dort vertrieben wurden.
– In den Anden entfalteten sich innerhalb der höchsten Regionen Hochkulturen mit Kultstätten in Gipfellagen.

Überall, wo der Mensch ins Hochgebirge eindrang, war er herausgefordert, zur Überlebenssicherung die natürliche Umwelt optimal zu nutzen. Dabei entstanden infolge klimatischer und morphologischer Vielfalt der verschiedenen Hochgebirge sowie der kulturellen Eigenprägsamkeit ihrer Bevölkerung ganz unterschiedliche Behausungs-, Bewässerungs-, Tierhaltungs- und Anbauformen. Wegen dieser Besonderheiten wurden die Hochgebirge in der wissenschaftlichen Diskussion anfangs als isolierte Rückzugsgebiete, als rückständig oder auch als unterentwickelt aufgefasst. Die Erkenntnis hingegen, dass die Hochgebirge auch bedeutsam für ihre jeweiligen Vor- und Umländer sein können, hat sich erst in jüngerer Zeit durchgesetzt. Als Gründe dafür werden zum Beispiel die Entsendung von Arbeitskräften ins Vorland, der Verkauf spezieller agrar- und forstwirtschaftlicher oder handwerklicher und bergbaulicher Erzeugnisse sowie in jüngerer Zeit die Funktion der Hochgebirge als Aktionsfelder für Sommer- und Winter- sowie für Abenteuer- oder Ökotourismus angeführt.

Eine bemerkenswerte Besonderheit der Hochgebirge ist jedoch, dass sich trotz ihrer weiten räumlichen Streuung und ihrer jeweils regional spezifischen natürlichen und kulturellen Ausstattung doch formale und funktionale Konvergenzen beobachten lassen. Diese Feststellung gilt beispielsweise für die Tierhaltung mit saisonalen Wanderungen, für die künstliche Bewässerung, für die Gewinnung und Sicherung von Feldflächen, für den Anbau und die Anbaugewächse, die Behausungsformen und Dorfanlagen sowie für die soziale Organisation in Stämmen oder Dorf- und Sippengemeinschaften. Auf einige dieser Kontinente übergreifenden Konvergenzen, die als ein weiterer Beleg für die Sonderstellung der Hochgebirge gelten können, sei ausführlicher eingegangen:

1. In allen Hochgebirgen der Erde spielt sich die Tierhaltung in Form saisonaler Wanderung zwischen Tal und Berg ab. Nach ihrer Erschei-

Die Dolpo-Bergnomaden in Nord-Nepal lebten in einer Höhe von 4000 m und betrieben Almwirtschaft und kärglichen Ackerbau. Zur Überlebenssicherung waren sie jedoch gezwungen, mit ihren Yaks regelmäßig Steinsalz aus Tibet über Pässe von über 5000 m und über eine Entfernung von mehr als 150 km bis zum Südrand des Himalaya zu transportieren und dort gegen Getreide einzutauschen.

„Im Vergleich zur offenen Landschaft sind die Hochgebirge weniger entwickelt, sie befinden sich in einem zeitlichen Rückstand der Entwicklung, ihre Bevölkerungen sind im Verhältnis mehr der Tradition verhaftet und neigen zu einer konservativen Lebenshaltung.“

Christoph Jentsch,
deutscher Geograf und
Hochgebirgsexperte

1. *Nennen und beschreiben Sie Strategien der Bergbevölkerung zur Überlebenssicherung.*

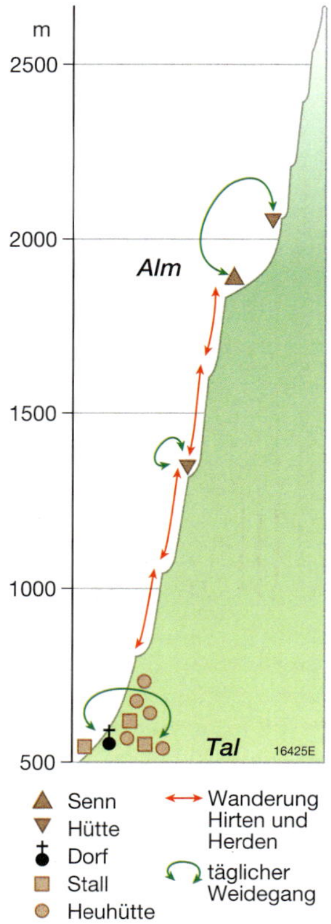

M 1: *Modell der Almwirtschaft*

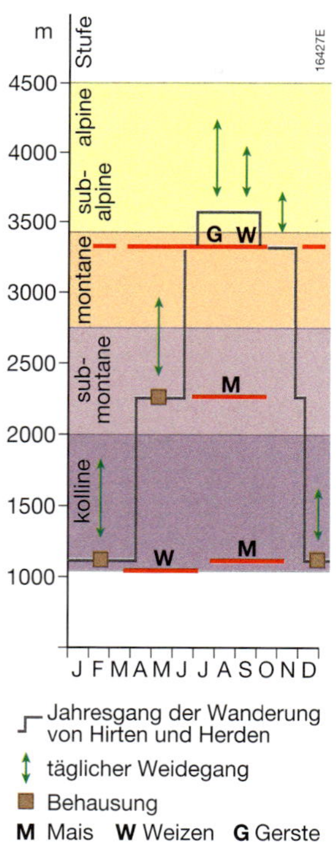

M 2: *Nutzung der Höhenstufen am Nanga Parbat*

nungsform in den Alpen wird sie allgemein als Alp- oder Almwirtschaft bezeichnet (M 1). Dabei werden die Tiere (Kühe) während des Winterhalbjahres in Ställen gehalten, die sich in den Dörfern oder in deren Nähe befinden. Gefüttert werden sie hier mit Heu, das auf den Tal- und Hangwiesen gewonnen und in den dort befindlichen Hütten untergebracht wird. Von dort gelangt es im Winter nach Bedarf zu den Ställen. Mit dem Schmelzen des Schnees im Frühjahr werden zuerst die Weiden im Tal und auf den unteren Hängen genutzt. Danach beweiden die Tiere die verschiedenen Grasflächen auf den bewaldeten, terrassierten Hängen und erreichen schließlich die Hochweiden (Almen; Matten auf den Trogschultern) innerhalb der montanen Stufe. Hier verbringen sie den Sommer und stoßen auf den Weidegängen sogar bis in die alpine Stufe vor. Die auf den Almen anfallende Milch wird in den Sennereien vor Ort zu Käse verarbeitet. In den Alpen spielt sich diese Wanderung zwischen 500 und 2 500 m, im Himalaya / Nanga Parbat zwischen 1 000 und 4 200 m ab. Hier betreiben die Hirten in allen Höhenstufen noch Anbau, der von Mais über Weizen bis Gerste reicht (M 2). Mit sinkenden Temperaturen und dem ersten Schnee im Frühherbst werden die Tiere talabwärts getrieben. Sie verweilen dabei auf den am Weg liegenden Grasflächen der Hänge und um die Dörfer, um schließlich für die Winterzeit eingestallt zu werden. Eigentümer der Tiere sind die Dorfbewohner, die sich genossenschaftlich zusammengeschlossen haben. Sie wählen die Hirten und Senner aus und sorgen für ihre Vergütung. Das Weideland in Dorfnähe ist privat. Die Hang- und Almweiden hingegen befinden sich in Gemeinde- und Genossenschaftseigentum.

Diese Almwirtschaft, wie sie in allen Teilen der Alpen und in vielen Hochgebirgen betrieben wurde und die heute einem Wandel unterliegt, nahm lokal auch ganz besondere Züge an. So wanderten bei der sogenannten Staffelwirtschaft, die bis in die 1960er-Jahre im Val d'Anniviers (Wallis) und Valle Romantica (Tessin) durchgeführt wurde, nicht einzig die Hirten und Senner mit den Herden. Vielmehr führte die gesamte Dorfgemeinschaft inklusive Lehrer, Pfarrer und Hausrat die Wanderung vom Dorf in halber Höhe über den Weiler im Tal in mehreren Staffeln, die jeweils mit Häusern und Hütten, Feldern und Weiden ausgestattet waren, zur Hochweide durch. Da die (Feld-)Arbeit auf den jeweils verlassenen Staffeln fortgeführt werden musste, waren die Menschen zu ständigem Auf- und Abstieg genötigt (M 3).

2. In die tief eingefurchten, beiderseits von Gebirgszügen begleiteten (Längs-)Tälern dringen kaum feuchte Luftmassen ein. Sie sind daher arid bis extrem arid (intramontane Trockentäler). Für den Anbau selbst anspruchsvoller Gewächse reichen zwar die Temperaturen aus und kann arealmäßig Land für den Anbau gewonnen werden. Doch es mangelt an Niederschlägen. Wasser steht jedoch in den Gletschern der benachbarten Gipfelregionen zur Verfügung und geht in saisonal unterschiedlicher Menge in stürzenden Gewässern ab. Um dieses Wasser, das mit feinsten, nährstoffreichen Schwebstoffen (Gletschermilch) angereichert ist, für den Anbau zu erschließen, werden von den zu bewässernden Feldern aus hangparallel Kanäle in die Seitentäler hinein angelegt und bis zu den Gewässern geführt. Hier wird mit Hilfe eines Wehres das Wasser aufgestaut und in die Kanäle abgelenkt.

Bei der Anlage der Kanäle sind kunstvolle technische Bauten erforderlich, um zum Beispiel senkrecht abfallende Gesteinswände zu umgehen.

Auch können Felsdurchbrüche und Tunnelbauten notwendig sein. Früher wurden auch Baumstämme zu Rinnen ausgehöhlt (Kändel) und zum Wassertransport an Steilwänden benutzt. Diese aufwändigen Bauten mussten gewartet und das Wasser gerecht verteilt werden. Dafür haben sich in allen Hochgebirgen der Erde die Menschen zu gemeinschaftlichen Einrichtungen zusammengefunden und ausgeklügelte Regelungen entwickelt. So wurden etwa in Außerberg / Wallis die Wasserrechte der einzelnen Bürger in Holztafeln (Tesseln) eingeschnitzt und damit über Generationen festgehalten. In den intramontanen Trockentälern wie beispielsweise Vintschgau, Wallis, Val d'Isère oder Huaraza-Tal (Peru) sowie in zahlreichen isolierten Talschaften im Himalaya und Karakorum sind diese traditionsreichen Regelungen noch heute in Funktion und sichern Wasserzufuhr, Anbau und Ernährung.

3. In den engen Tälern mit steilen Talflanken gibt es nur wenige natürlich ebene Ansatzstellen für den Feldbau. Selbst dort, wo breite Flussterrassen die Täler erfüllen, ist die Hangneigung so groß, dass Bewässerung, das heißt die Überrieselung mit fließendem Wasser, stets zu Erosion führt. Daher war die Schaffung ebener Anbauflächen erforderlich. Sie geschah durch die aufwändige Anlage von Feldterrassen. Dafür wiederum war der Bau von technisch zwar einfachen, aber doch äußerst kunstvollen und ökologisch angepassten Trockenmauern notwendig. Sie können stellenweise beachtliche Höhe und Länge erreichen. Da sie durch gelegentliche Starkregen, Schneeschmelzwasser oder Überlaufen der Bewässerungskanäle gefährdet werden können, bedurften sie ständiger Kontrolle und Erhaltung. Dies geschah allerorts – ähnlich wie bei der Bewässerung – durch eigens dafür geschaffene Nutzergemeinschaften.

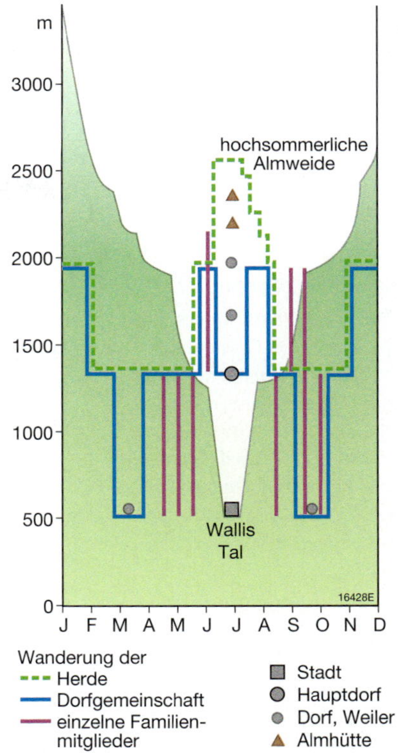

M 3: *Staffelwirtschaft des Val d'Anniviers / Wallis*

Terrassierung von Berghängen für den Anbau ist nicht einzig auf Hochgebirgen beschränkt. Auch in Mittelgebirgen wie zum Beispiel in den Cevennen, Süd-Vogesen, Karpaten, im Kaukasus, Hindukusch oder auch in den Reisanbaugebieten Hinterindiens, Japans, der Philippinen oder Indonesiens sind Terrassen für erfolgreichen Anbau notwendig.

Wegen der isolierten, abgeschiedenen Lage dieser intramontanen Lebensräume und Anbaugebiete waren die Menschen zu Selbstversorgung gezwungen. Da die möglichen Anbaugewächse durch die jeweiligen geoökologischen Rahmenbedingungen vorgegeben sind und außerdem noch den lokalen edaphischen und thermischen Verhältnissen unterliegen, ist die Anbaupalette eingeschränkt. Sie ist in allen Hochgebirgen in erster Linie auf das wichtigste Nahrungsmittel Getreide konzentriert. Dabei herrschen je nach Höhe Mais, Weizen oder Gerste sowie – ursprünglich im andinen Altiplano – Kartoffeln vor. Da der Anbau in der Vergangenheit meist die einzige Existenzbasis darstellte, war auch hierbei die Bevölkerung zu gemeinschaftlicher Sicherung gezwungen. Dafür sorgten festgelegte zeitliche und räumliche Anbaufolgen (z. B. Zelgen), gemeinsame Feld-, Ernte- und Drescharbeit sowie abgestimmte Bewässerung und Weidenutzung der abgeernteten Felder. So wurde zum Beispiel im bolivianisch-peruanischen Altiplano zu Zeiten der Inka-Hochkultur in einem Aylu genannten System Ackerbau betrieben. Dabei gehörte das Land zu je einem Teil den Inka-Herrschern, der Oberschicht und den Bauern. Letztere hatten alle drei Feldkomplexe in der angegebenen Besitzreihenfolge zu bewirtschaften. In dem durch die spanischen Kolonialherren eingeführten Pflegschaftssystem wurden diese Verhältnisse faktisch fortgeführt. All diese Besonderheiten der Hochgebirge verändern sich in unterschiedlicher Weise seit einigen Generationen oder auch erst in jüngerer Zeit.

2.8.3 Isolierte Talschaft im Karakorum

Das Hunza-Tal im Karakorum galt wegen seiner unzugänglichen Lage inmitten eines extrem schroffen Hochgebirges und der hohen Lebenserwartung seiner Bewohner als eines der letzten Paradiese dieser Erde. Noch heute betreiben die Hunzukuć Terrassenfeldbau und Almwirtschaft.

Karakorum Highway
einzige autofähige Querverbindung zwischen China und Pakistan im Himalaya-Karakorum. Die zweispurige Straße mit Pässen von über 4 000 m wurde 1971 offiziell eingeweiht und als Zeichen der engen politischen und wirtschaftlichen Beziehungen beider Staaten gefeiert.

In allen Hochgebirgen gibt es Talschaften in extremer intramontaner Lage mit überregionaler Bekanntheit: Wallis und Vintschgau in den Alpen, Death Valley in den Rocky Mountains, Huaraska in den Anden, Ladhak im Himalaya und neben Chitral oder Gilgit insbesondere Hunza im Karakorum. Die Abgeschiedenheit und die extremen Lebensbedingungen machen den außergewöhnlichen Reiz dieses isolierten Geoökosystems aus. Bis zur Eröffnung des Karakorum Highways lebten die Menschen in dem in 2 000 m Höhe vom Hunza-Fluß durchfurchten und von gewaltigen Bergriesen (über 7 000 m) flankierten Längstal weitgehend subsistent und ernährten sich hauptsächlich von Aprikosen, auf denen vermutlich ihre hohe Lebenserwartung beruhte. Lediglich auf karawanengängigen Saumpfaden über Pässe von mehr als 4 000 m Höhe oder auf einer höchstens gelegentlich nutzbaren „jeep-able“ Piste (seit 1951) konnte Hunza erreicht werden.

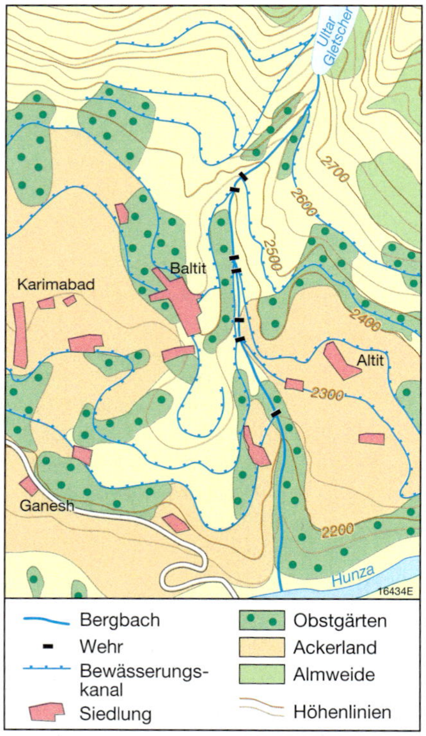

M 1: *Zentral-Hunza: Siedlungen, Landnutzung und Bewässerungskanäle*

Das Tal ist in den kristallinen Gebirgskörper des Karakorum tief eingeschnitten und von mächtigen, alluvialen Schwemmfächern aus den kurzen, steilen Seitentälern aufgefüllt. Sie sind vom Hunza-Fluss rezent durchschnitten und als Flussterrassen 60 bis 100 m über dessen Überflutungsbereich erhalten (Zone der Wüstensteppe). In den Talweitungen nehmen sie größere Ausdehnung an. Hier befinden sich die Ansatzstellen für die Siedlungen und den Anbau („Hauptsiedlungszone“; M 1). In den kurzen, steilen Nebentälern stürzen die Bäche, deren (Gletscher-)Wasser zur Bewässerung im Haupttal dient, kaskadenartig talwärts. Oberhalb 2 400 m sind die Seitentäler von Gletschern erfüllt. Die beiderseits dieser Talgletscher streckenweise vorhandenen Verebnungen werden von Rasen und Zwergsträuchern eingenommen und trotz ihrer schier unzugänglichen Lage bis in Höhen von 5 400 m (nivale Zone) als Almweiden genutzt (M 1).

Ismailiya
schiitische Splittergruppe, die im 9. Jahrhundert in Irak / Ägypten entstand, im 11. Jahrhundert missionierend bis zum Oxus vordrang und im 18. Jahrhundert Hunza und seine Nachbargebiete erreichte.

In Hunza leben heute etwa 30 000 Hunzukuć (1921: circa 12 000), wie die recht verschiedenen Bewohner zusammenfassend genannt werden. Sie setzen sich aus vier ethnischen (indo-iranischen Sprach-)Gruppen zusammen, die sich zur Verständigung untereinander der nur in diesem isolierten Tal verbreiteten Sprache Burushaski (Ursprung noch ungeklärt) bedienen. Alle Gruppen sind vor Generationen aus Mittelasien (z. B. Pamir) in das Hunza-Tal gelangt und im 18. Jahrhundert zur (schiitischen) Ismailiya übergetreten. Ursprünglich lebten sie wegen der Bedrohung durch räuberische Karawanen in burgähnlich gesicherten Dörfern. Infolge des Bevölkerungszuwachses und dank der durch die britische Kolonialverwaltung im 19. Jahrhundert einsetzenden Befriedung der Gebirgsregion kam es zur Aussiedlung, anfangs in kleine Weiler und danach auch in gestreute Einzelgehöfte. Die

Talschaft von Hunza gilt zwar wegen ihrer Unzugänglichkeit und daraus resultierenden abgeschiedenen Lage als isoliert. Dennoch gab es auch schon vor dem Bau des Karakorum Highway vielfältige politische und individuelle Außenkontakte (M 2).

Existenzgrundlage der Hunzukuć bildeten Ackerbau auf Bewässerungsbasis und Tierhaltung, die sich hier wie in allen Hochgebirgen zwischen den Tälern und den Hochweiden abspielt.

1. Der Anbau wird zeitlich und räumlich durch die Vegetationsperiode, in der das jeweilige Anbaugewächs ausreifen kann, bestimmt. Sie nimmt mit zunehmender Höhe innerhalb des Hunza-Tales in der Weise ab, dass im Längsprofil für das ehemalige Hauptgetreide Hirse Doppel- (Obergrenze ca. 2 000 m), Übergangs- (2 000 – 2 450 m) und Einfacherntegebiete (2 450 – 3 400 m) unterschieden werden können. Wichtigste Anbaugewächse sind heute Gerste und Weizen. Daneben kommen noch Buchweizen, Hirse, Bohnen, Kartoffeln und der Anfang der 1950er-Jahre eingeführte Mais vor. Das bekannteste Gewächs Hunzas ist jedoch die Aprikose. Sie ist nicht nur der dominierende Fruchtbaum und dient nicht einzig als Frisch- und Trockenobst, sondern in reichen Varianten der allgemeinen Ernährung. Außerdem finden die Kerne als Nahrung sowie zur Öl- und der Gewinnung von Duft- und Heilextrakten Verwendung. Das Holz wird als Baumaterial und zur Herstellung verschiedener Haushaltsgeräte genutzt. Die Blüten sind eine reiche Quelle für die Honigproduktion.

2. Der Anbau folgt nicht nur den klimatischen Vorgaben. Er ist ohne Terrassierung der Nutzfläche auf den abschüssigen Schwemmfächern und den steilen unteren Talhängen ebenso unmöglich wie ohne künstliche Wasserzufuhr. Terrassen und Bewässerung bestimmen die formale Gestaltung der Feldflur, aber auch die Organisation der agrarischen Nutzung:

a) Um auf den abschüssigen Schwemmfächern flächenhaft bewässern zu können, sind horizontale, ebene Areale (Feldterrassen) erforderlich. Sie wurden in Hunza – wie in allen (Hoch-)Gebirgen – durch die arbeitsintensive und kunstvolle Anlage von Mauern zur Abstützung der Feldterrassen geschaffen. Die Errichtung der Stützmauern wiederum musste den Verlauf der Kanäle berücksichtigen, um eine ausreichende Wasserversorgung aller Feldflächen zu garantieren. Dazu dienten ein ausgeklügeltes Netz von unterschiedlich großen Kanälen, Schleusen und Stauteichen so-

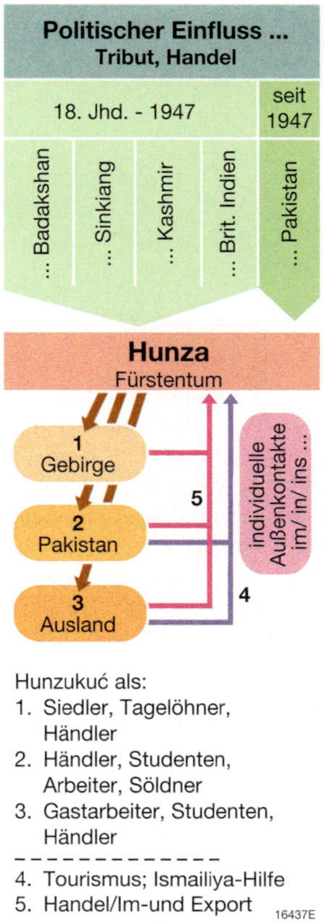

M 2: *Hunza: Außenkontakte*

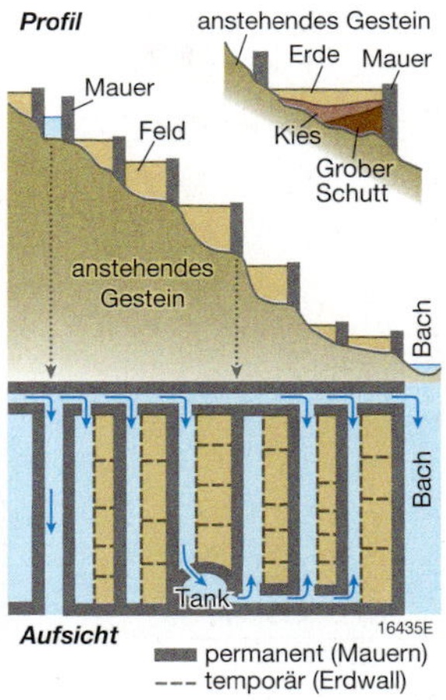

M 3: *Feldterrassen und Bewässerung (Schema)*

M 4: *Feldterrassen im oberen Hunzatal mit isohypsenparallelen Bewässerungskanälen*

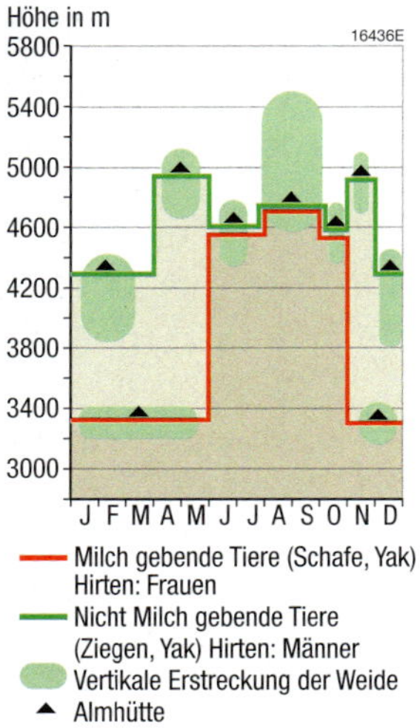

M 1: *Wanderungsablauf bei der Almwirtschaft in Shimshal*

wie verschiedene, temporär angehäufte Dämme und Wälle oder flüchtig ausgehobene Gräben und Mulden.

b) Voraussetzung für eine erfolgreiche Nahrungsmittelsicherung waren bei diesen natürlichen Bedingungen auch funktionierende Organisationen und allseits anerkannte Regelungen. Denn die Terrassenmauern und Kanäle mussten instand gehalten, der Wasserfluss in den Kanälen fortwährend kontrolliert sowie die Wasserverteilung und Einhaltung der generationenalten Wasserrechte gesichert werden. Um zu veranschaulichen, welch komplizierte Regelungen noch heute herrschen, sei ein Beispiel aus Zentral-Hunza angeführt: Wasserquelle ist der Ultar-Bach. Von ihm gehen sechs Kanalsysteme (Altit gŏćil, Hamaći, Dála, Karagadimuc, Barber, Imamyari) aus, die die Orte Altit, Ganesh, Baltit und Barber nach festgelegten Zeitzyklen versorgen (M 1, S. 126). Die einzelnen Zyklen, in denen Wasser dem Bach entnommen werden darf, betragen viereinhalb, sechs, sieben oder zehn Tage und können in den heißen Sommermonaten variiert werden. Auf der zu bewässernden Feldfläche treten dann die individuellen Wasserrechte in Funktion. Beim Hamaći-Kanal, um ein Beispiel zu nennen, gibt es sechs Nutzer, von denen zwei jeweils zwei Tage und Nächte, die übrigen nur je einen Tag und eine Nacht das Wasser verwenden dürfen. Um Gleichbehandlung aller zu sichern, wird die Reihenfolge, nach der die einzelnen Wasserrechte wahrgenommen werden dürfen, jährlich neu durch Los entschieden.

Das Bewässerungswasser stammt aus den Gletscherbächen der Seitentäler. Hier werden in den eingekerbten Bachbetten Geröllmauern zum Wasserstau errichtet. Davon gehen die Hauptkanäle aus, die in fast isohypsenparallelem Verlauf das Wasser zu den Feldflächen leiten (M 3, S. 125). Sedimentationsfallen befreien das Wasser von zerstörerischen Geröllen, und Schleusen sorgen für geregelte Wassermengen. Um ein solch kompliziertes Bewässerungssystem zu sichern, waren in allen Hochgebirgen Nutzergemeinschaften entstanden, die wie noch heute in Hunza allen Nutznießern gleiche Pflichten auferlegen und gleiche Rechte garantieren.

3. Einen wichtigen Beitrag zur Nahrungssicherung bildet in Hunza die Almwirtschaft. Sie basiert jeweils auf dorfgemeinschaftlicher Organisation und wird von Hirten durchgeführt. Die Zusammensetzung der Herden hängt in Hunza von der jeweiligen Höhenlage des Dorfes der Herdeneigentümer ab. Schafe, Ziegen, Esel, Ochsen und Kühe sind allerorts anzutreffen. In den Dörfern, deren Almen über 5 000 m liegen, herrschen widerstandsfähige Ziegen und Yaks vor. Wie differenziert und ökologisch angepasst die verschiedenen vertikalen Wandersysteme sein können, sei am Beispiel Shimshal verdeutlicht (M 1): Die Milchtiere werden von den Frauen betreut und bewegen sich auf den unteren Almen (3 100 bis 4 600 m). Die Milch wird zu Butter und Buttermilch verarbeitet und in den Familien verwendet. Die Schafwolle dient zwar auch in erster Linie eigenen Zwecken, gelangt jedoch inzwischen über Händler in der weiteren Region zum Verkauf. Die Männer hingegen kümmern sich um die nicht-milchgebenden Tiere (Ziegen, Yaks). Sie halten sich ganzjährig auf den Hochweiden auf, wobei im Winterhalbjahr Lagen zwischen 3 800 und 4 300 m und im Sommer bis über 5 200 m aufgesucht werden. Das Ziegen- und Yakhaar wird von den Männern versponnen und zu Teppichen verarbeitet. Die Shimshal-Webteppiche sind begehrt und werden ebenso wie das überschüssige Jungvieh auf den Märkten angeboten.

1. *Werten Sie die Materialien von 2.8.3 unter der Überschrift „Das Hunza-Tal, beschwerliches Leben im Hochgebirge“ aus.*
2. *Erstellen Sie eine Liste mit drei bis fünf Faktoren, die eher a) für den Individualraum und b) für die Geoökozone typisch sind.*

3 Geoökozonen – Folgen menschlicher Eingriffe

Die Geoökozonen der Erde können in erster Linie aufgrund des Einflusses der natürlichen Gestaltungsfaktoren auf die Erdoberfläche voneinander unterschieden werden. Seit Jahrtausenden prägt nun auch der Mensch, der seine natürliche Umwelt zur Existenzsicherung nutzt, diese Faktoren in ganz unterschiedlicher Dimension und Nachhaltigkeit. Doch erst in letzter Zeit haben Bevölkerungszunahme und Industrialisierung sowie Wohlstandskonsum und Profitgier zu wachsendem Flächen-, Nahrungsmittel- und Rohstoffbedarf, zu verschwenderischem Ressourcenumgang und extremer Umweltbelastung geführt. All das hat sich auf die Gestaltungsfaktoren ausgewirkt und letztlich in den Geoökozonen niedergeschlagen.

3.1 Weltweite Gefährdungen

Seit Beginn der Industrialisierung kommt es durch das rasante weltweite Bevölkerungswachstum und den damit einhergehenden Flächenverbrauch zu tiefgreifenden Veränderungen der Geoökozonen. Die Gefährdungen der natürlichen Systeme durch den Menschen haben sich in den vergangenen Jahrzehnten durch die Globalisierung noch beschleunigt.

Die Zonierung der Erde nach geoökologischen Kriterien ist das Ergebnis wissenschaftlicher Neugier und Forschung mit dem Ziel, räumliche Ordnungsmuster in der natürlichen und kulturellen Vielfalt der Erdoberfläche zu erkennen und darzustellen (vgl. Kapitel 1). Letztlich handelt es sich „nur“ um ein wissenschaftlich begründetes gedankliches Modell, das zur Orientierung in einer hoch komplexen Wirklichkeit dient. Dabei ist davon auszugehen, dass die natürlichen Gestaltungsfaktoren eine große Konstanz besitzen und sich zeitlich höchstens in geologischen Dimensionen verändern. Diese Feststellung gilt eigentlich generell und insbesondere für die globale Abgrenzung der einzelnen Geoökozonen. Doch menschliches Handeln gestaltet nicht nur die jeweilige Siedlungs- und Wirtschaftsausstattung um. Sie bewirkt heute auch großmaßstäblich Veränderungen im Naturhaushalt und damit auch in den Gestaltungsfaktoren Klima, Vegetation, Boden und Wasser. Der globale Klimawandel aufgrund des von Menschen verursachten vermehrten Ausstoßes von Treibhausgasen ist nur eins von vielen Beispielen dafür.

Angesichts der die Natur, den Naturhaushalt und damit auch die Geoökozonen beeinflussenden oder verändernden Effekte drängt sich die Frage nach den relevanten Ursachen geradezu auf. Wegen der Vielzahl der möglichen Gründe sei hier auf zwei Zusammenhänge eingegangen:

1. Zentrale Ursache aller in den vergangenen Jahrzehnten erfolgten menschlichen Eingriffe in die Natur ist das enorme Wachstum der Erdbevölkerung (M 1). Sie nahm über einen großen Zeitraum nur geringfügig zu und lag Ende des 18. Jahrhunderts noch bei 0,9 Mrd.. Doch in der Folgezeit und besonders seit Beginn des 20. Jahrhunderts sowie nach dem Zweiten Weltkrieg und der Unabhängigkeit der ehemaligen Kolonien explodierte sie geradezu. Dafür sind zum einen der Einsatz von Medikamenten sowie die Verbesserungen im Gesundheitswesen und in der Ernährung verantwortlich. Zum anderen hat die Fortdauer des traditionellen Geburtenverhaltens (große Kinderzahl) bei sinkender Sterberate entscheidend dazu beigetragen.

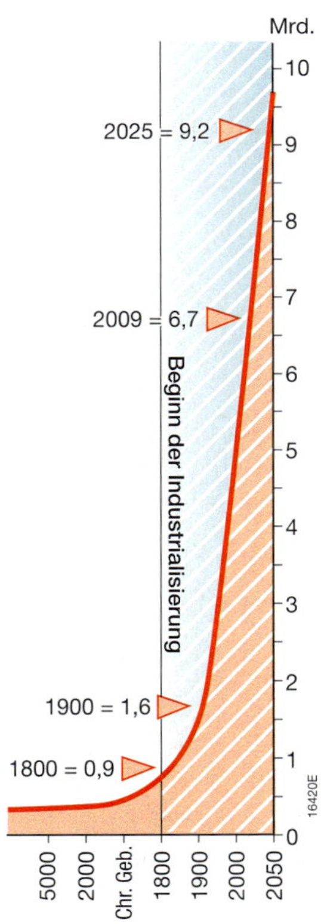

M 1: *Globaler Bevölkerungszuwachs*

Durch die ständig schnell wachsende Bevölkerungszahl stieg weltweit und geradezu sprunghaft auch der Bedarf an Nahrung, Wohnraum und Arbeitsplätzen in bislang nicht gekanntem Maße an. Der Druck auf die vorhandenen Nutzflächen, natürlichen Ressourcen und damit auf die Natur insgesamt nahm generell zu. Zwar stieg der direkte Zugriff auf die natürlichen Grundlagen auch in den Regionen mit rasch wachsender Bevölkerung an, die in erster Linie in den Ländern des Südens liegen. Doch die bleibend verändernden Eingriffe, die raubbauartige Ausbeutung der natürlichen Rohstoffe und Reserven und die häufig als geradezu dramatisch zu bezeichnenden Auswirkungen auf die Umwelt gingen hauptsächlich von der dynamischen Wirtschaft in den Ländern des Nordens aus.

Dieser Tatbestand findet besonders eindrucksvoll Niederschlag im „ökologischen Fußabdruck". Nach diesem Konzept wird momentan davon ausgegangen, dass jeder Mensch durchschnittlich 2,7 ha Fläche verbraucht, um seinen Lebensstil aufrecht zu erhalten. Die Menschen des Nordens benötigen ein Mehrfaches dieses Mittelwertes (USA 9,7; Großbritannien 5,6; Deutschland 4,2 ha pro Person), während die des Südens mehrheitlich mit weniger auskommen (Brasilien 2,1; China 1,6; Indien 0,7 ha pro Person). Setzt sich die Entwicklung des gegenwärtigen Konsums jedoch fort, dann wird – nach Berechnungen des World Wide Fund For Nature (WWF) – die Menschheit bis 2035 jährlich so viele Ressourcen verbrauchen, dass zwei Erden notwändig würden.

Ökologischer Fußabdruck

Landfläche, die ein Mensch benötigt, um seinen Lebensstandard aufrechtzuerhalten. Dies von Mathis Wackernagel und William E. Rees 1994 entwickelte Konzept schließt neben Siedlungsflächen und Flächen zur Erzeugung von Nahrung, Textilien, Baumaterial und Energie auch Flächen ein, die zum Ausgleich des durch den Verbrauch fossiler Energieträger freigesetzten CO_2 benötigt werden.

2. In jüngster Zeit hat das Phänomen der Globalisierung dem verschwenderischen Ressourcenumgang eine neue Note und Schärfe gegeben. Selbst periphere Orte und marginale Arbeitskräfte sind jetzt unter Ausnutzung aller Kostenvorteile in diesen vom Norden dominierten Prozess einbezogen. Stadtgestaltung, Wohnweise, Transport, Warenangebot und Lebensstil unterliegen weltweit nivellierender Homogenisierung und prägen inzwischen das Erscheinungsbild von Städten, Siedlungen, Fabrik- und Gewerbegebieten der verschiedenen Geoökozonen. Auch die Umweltprobleme haben ihre regionalen oder zonalen Besonderheiten verloren. Und selbst die andere Seite der Globalisierung, die krasse Fragmentierung, hat zonenübergreifend weitgehend gleiche Formen und Strukturen angenommen. So finden sich die Paradiese, exklusive Viertel der Reichen und Wohlhabenden (Gated Communities, Villenviertel), in fast allen hier vorgestellten Zonen der Erde ebenso wie die Höllen, trostlose, heruntergekommene Wohnquartiere (Slums, Massenwohnblöcke, ausgedehnte Hüttenquartiere).

Fragmentierung

Prozess zunehmender sozialer und räumlicher Differenzierung und Aufspaltung infolge der Globalisierung

Weiterführende Literatur zur Thematik Globalisierung / Fragmentierung:
Scholz, F.: Entwicklungsländer. Diercke Spezial (2007)

Doch nach den verschiedenen globalen Simulationen von Industrialisierung, Bevölkerungswachstum, Unterernährung, Ausbeutung von Rohstoffreserven und Umweltverschmutzung, wie zum Beispiel dem 1972 vorgelegten und 2004 aktualisierten Weltmodell von Dennis L. Meadows („Die Grenzen des Wachstums"), hat die global vernetzte und auf Kosten zukünftiger Generationen lebende Gesellschaft der Gegenwart den verschwenderischen Höhepunkt ihrer Entwicklung noch nicht erreicht. Noch immer strebt der zivilisatorische Prozess – trotz mahnender Stimmen, politischer Einsichtsbekundungen und vereinzelter begrenzender Vereinbarungen – ungebrochen aufwärts. Dabei wird nicht wirklich ernsthaft auf die unausweichliche Erschöpfung der natürlichen Ressourcen geachtet. Auch fehlt mehrheitlich selbstkritisches Überdenken der umweltbelastenden Lebens- und ressourcenverschwendenden Wirtschaftsweise. Diese Entwicklung betrifft auch die Geoökozonen nachhaltig und löst Veränderungen von teilweise gewaltigem Ausmaß und zonenübergreifender, globaler Wirkung aus.

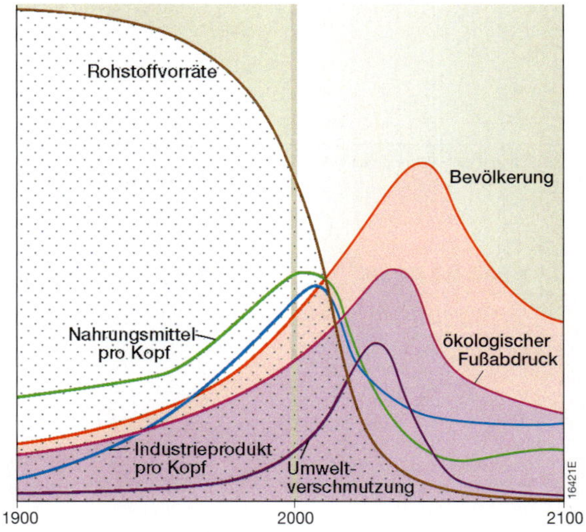

M 2: *Standardszenarium des Weltmodells*

3.2 Klima – globale Auswirkungen

Ein globaler Klimawandel hat weitreichende Folgen für die Ausprägung und räumliche Ausbreitung einzelner Geoökozonen.

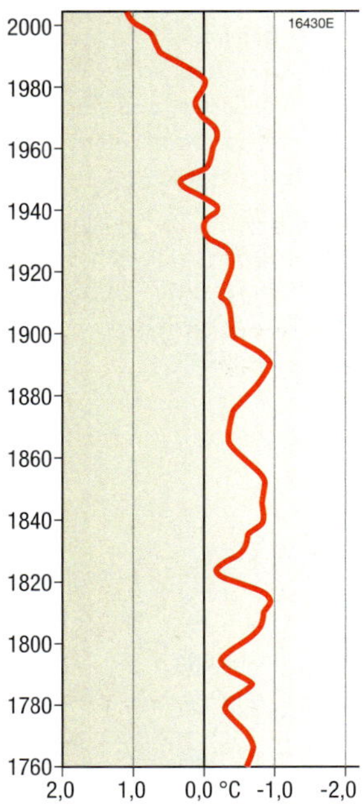

M 1: *Abweichungen von der Normaltemperatur in Deutschland (8 °C), 1761 – 2008*

Veränderungen des Klimas laufen eigentlich in geologischen Zeiträumen ab. So hat es während des Pleistozäns (1,8 – 0,01 Mio. Jahre vor heute) wiederholt extreme Klimaschwankungen (Wechsel von Kalt- und Warmzeiten) gegeben. Diese hatten auch immer Auswirkungen auf den Naturhaushalt oder führten zu einer räumlichen Verschiebung ganzer Geoökozonen (M 2). Seit der Industriellen Revolution und insbesondere in jüngerer Vergangenheit finden jedoch weitaus rascher ablaufende Modifikationen des Klimas statt. So betrug im letzten Jahrhundert die durchschnittliche Temperaturzunahme circa 0,74 °C (am Boden). Dabei wurde es allein in den letzten 30 Jahren durchschnittlich etwa 0,58 °C wärmer auf der Erde (M 1). Aktuell berechnete Klimaszenarien gehen für die Zukunft von noch rascherer Erwärmung aus.

Die Ursachen des raschen Temperaturanstieges sind vielfältig. Wesentlich ist die Erhöhung des Anteils der Treibhausgase in der Atmosphäre (anthropogener Treibhauseffekt). Wichtigstes Treibhausgas ist Kohlendioxyd (CO_2), dessen Anstieg zum einen auf vermehrte CO_2-Abgabe durch Industrie und Kraftwerke, Brandrodung, Agrobusiness sowie Straßenverkehr, zum anderen auf Verminderung der CO_2-Aufnahme durch Kohlenstoffsenken (z. B. infolge der Abholzung der Wälder, vgl. 3.4) zurückzuführen ist. Weitere Treibhausgase (M 4) sind neben FCKW-Stoffen und Ozon vor allem das Methan-Gas (CH_4). Zwar ist der weltweite Ausstoß von CO_2 wesentlich höher als der von Methan, doch ein CH_4-Molekül kann 25-mal mehr Sonnenenergie binden als ein CO_2-Molekül und so tragen die Methan-Emissionen ebenfalls erheblich zur Erderwärmung bei.

Auf die Herkunft des Methans sei hier beispielhaft näher eingegangen. Methan wird zwar zum Beispiel von Mooren (auftauenden Permafrostböden), Reisfeldern und Sickergruben freigesetzt. Doch die über 500 Mio. t, die jährlich in die Atmosphäre gelangen, stammen auf indirekte Weise vorwiegend aus Zivilisationsauswüchsen: a) An erster Stelle seien die etwa 1,3 Mrd. Tiere zählenden Rinderherden der Welt angeführt, die den Fleischhunger der Menschen des Nordens decken. Sie tragen jähr-

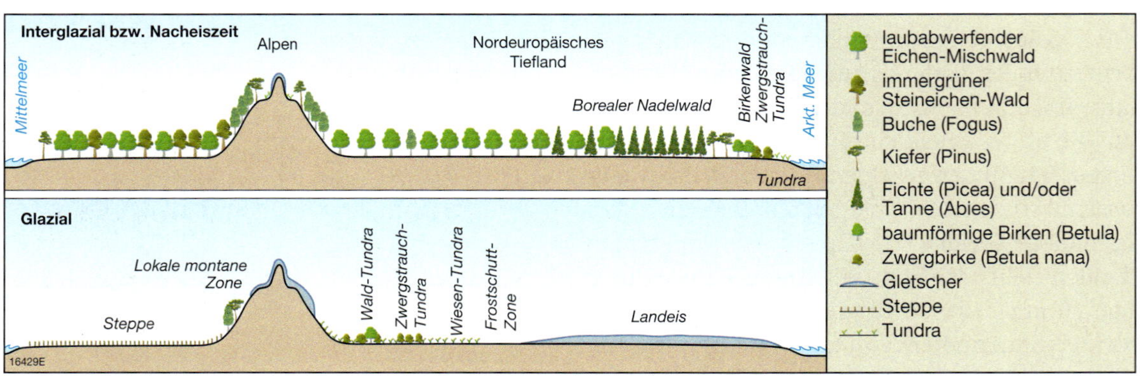

M 2: *Die Vegetationsgürtel in Europa während der Eis- und der Nacheiszeit*

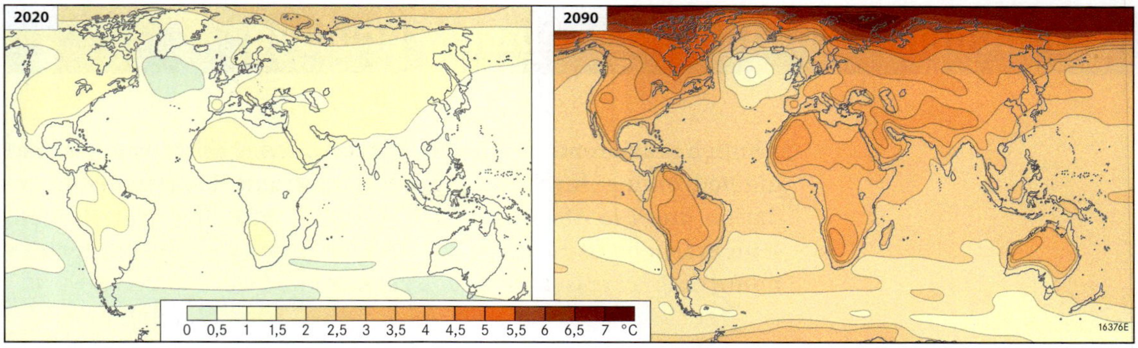

M 3: *Geschätzte Temperaturerhöhungen für die kommenden 2020er- (links) und die 2090er-Jahre (rechts), Bezug: Durchschnittswerte der Jahre 1980 – 1999*

lich durch ihre Verdauungsgase mit zwölf Prozent zum Treibhauseffekt bei. b) An zweiter Stelle seien die Termitenvölker genannt, deren Methanausstoß pro Jahr ebenfalls auf mehrere Mio. t geschätzt wird. Sie ernähren sich von abgestorbenem Holz und vermehren sich heute rasant, weil ihre Nahrungsquelle in immer größerem Maße bei der rasch fortschreitenden Rodung der tropischen Regenwälder anfällt. c) Zwischen 50 und 100 Mio. t Methan gelangen durch Abbrennen von Tropenwäldern, Grasflächen und abgeernteten (Stoppel-)Großfeldern für Zuckerrohr, Soja und Baumwolle in die Atmosphäre. Durch „modernen" Landerwerb nimmt die Stoppelfeldfläche weiter zu. Länder wie Südkorea, China oder Saudi-Arabien kaufen im großen Stil Flächen in Entwicklungsländern zum industriellen Anbau von Nahrungsmitteln und Pflanzen zur Biokraftstoffherstellung. Gleichzeitig wird weltweit nach Möglichkeiten geforscht, den Anstieg von CO_2 und Methan zu verringern, um den erwarteten Auswirkungen des Klimawandels zu begegnen. Trotz Einsatzes energieeffizienterer Technologien wird dieses Ziel wohl kaum ohne Einbußen beim heutigen Lebensstandard und Fleischkonsum zu bewerkstelligen sein.

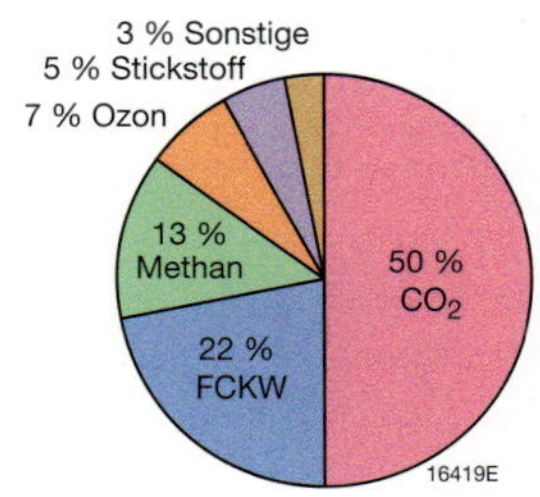

M 4: *Verursachungsstoffe des Treibhauseffektes*

Selbst dann wird der prognostizierte Temperaturanstieg sich auf die Geoökozonen auswirken. Bereits jetzt wurde eine ganze Reihe von Veränderungen in Ökosystemen festgestellt. Dazu gehören neben der polwärtigen Ausdehnung oder Verschiebung von Lebensräumen bestimmter Tiere und Pflanzen die Minderung oder gar Auslöschung vormals häufiger Bestände und Arten in bestimmten Regionen oder die veränderte Verfügbarkeit von Nahrung. Schätzungen zufolge geht eine Erwärmung um 1 °C mit einer polwärtigen Verschiebung der Klima- und Vegetationszonen um 100 bis 200 km einher. Die Zunahme der Temperatur verläuft aber global nicht gleichmäßig. So werden die Mittleren und Höheren Breiten zum Beispiel stärker erwärmt als der globale Durchschnitt.

Die Klimaveränderung ist zudem mit vielfältigen Rückkopplungseffekten verbunden (M 5). Ein Beispiel hierfür sind die großflächigen Auftauprozesse in der Permafrostzone, Folge der schon stattgefundenen Erwärmung. Dadurch werden die Aktivitäten der Mikroorganismen der aufgetauten Böden aktiviert, die von ihnen betriebene Zersetzungsprozesse des organischen Materials beschleunigt und dabei noch mehr Kohlendioxyd und Methan produziert. Die dadurch wiederum beschleunigte Erderwärmung führt zur weiteren Schrumpfung des Permafrostgebietes. Weite Teile der ehemaligen Tundra werden auf diese Weise zur Taiga und der Boreale Nadelwald dürfte nach diesen Szenarien allmählich von Baumarten bevölkert werden, die bislang in den Feuchten und Trockenen Mittelbreiten vorherrschten.

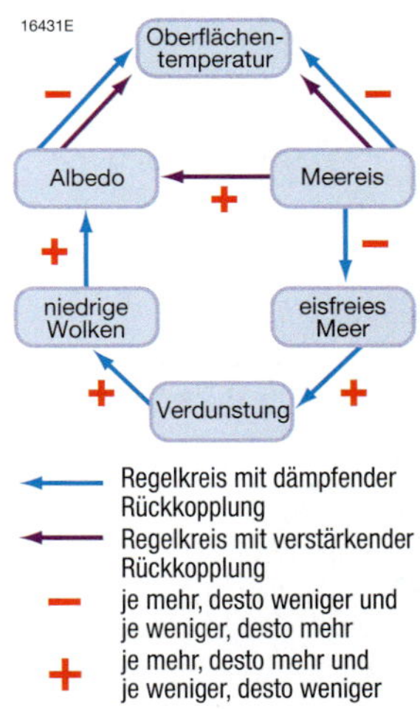

M 5: *Beispiel für klimawirksame Rückkopplungen*

3.3 Böden – schwindende Lebensgrundlage

Ähnlich gravierend wie die Auswirkungen des Klimawandels sind die Bedrohung durch die weltweite kontinuierliche Bodendegradation und die Abnahme der landwirtschaftlichen Nutzflächen. Zudem scheint es eine positive Rückkopplung zwischen Erderwärmung und Prozessen im Boden zu geben.

Kontinent	Degradationsanteil	
	Absolut[1] (in %)	Relativ[2] (in %)
Asien	38,1	20
Afrika	25,2	22
Südamerika	12,4	14
Europa	11,1	23
Nordamerika	8,0	8
Ozeanien	5,2	13

[1] bezogen auf die weltweit degradierten Bodenflächen
[2] bezogen auf den Anteil der kontinentalen Landfläche

M 1: *Verteilung der globalen Bodendegradation*

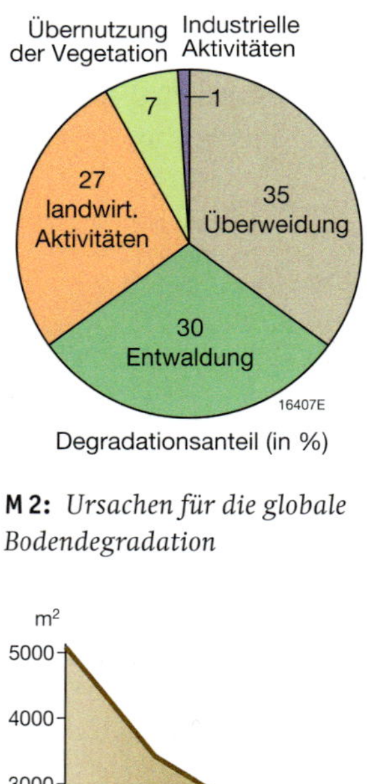

M 2: *Ursachen für die globale Bodendegradation*

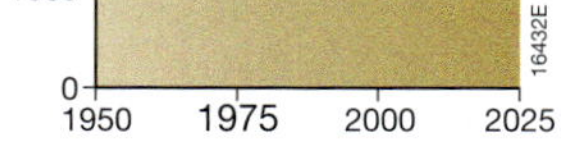

M 3: *Landwirtschaftliche Nutzfläche weltweit pro Kopf*

Die natürlicherweise langfristig und in geringem Umfang ablaufenden Prozesse der Bodenveränderung haben sich in den letzten Jahrzehnten durch die exponentiell wachsende Weltbevölkerung mit ihrem zunehmenden Nahrungsbedarf und steigenden Konsumansprüchen sowie durch den Einsatz immer stärkerer und leistungsfähigerer Maschinen und wenig angepasster Bodenbearbeitungsverfahren drastisch gewandelt. Zwar ist die Bodendegradation ein weltweites Phänomen (M 1), doch sind degradierte Böden vornehmlich in solchen Geoökozonen wie zum Beispiel den Sommerfeuchten Tropen anzutreffen, in denen der Bevölkerungsdruck bereits sehr hoch ist, die vorhandenen Böden durchweg wenig fruchtbar sind und die schon jetzt zu den ärmsten Regionen der Welt zählen.

Von größter Bedeutung für die Bodendegradation sind Erosionsprozesse (Wasser- und Winderosion). Sie spielen bei mehr als 80 Prozent der weltweit degradierten Bodenflächen eine ursächliche Rolle und sind vorrangig auf Entwaldung und Überweidung zurückzuführen (M 2). Für den hohen relativen Degradationsanteil in Europa sind vor allem die große Besiedlungs- und Verkehrsdichte sowie die intensive landwirtschaftliche Nutzung verantwortlich. Täglich wächst allein die Siedlungs- und Verkehrsfläche in Deutschland um mehr als 90 ha auf Kosten der Landwirtschaftsfläche. Etwa die Hälfte dieser Fläche ist bodenversiegelt. In Europa gehen jedes Jahr rund 20 Mio. ha Land für eine landwirtschaftliche Nutzung verloren. Die Folgen der fortschreitenden Degradation und Desertifikation, aber auch des Rückgangs der landwirtschaftlichen Nutzfläche (M 3) sind gravierend: Viele Länder können ihre Bevölkerung nicht mehr aus der eigenen landwirtschaftlichen Produktion ernähren, und die Gefahr von Hungersnöten sowie weltweiter Migration nimmt zu.

Neben der wachsenden Bedeutung für eine ausreichende Nahrungsmittelproduktion gerät der Boden infolge seiner Wechselwirkungen mit dem globalen Klimawandel zunehmend in den Fokus der wissenschaftlichen Forschung. Von der weltweit vorhandenen Kohlenstoffmenge enthalten Böden in Form von organischer Substanz (Humus) nämlich rund viermal so viel wie die Biomasse der Landpflanzen und doppelt so viel wie die Atmosphäre. Zwar sind die komplizierten Wechselwirkungen zwischen Klimawandel und Kohlenstoffkreislauf noch nicht ganz geklärt, aber Wissenschaftler haben herausgefunden, dass der Bodenkohlenstoff sehr sensibel auf die globale Erwärmung reagiert. Zwar wird durch eine höhere CO_2-Konzentration in der Atmosphäre das Pflanzenwachstum angeregt (CO_2-Düngeeffekt) und damit vermehrt CO_2 aus der Atmosphäre von der Vegetation aufgenommen. Rascher Temperaturanstieg erhöht aber auch, vor allem

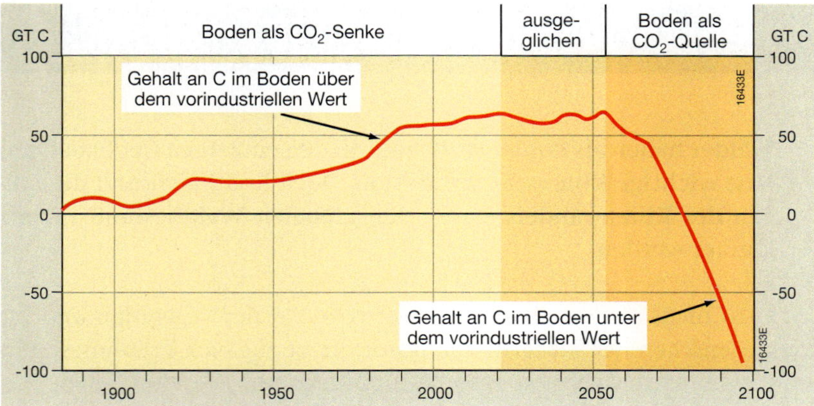

M 4: *Globale Erwärmung und Gehalt an Bodenkohlenstoff (in 10^9 t)*

in den Feuchten Mittelbreiten, die Aktivität der Bodenorganismen und die Zersetzungsrate. Unter Mitwirkung von Sauerstoff wird Kohlendioxid (unter Sauerstoffmangel bei Fäulnisprozessen Methan produziert) beides Treibhausgase, die den Klimawandel verstärken. Auf lange Sicht wird damit die Kohlenstoff fixierende und die Erwärmung abschwächende Rückkopplung der Vegetation durch die Kohlenstoff abgebende und den Klimawandel verstärkende Rückkopplung des Bodens überlagert (M4).

Seit einer Reihe von Jahren gibt es zahlreiche nationale und internationale politische Initiativen mit dem Ziel, die Funktionen des Bodens für zukünftige Generationen und die Welternährung zu sichern. Beispiele dafür sind das Bundesbodenschutzgesetz, die Europäische Bodenschutzstrategie und das völkerrechtlich verbindliche „Übereinkommen der Vereinten Nationen zur Bekämpfung der Wüstenbildung".

(...) Auch in Ländern wie Deutschland geht alljährlich fruchtbarer Boden in der Größenordnung von rund zehn Tonnen pro Hektar durch Erosion verloren. Höchstens ein bis zwei Tonnen werden im gleichen Zeitraum an neuem Boden gebildet. (...) Hinzu kommt, dass vor allem in den dichtbesiedelten Ländern des Nordens neben den Bodenbelastungen durch unsachgemäße Formen landwirtschaftlicher Bodenbearbeitung immer mehr Flächen für Siedlungen und Verkehrswege in Anspruch genommen werden. Seit dem Zweiten Weltkrieg haben beispielsweise in Nordrhein-Westfalen die Siedlungs-, Gewerbe- und Verkehrsflächen in dem gleichen Maße zugenommen, wie in 4000 Jahren Siedlungsgeschichte zuvor. (...)

Vor dem Hintergrund eines weltweit nicht nachhaltigen Umgangs mit Böden ist es verwunderlich, dass das Bodenthema in der nationalen und internationalen Umweltpolitik nicht einen vergleichbar hohen Rang einnimmt wie etwa der globale Klimawandel. So hatte bereits 1994 der Wissenschaftliche Beirat der Bundesregierung „Globale Umweltveränderungen" in seinem Sondergutachten über Böden die deutsche Bundesregierung mit Nachdruck aufgefordert, sich für die Entwicklung einer völkerrechtlich verbindlichen Bodenkonvention stark zu machen (WBGU 1994). Das Gutachten kommt zu dem Ergebnis, dass die Zerstörung der Böden innerhalb der nächsten Dekaden die Veränderungen durch den globalen Klimawandel deutlich übertreffen wird. Die nachdrückliche Empfehlung des von der Bundesregierung eingesetzten Expertengremiums blieb in Bonn bislang ohne Resonanz. Im Gegenteil: Selbst auf nationaler Ebene werden die Verschlechterung und der fortschreitende Verlust von Böden bislang kaum als Problem angegangen.

M 5: Quellentext zur deutschen Bodenschutzpolitik
Schneider, M., Haber: W.: Auf dem Weg zu einer internationalen Bodenkonvention (1999)

1. *Erläutern Sie, welche Auswirkungen die Bodendegradation auf das Naturpotenzial einer Geoökozone hat.*
2. *Begründen Sie, weshalb die Sommerfeuchten Tropen in besonderer Weise von der Bodendegradation betroffen sind.*
3 *Böden – Kohlendioxidsenken oder CO_2-Schleudern? Geben Sie eine begründete Antwort auf diese Frage.*

3.4 Wälder – Kohlenstoffsenken für den Klimaschutz

Wälder haben als Kohlenstoffsenke in den einzelnen Geoökozonen eine wichtige Klimaschutzfunktion. Doch Rodungen und die Folgen des Klimawandels lassen den globalen Waldbestand immer kleiner werden.

Wald ist nicht nur eine besonders wertvolle Art der Vegetation und für viele Menschen der Inbegriff von Natur. Er ist zugleich Erholungsraum und wirtschaftlich bedeutender Rohstofflieferant. Die Funktionen von Wäldern sind aber weitaus vielfältiger. Sie sind Lebensraum für unzählige Tier- und Pflanzenarten und damit eine äußerst wichtige und erst in Ansätzen erforschte „genetische Datenbank". Wälder bieten Schutz vor Erosion und Lawinen, liefern einen großen Beitrag zur Luftreinhaltung und haben einen hohen Stellenwert im Wasserhaushalt (innerhalb des Wasserkreislaufs).

Einen herausragenden Beitrag leisten die Wälder zum Klimaschutz, hier vor allem als Kohlenstoffsenke (M 1). Obwohl sie nur 30 Prozent der Landoberfläche einnehmen, speichern sie rund die Hälfte des auf der Erde gebundenen Kohlenstoffs. Diese Leistung ist umso wichtiger, als der Ausstoß von CO_2 zwischen 2000 und 2007 viel stärker gewachsen ist, als prognostiziert wurde. Der dreimal so schnelle Anstieg zwischen 1990 und 1999 ist vorrangig auf die zunehmende Nutzung von Kohle zur Energiegewinnung in den bevölkerungsreichen Schwellenländern wie Indien und China zurückzuführen. Im Jahr 2007 sind weltweit etwa zehn Milliarden Tonnen Kohlenstoff durch menschliche Tätigkeit emittiert worden. Davon verblieben nur 47 Prozent in der Atmosphäre, während der Rest jeweils etwa zur Hälfte von den Meeren und dem Festland (Böden und Pflanzen) aufgenommen wurde. Den größten Anteil daran hatten die Wälder. Wissenschaftliche Untersuchungen ergaben, dass allein zwischen 1968 und 2007 die afrikanischen Tropenwälder jedes Jahr 340 Millionen Tonnen Kohlenstoff aus der Atmosphäre herausgefiltert haben.

Diese Funktion als Kohlenstoffsenke, die überwiegend darauf basiert, dass die grünen Pflanzen bei der Photosynthese CO_2 mit Hilfe von Son-

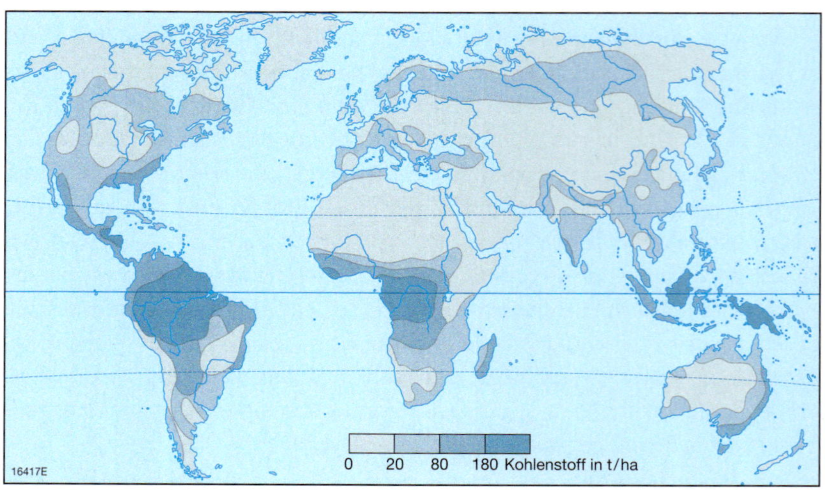

M 1: *Wälder – weltweit die wichtigsten festländischen Kohlenstoffspeicher*

nenlicht in Phytomasse umwandeln, ist zunehmend in Gefahr. Hauptverantwortlich dafür ist der enorme Flächenverlust der tropischen Wälder (M2). Zwischen 1990 und 2005 gingen rund 120 Mio. ha Waldfläche verloren, überwiegend tropischer Regenwald. Diese Bestandsverringerung reduziert die Speicherkapazität erheblich. Ebenfalls leistungsmindernd wirken sich Trockenzeiten aus. So hat zum Beispiel der Amazonas-Regenwald im Jahr 2005, während einer der größten Dürreperioden der letzten 100 Jahre, erstmals mehr CO_2 emittiert als in Form von Biomasse gebunden. Dies war einerseits auf den deutlichen Rückgang des Pflanzenwachstums und andererseits auf das Absterben einer Vielzahl von Pflanzen zurückzuführen. Die geringere Absorptionsfähigkeit hat rund zwei Milliarden Tonnen CO_2 in der Atmosphäre belassen, die Zersetzung zusätzlicher toter Biomasse zu einer Emission von etwa drei Milliarden Tonnen CO_2 geführt. Statt den Klimawandel zu bremsen, könnte ihn der tropische Regenwald bei zunehmenden Dürren in Zukunft sogar beschleunigen.

Zahlreiche Länder und Organisationen bemühen sich, den Flächenbestand vor allem der tropischen Wälder zu erhalten oder ihn gar auszudehnen. Eines der Kernprobleme ist, dass viele betroffene Regenwaldstaaten sehr arm sind und auf die umfangreiche und wenig nachhaltige Nutzung der Tropenwälder nicht verzichten können und wollen. Daher wäre es sinnvoll, die tropischen Länder für den Schutz und Erhalt ihrer Wälder für die Weltgemeinschaft zu entschädigen. Ein Instrument könnte dabei der Emissionshandel sein, der zum Beispiel 2005 in der EU für Kohlendioxidemissionen eingeführt wurde. Industrieunternehmen und Energieversorger bekommen hierbei Zertifikate, die festlegen, wie viel CO_2 sie ausstoßen dürfen. Die CO_2-Zertifikate haben einen realen Geldwert und können gehandelt werden. Belastet eine Fabrik die Atmosphäre stärker als festgelegt, muss sie Zertifikate nachkaufen. In diesen Markt wollen die Regenwaldländer einsteigen. Sie könnten ihre Wälder als CO_2-Speicher in den Handel einbringen und Waldwertscheine verkaufen.

Eine andere Möglichkeit, den Bestand von Baumpflanzen zu vergrößern, ist die Agroforstwirtschaft. Forschungen über das Zusammenleben von Bäumen und landwirtschaftlichen Kulturen (z. B. Pappeln und Weizen) in den Feuchten Mittelbreiten haben ergeben, dass die gemeinsame Nutzung von Licht, Wasser und Nährstoffen Synergien und beträchtliche Produktionssteigerungen ergeben.

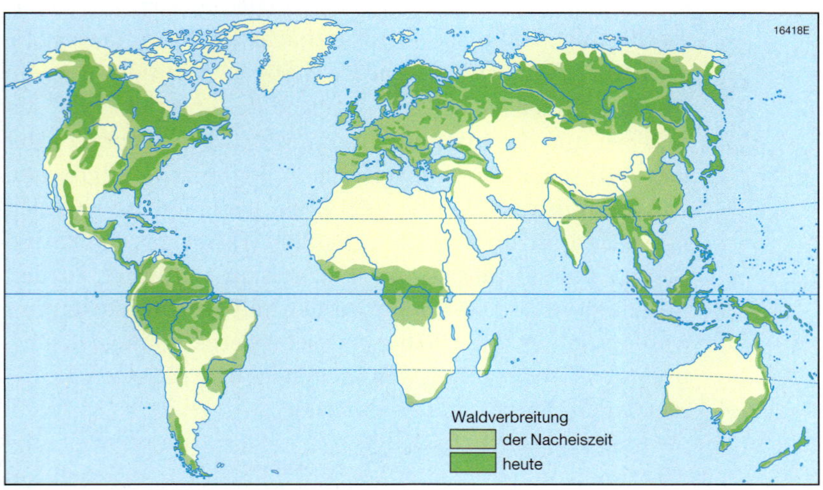

1. *Erläutern Sie die Funktion der Immergrünen Regenwälder für das globale Klima.*
2. *Erklären Sie, welche Auswirkungen große Waldverluste auf das Naturpotenzial der Geoökozone haben.*
3. *Informieren Sie sich über die Agroforstwirtschaft und erklären Sie deren Stellenwert innerhalb der Landwirtschaft.*
4. *Informieren Sie sich zusätzlich (Internet, Fachzeitschriften) und führen Sie eine Pro- und Contra-Diskussion bezüglich der Frage durch, ob der Emissionshandel einen wirkungsvollen Schutz der Regenwälder darstellt.*

Put simply, agroforestry is using trees on farms. It is a dynamic, ecologically natural resources management system that, through the integration of trees on farms and in the landscape, diversifies and sustains production for increased social, economic and environmental benefits for users at all levels.

Definition des International Centre for Research in Agroforestry

M 2: *Wälder – weltweit auf dem Rückzug, vor allem für neue Ackerflächen*

3.5 Wasser – knapp und kostbar

Von Natur aus ist Süßwasser auf der Erde begrenzt sowie regional und zonal unterschiedlich verteilt. Dies hat infolge des enormen Anstiegs der Bevölkerung und Expansion der Wirtschaft Konsequenzen für die interne Situation der Geoökozonen.

Region	A	B
Nord- und Mittel-amerika	8	15
Südamerika	6	26
Europa	13	8
Afrika	13	11
Asien	60	36
Australien/ Ozeanien	<1	5

M 1: *Anteil an der Bevölkerung (A) und an erneuerbarem Wasser (B, Niederschläge, die in Flüssen abfließen und das Grundwasser neu bilden); (in %)*

In der Vergangenheit wurde Wasser als Thema international nur dann wahrgenommen, wenn Überflutungen oder Dürren Menschen heimsuchten. Seit einigen Jahrzehnten steht (Süß-/Trink-)Wasser auf der Agenda internationaler wie nationaler Organisationen allein wegen der Knappheit dieses inzwischen wertvollen Naturgutes. In zahlreichen Regionen (z.B. Sahel-Länder, Südliches Afrika, Tharr, Karakum, Kisilkum, Gobi, Spanien) ist Wasserknappheit zweifellos das Ergebnis häufig wiederkehrender Trockenperioden. Doch inzwischen betrifft sie nicht einzig mehr die Länder der Wüsten und Halbwüsten, sondern ist ein weltweites, auch durch den Menschen verursachtes Problem mit vielfältigen Konsequenzen.

So wurde die ungehemmte und verschwenderische Wassernutzung zum Beispiel für Bewässerungsfeldbau (z.B. Saudi Arabien, Israel, Marokko), Tourismusenklaven (z.B. Spanien, Mexiko), Golfplätze (z.B. Tunesien, Süd-Türkei), Privathaushalte und Industrie in den vergangenen fünf Jahrzehnten immer bedeutsamer. Die Tourismushochburgen und die Gewächshauskulturen an der spanischen Mittelmeerküste mit ihrem immensen, luxuriösen Wasserbedarf rauben nicht nur den Bauern im Hinterland die Existenzbasis. Sie schädigen langfristig den Grund- und Bodenwasserfluss und lösen Desertifikation aus.

M 2: *Kanalbauten zur Rettung des Aral-Beckens im 21. Jahrhundert.*

Weitere eindrucksvolle Beispiele für vernichtenden Wasserverbrauch sind die ehemaligen Sowjetrepubliken Usbekistan, Turkmenistan und Kasachstan. Hier hat die Nutzung des gesamten Wassers der Fremdlingsflüsse Syrdarja und Amudarja vor allem für den Baumwollanbau (Anbaufläche 1915: 3 246 000 ha; 1990: 6 930 000 ha) zur Schrumpfung des Aralsees (Wasserfläche ursprünglich: 66 900 km^2; 1997: 29 630 km^2), zur Versalzung riesiger Landareale und inzwischen zur großflächigen Aufgabe von Nutzflächen geführt. Die ökologischen Probleme werden heute weltweit diskutiert. Bei dem Ausmaß dieser Katastrophe sind die Rettungspläne für den Aral-See und die Landnutzung in Mittelasien nicht weniger kühn. Sie sehen beispielsweise die Umlenkung der sibirischen Flüsse Ob, Irtysch, Jenisej und Tobol nach Süden vor. Auch sind Pläne für die Überführung von Wasser aus Indus und Ganges über Belutschistan, Afghanistan nordwärts in den Amudarja in Usbekistan entworfen und ernsthaft diskutiert worden. Sollten diese Pläne umgesetzt werden, sind in den betroffenen Geoökozonen weitreichende Auswirkungen für die regionalen Ökosysteme zu erwarten.

Um die Wasserversorgung in Libyen zu sichern, wurden Überlegungen zur Nutzung von heranzuschleppenden Eisbergen angestellt. In

Saudi- Arabien wurde sogar der großmaßstäbliche Abbau von Grönlandeis in Erwägung gezogen. Realität hingegen ist der Transport von Trinkwasser in riesigen elastischen Plastikschläuchen, den sogenannten Medusen, aus den südtürkischen Gebirgsflüssen in die Nachbarländer Zypern, Syrien und Israel. In den Trockengebieten Saudi-Arabiens, Libyens, Arizonas, Texas oder Kaliforniens dringen die gebohrten Brunnen in immer größere Tiefen vor. Sie fördern fossiles, nicht erneuerbares Wasser für die Versorgung von riesigen Viehfarmen, ausgedehnten Getreidefeldern, Baum- und Blumenkulturen. Durch die Tiefbrunnen werden die Grundwasserverhältnisse großflächig beeinflusst und den bisherigen lokalen Nutzern traditioneller Flachbrunnen das Wasser regelrecht abgegraben. In Saudi-Arabien gibt es Milchfarmen mit circa 40 000 Kühen. Hier, wo 1980 noch 67 000 ha, 1992 schon 907 000 ha und heute über eine Mio. ha inmitten der Sandwüste künstlich bewässert werden, lag die Grundwassertiefe anfangs bei 200 m und erreichte 2005 über 2 000 m. Mit Erträgen wie in Mitteleuropa (über 5 t pro ha) ist der arabische Wüstenstaat inzwischen zum Getreideselbstversorger und -exporteur aufgestiegen, wenn auch die Förderkosten pro Liter Wasser diejenigen für die gleiche Menge Erdöl übersteigen.

Oft auch bleiben Ressourcen ungenutzt wie in Afrika, wo einzig ein Prozent der Niederschläge direkt der menschlichen Verwendung zugeführt wird.

Ein vielerorts praktizierter Versuch, die regionalen Wasserprobleme zu lösen, ist der Bau von Staudämmen. Flüsse werden zu ausgedehnten Wasserflächen aufgestaut, um Trink- und Bewässerungswasser zur Verfügung zu stellen, Überschwemmungen zu verhindern und Strom zu gewinnen. Dies ist aber häufig mit ökologischen und politischen Problemen verbunden. So staut etwa der Atatürk-Damm im Euphrat einen See von der 1,5-fachen Größe des Bodensees im trockenen Südosten der Türkei auf. Daraus werden 1,7 Mio. ha landwirtschaftlicher Flächen bewässert und ringsum ein Areal von der Größe des Saarlandes aufgeforstet. Zugleich verändert sich aber auch das Lokalklima. Der Salzgehalt des stehenden Wassers nimmt infolge Verdunstung zu, und die reiche Sedimentfracht des Euphrat droht das Fassungsvermögen des Stausees rasch zu erschöpfen. Eine Umsiedlung von über 60 000 Menschen war erforderlich. Die nomadischen (kurdischen) Tierhalter wurden verdrängt und Probleme mit Syrien ausgelöst. Dessen Bauern können jetzt nicht mehr wie bisher über das Euphratwasser verfügen.

Virtuelles Wasser

Um ein Produkt herzustellen, braucht man Wasser. Das dabei benötigte und in den Produkten enthaltene Wasser heißt virtuelles Wasser.

Produkte und ihre virtuelle Wassermenge (Auswahl; in Litern):

1 Blatt Papier	*10*
1 Apfel	*70*
1 Ei	*135*
1 Hamburger mit Rindfleisch	*2 400*
1 T-Shirt (Baumw.)	*4 100*
1 Neuwagen	*400 000*

Weltweit werden inzwischen Flüsse durch toxische Industrie- und ungeklärte Hausabwasser sowie durch ausgespülte Kunstdünger, Herbizide und Pestizide mit giftigen Substanzen kontaminiert und so für die menschliche Nutzung ungeeignet gemacht. Mit der zunehmenden Ausweitung der Siedlungs- und Verkehrsflächen werden immer größere Flächen versiegelt, der Oberflächenabfluss wird erhöht sowie der Grundwasserfluss und -austausch werden unterbunden, und die natürliche Regeneration des Bodens wird verhindert.

All die voranstehend geschilderten Eingriffe des Menschen in die natürlichen Gestaltungsfaktoren Klima, Vegetation, Boden und Wasser hinterlassen in unterschiedlichem Ausmaß nachhaltig Auswirkungen auf die interne Ausstattung der einzelnen Geoökozonen. Bei Fortführung des verschwenderischen Entwicklungsweges könnten aber auch die natürlichen Gestaltungsfaktoren als solche so umfassend und global verändert werden, dass die für die Gegenwart gültige geographische Zonierung der Erde einmal einer wissenschaftlichen Revision bedürfen könnte.

1. *„Wasser, weltweit kostbar, aber ungleich verteilt." Erläutern Sie diese Aussage.*
2. *Erörtern Sie die Rolle des virtuellen Wassers für den Wasserverbrauch eines Entwicklungslandes in der Trockenzone.*

Anhang

Ausgewählte Literatur

BLAUM, N.: Landnutzung in afrikanischen Savannenlandschaften. Folgen für die Biodiversität. Saarbrücken: Verlag Dr. Müller, 2007

DITTRICH, P. (Hrsg.): Biologie der Sahara. Frankfurt: Edition Chimaira 2005

FINKE, L.: Landschaftsökologie. Braunschweig: Westermann 1986

GIESE, E.: Die ökologische Krise des Aralsees und der Aralseeregion: Ursachen, Auswirkungen, Lösungsansätze. In: Giese, E. et al. (Hrsg.): Umweltzerstörungen in Trockengebieten Zentralasiens. Stuttgart: Steiner 1998

HEYER, E.: Witterung und Klima. Leipzig: Teubner 1979

Hornetz, B. und Jätzold, R.: Savannen-, Steppen und Wüstenzonen. Braunschweig: Westermann 2003

HOFMEISTER, B. und ROTHER, K.: Mittlere Breiten. Westermann: Braunschweig 1985

KLOHN, W. und WINDHORST, H.W.: Physische Geographie: Böden, Vegetation, Landschaftsgürtel. Vechtaer Materialien zum Geographieunterricht, Heft 6, 2006

KLOHN, W. und VOTH, A.: Das Oldenburger Münsterland. Entwicklung und Strukturen einer Agrarkompetenzregion. Vechtaer Materialien zum Geographieunterricht. Heft 2, Vechta, 2008

KREUTZMANN, H.: Hunza – Ländliche Entwicklung im Karakorum. Berlin: Reimer 1989

KRUMBIEGEL, I.: Steppen- und Wüstentiere. Hohenwarsleben: Westarp Wissenschaften 2003

KÜSTER, H.: Geschichte der Landschaft in Mitteleuropa. Von der Eiszeit bis zur Gegenwart. München: C. H. Beck 1999

LAUER, W. und Bendix, J.: Klimatologie. Westermann: Braunschweig 2004

MEADOWS, D., MEADOWS, D. L. et al.: Grenzen des Wachstums – Das 30-Jahre-Update. Stuttgart: Hirzel 2006

MENSCHING, H.: Physische Geographie der Trockengebiete, Darmstadt: Wissenschaftliche Buchgesellschaft 1982

MÜLLER-HOHENSTEIN, K.: Die Landschaftsgürtel der Erde. Stuttgart: Teubner 1981

MÜLLER-HOHENSTEIN K., MIOTKE F.-D.: Die geökologischen Zonen der Erde. In: Länder, Völker, Kontinente, Bd. 1. Gütersloh: Bertelsmann 1997

NOLZEN, H. (Hrsg.): Physische Geofaktoren. Handbuch des Geographieunterrichts Band 10 / I. Köln: Aulis 1988

NOLZEN, H. (Hrsg.): Geozonen. Handbuch des Geographieunterrichts Band 12 / I. Köln: Aulis 1995

RIFKIN, J.: Das Imperium der Rinder. Frankfurt: Campus Sachbuch 2001

ROTHER, K.: Die mediterranen Subtropen. Braunschweig: Westermann 1984

ROTHER, K.: Die feuchten und die trockenen Subtropen. In: Praxis Geographie, Band 20, 1990, Heft Nr. 11

ROTHER, K.: Die mediterranen Subtropen; Einheit oder Vielfalt? In: Geographische Rundschau, Band 43, 1991, Heft Nr. 7 / 8

SCHOLZ, F.: Die „kleinen arabischen Golfstaaten“ im Globalisierungsprozess. Dubai als Beispiel. In: Geogr. Rundschau Band 57, 2005, Heft Nr. 11

SCHOLZ, F.: Entwicklungsländer. Entwicklungspolitische Grundlagen und regionale Beispiele. Braunschweig : Westermann 2006

SCHOLZ, F.: Entwicklungsländer. Entwicklung und Unterentwicklung im Prozess der Globalisierung. Diercke Spezial. Braunschweig: Westermann 2007

SCHULTZ, J.: Handbuch der Ökozonen. Stuttgart: Ulmer 2000

SIEGMUND, A.: Angewandte Klimageographie. Klimatabellen und ihre Auswertung. Diercke Spezial. Braunschweig: Westermann 2006

STRAHLER, A. H. und STRAHLER, A. N.: Physische Geographie. Stuttgart: Ulmer 2002

WAGNER, H.-G.: Mittelmeerraum. Darmstadt: Wissenschaftliche Buchgesellschaft 2001

WALTER, H. und BRECKLE, S. W.: Vegetation und Klimazonen. Stuttgart: Ulmer 1999

WÜTHRICH, C. und THANNHEISER, D.: Die Polargebiete. Braunschweig: Westermann 2002

Register

fett – definierender oder erläuternder Text in Marginalspalte

Quellentextverzeichnis

24 M 1 UNDP (Hrsg.): Bericht über die menschliche Entwicklung 2006, S. 171
37 M 4 Michaela Seiser: Hitze aus dem Eis der Tundra. FAZ 4.12.2007
38 Pressemitteilung Bundeswirtschaftsministerium 19.11.2008
40 M 1 Die Rentiere sind unser Gold, Zeit Online 19.10.2007
41 M 4 Uwe Treter: Die borealen Waldländer. Braunschweig: Westermann 1993, S. 131 ff
42 M 2 Hania Luczak: Inuit in Kanada. GEO Special 4/2008
44 M 1 Alan H. Strahler, Arthur N. Strahler: Physische Geographie. Stuttgart: Ulmer 2002, S. 605–606
44 M 2 Albrecht Lehmann: Mythos Deutscher Wald. In Der deutsche Wald. Bürger im Staat 1/2001
53 M 4 J.G. Hoche: Reise durch Osnabrück und Niedermünster, Bremen 1800, S. 96 ff
53 M 6 W. Klohn, A. Voth: Das Oldenburger Münsterland, Vechta 2008, S. 33
54 M 3 W. Klohn, A. Voth: Das Oldenburger Münsterland, Vechta 2008, S. 80
62 M 2 Jürgen Schultz: Handbuch der Ökozonen. Stuttgart: Eugen Ulmer, 2000, S. 302–304
68 M 1 Andreas Voth: Der Ölbaum. Geographische Rundschau 7/2005
76 M 2 Horst-Günter Wagner: Mittelmeerraum. Darmstadt: Wissenschaftliche Buchgesellschaft 2001. S. 291–292
80 M 1 Elke Pfefferle: Hitzeresistent. Natürlich leben 1/2009
92 M 1 Jürgen Schultz: Handbuch der Ökozonen. Stuttgart: Ulmer 2000, S. 425–426
92 M 2 Alan H. Strahler, Arthur N. Strahler: Physische Geographie. Stuttgart: Ulmer 2002, S. 610–612
96 M 2 Heinrich Walter, Siegmar-W. Breckle: Vegetation und Klimazonen. Stuttgart: Ulmer 1999, S. 191–192
100 M 3 Jürgen Bischoff: Der große grüne Irrtum. Geo 9/2007
104 M 1 Klaus Müller-Hohenstein, Franz-Dieter Miotke: Die geoökologischen Zonen der Erde. In: Länder, Völker Kontinente, Band 1 Die Erde als Natur und Lebensraum. Gütersloh: Bertelsmann 1997, S. 179 f
117 M 4 Hermann Kreutzmann: Hunza – Ländliche Entwicklung im Karakorum. Berlin: Reimer 1989
121 Christoph Jentsch: Für eine vergleichende Kulturgeographie der Hochgebirge. In Jentsch, C: Beiträge zur Geographischen Methode und Landeskunde. Mannheim, 1977
133 M 5 Manuel Schneider, Wolfgang Haber: Auf dem Weg zu einer internationalen Bodenkonvention. In: Wolfgang Haber, Martin Held, Manuel Schneider (Hrsg.): Nachhaltiger Umgang mit Böden. München 1999, S. 5–10

Abbildungsverzeichnis

6 M 1 Scholz 2009
7 M 2 Granö 1952
7 M 3 Handbuch der naturräumlichen Gliederung Deutschlands 1953–1962
8 M 1, M 2 Scholz 2009
9 M 3 Leser1991,verändert Scholz 2009
9 M 4 Scholz 2009
10 M 1 Scholz 2009
11 M 2, M 4 Strahler: Physische Geographie 2002
11 M 3, M 5 Westermann
12 M 1 Strahler 2002
12 M 2 Klohn: Physikalische Geographie 2004
12 M 3 Lauer, Bendix: Klimatologie 1993
13 M 4, M 6 Strahler 2002
13 M 5, M 7 Westermann
14 M 1, M 2, M 3 Westermann
15 M 4 Westermann
15 M 5 Strahler 2002
16 M 1, M 2 Strahler 2002
16 M 3, M 4 Westermann
17 M 5 Klohn 2004
17 M 6 Strahler 2002
18 M 1, M 2 Westermann
19 M 3 Nolzen: Handbuch des Geographieunterrichts 1989
19 M 4 Scholz 2009
19 M5 Westermann
20 M 1 Schröder: Bodenkunde in Stichworten 1972
20 M2, M3, M4 Westermann
21 M 5, M 6 Westermann
22 M 1 Strahler 2002
22 M 2, M 3 Westermann
23 M 4 Walter, Breckle: Vegetation und Klimazonen 1999
23 M 5 Westermann
24 M 2 Westermann
25 M 3 Strahler 2002
25 M 4 Westermann
25 M 5 UNESCO
25 M 6 UN World Water Development Report 2006
26 M 1 Westermann
27 M 2 Helfer, Spielmann 1997, ergänzt Scholz 2009
28 M 1 Scholz 2009
30 M 1 Troll, Paffen (1964); Müller-Hohenstein, Miotke 1997; vereinfacht und ergänzt Scholz 2009
33 M 2 Westermann
33 M 3 Strahler 2002
34 M 3 Schultz 2000
34 M 4 Westermann
34 M 5 Westermann
35 M 7 Westermann
36 M 2 Schultz 2000
36 M 3 Walter, Breckle 1986
37 M 5 Westermann
38 M 1 Westermann
39 M 2, M 3 Jahresring 2006
40 M 3 Statistics Finland
41 M 5 Westermann
42 M 1 Westermann
43 M 4 Westermann
43 M 5 Statistics Canada, GTS Group
45 M 4 Westermann
46 M 1 Schultz 2000
46 M 2 Westermann
46 M 3 Schultz 2000
46 M 4 Westermann
47 M 5 Heyer 1979
48 M 1 Westermann
48 M 2 Engelmann 1984

49 M 3 Küster: Geschichte der Landschaft in Mitteleuropa 1999
49 M 4 Westermann
50 M 1 OECD-Schätzung
50 M 2 Agrimente 2008
51 M 3 Westermann
52 M 1, M 2 Foodwatch
52 M 3 IPCC Climate Change 2007
53 M 5 Westermann
53 M 7 Klohn, Voth: Das Oldenburger Münsterland 2008
54 M 4, M 5 Klohn, Voth 2008
55 M 6, M 7, M 8 Klohn, Voth 2008
57 M 3 Westermann
58 M 1 Westermann
58 M 2, M 3 Westermann
59 M 4, M 5 Strahler 2002
60 M 1 Hendl, Bramer 1987
60 M 2 Walter, Breckle 1991
60 M 3 Walter, Breckle 1986
61 M 4, M 5 Westermann
62 M 1 Walter, Breckle 1999
63 M 3 Westermann
65 M 2 Scholz 2009 nach Myagmarsuren: The status of protected steppes of Mongolia 2000
66 M 2 Scholz 1995
69 M 3 Westermann
69 M 4 Schultz 2000
70 M 1 Müller-Hohenstein 1981
70 M 2 Westermann
71 M 3 Rother 1984
71 M 4 Strahler 2002
72 M 2 Schultz 2000
73 M 3, M 4 Voth 2005
74 M 2 Nolzen: Geozonen 1995
75 M 3 Westermann
76 M 1 Westermann
78 M 1 Scholz 2009 nach verschiedenen Unterlagen
81 M 3 Westermann
82 M 1 Müller-Hohenstein 1981
82 M 2, M 3 Westermann
83 M 6 Strahler 2002
83 M 7 Westermann
84 M 1, M2 Schultz 2000
84 M 3 Westermann
86 M 1 Schultz 2000
87 M 3 Strahler 2002
87 M 5 Scholz 2009
88 M 1 Westermann
89 M 1 Scholz 2009 nach Müller-Mahn 1999, Cordes 1980
90 M 1 Westermann
91 M 4 Scholz 2005
93 M 6 Schultz 2000
94 M 1 Westermann
94 M 2 Schultz 2000
94 M 3 Westermann
95 M 4 Lauer: Klimatologie 1993
95 M 5 Westermann
95 M 6 Strahler 2002
96 M 3 Walter, Breckle 1991
98 M 1 Schultz 2000
98 M 2 Westermann
99 M 3 FAO Statistic Division
100 M 1 Westermann
100 M 2 BMZ 2005
101 M 1 Scholz 2009 nach Apaki 2002
102 M 1 Reshaping economic geography, World Developemnt Report, The World Bank 2009 ergänzt und vereinfacht Scholz 2009
103 M 2 Akpaki 2002
105 M 3 Westermann
106 M 1 Westermann
106 M 2, M 3 Westermann
107 M 4 Westermann
107 M 5 Strahler 2002
108 M 1 Westermann
108 M 2 Schultz 2000
108 M 3 Nolzen 1995
111 M 2 Westermann
112 M 1 Westermann
113 M 1 Scholz 2009
114 M 1 Scholz 2009 Nach. Sioli 1956; Kohlhepp 1987
116 M 1 Scholz 2009
117 M 3 Westermann
120 M 1 Scholz 2009 nach. Troll 1948, 1956, Jäger 1985, Schultz 1998
120 M 2 Scholz 2009 nach Troll 1959, Jäger 1985, Lauer, Erlenbach 1987
122 M 1 Scholz 2009
122 M 2 Scholz 2009 nach Nüsser 2003
123 M 3 Scholz 2009 nach Boesch,1969
124 M 1 Scholz 2009 nach Kreutzmann 1989
125 M 2, M3 Scholz 2009 nach Kreutzmann 1989
126 M 1 Scholz 2009 nach Kreutzmann 1989
128 M 1 Westermann
129 M 2 Scholz 2009 nach Meadows 1972; Meadows, Randers, Meadows, 2006
130 M 1 Westermann
130 M 2 Nolzen 1996
131 M 3 IPCC 2007
131 M 4 Enquete-Kommission 1990; Rifkin,1994
131 M 5 IPCC 2001
132 M 1 WBGU 1993
132 M 2 WBGU 1994
132 M3 IVA 2002
133 M 4 Powlson 2005
134 M 1 IPCC 2008
135 M 2 UNEP-WCMC
136 M 1 UNESCO
136 M 2 Scholz 2009 nach Giese 1998

Bildnachweis

alimdi.net, Deisenhofen: 72 M1 (Egmont Strigl);
argus Fotoagentur, Hamburg: 63 M4 (MacLean);
Associated Press, Frankfurt/M.: 32 M1 (Misha Japaridze);
Bildarchiv Preußischer Kulturbesitz, Berlin: 5 (Ruth Schacht);
Blickwinkel, Witten: 36 M1 (H. Schulz);
Caro Fotoagentur, Berlin: 44 M3 (Andreas Teich);
Corbis, Düsseldorf: 74 M1 (Chris Sattlberger), 75 M4 (Michel Setboun/Sygma), 97 M5 (Nik Wheeler);
Deutsches Ei: 54 M1, 54 M2;
dfd Deutscher Fotodienst, Hamburg: 51 M4 (Jens Schlüter);
Focus, Hamburg: 35 M6 (Ralph Lee Hopkins), 127(Werner Rudhart / Zeitenspiegel);
Fotolia.com: 68 M2 (Hans Peter Loosli), 80 M2 (Mohamed El Hajjami), 118 M1 (Bergfee);
Gerster, Georg, CH-Zumikon/Zürich: 59 M6, 64 M2;
Getty Images, München: 40 M2 (Maria Stenzel/National Geographic), 42 M3 (Alexandra Kobalenko/All Canada Photos), 56 M2 (William Albert Allard/National Geographic), 112 M2 (Aldo Brando);
Greenpeace e.V. Fotoredaktion, Hamburg: 111 M1 (Oka Budhi), 115 M3 (Daniel Beltra), 119 M2 (Sophia Evans);
images.de, Berlin: 115 M2 (Jacques Jangoux/Peter Arnold);
Jätzold, Ralph, Trier: 83 M5;
LOOK-foto, München: 92 M3 (Frank Waldecker);
mauritius images, Mittenwald: 104 M2 (Thonig);
Meinel, Tobias, Nepperwitz: 64 M1;
NASA/GSFC: 31 (Reto Stöckli u.a.);
Okapia-Bildarchiv, Frankfurt/M.: 109 M4 (Gerald Cubitt);
Scholz, Fred, Berlin: 66 M1, 67 M3, 79 M2, 79 M3, 83 M4, 86 M2, 87 M4, 88 M2, 91 M2, 91 M3, 92 M4, 96 M1, 101 M5, 103 M3, 103 M4, 103 M5, 116 M2, 125 M4;
Visum Foto, Hamburg: 97 M4 (J.B. Russell/Panos Pictures);
Wildlife, Hamburg: 85 M4 (Harpe).